PROBLÈMES

DE

BACCALAURÉAT

(PHYSIQUE ET CHIMIE)

A L'USAGE DES CANDIDATS
AUX BACCALAURÉATS DE L'ENSEIGNEMENT SECONDAIRE CLASSIQUE
ET DE L'ENSEIGNEMENT SECONDAIRE MODERNE
ET AU BACCALAURÉAT ÈS SCIENCES

PAR

ÉMILE BOUANT

Ancien élève de l'École normale supérieure, Agrégé des sciences physiques,
Professeur au Lycée Charlemagne.

DEUXIÈME ÉDITION

PARIS

LIBRAIRIE NONY ET Cⁱᵉ

17, RUE DES ÉCOLES, 17

1892

PROBLÈMES

DE

BACCALAURÉAT

(PHYSIQUE ET CHIMIE)

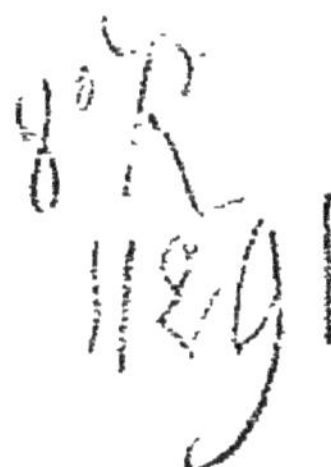

PROBLÈMES

DE

BACCALAURÉAT

(PHYSIQUE ET CHIMIE)

A L'USAGE DES CANDIDATS
AUX BACCALAURÉATS DE L'ENSEIGNEMENT SECONDAIRE CLASSIQUE
ET DE L'ENSEIGNEMENT SECONDAIRE MODERNE
ET AU BACCALAURÉAT ÈS SCIENCES

PAR

ÉMILE BOUANT

Ancien élève de l'École normale supérieure, Agrégé des sciences physiques
Professeur au Lycée Charlemagne.

DEUXIÈME ÉDITION

PARIS

LIBRAIRIE NONY ET Cⁱᵉ

17, RUE DES ÉCOLES, 17

1892

AVERTISSEMENT

Les 5oo problèmes de physique et de chimie contenus
dans la première édition de ce recueil avaient été choisis
parmi plus de 15oo problèmes proposés au baccalauréat
avant l'année 1887.

Dans la seconde édition nous avons remplacé un grand
nombre de ces questions anciennes par d'autres, plus
récentes, choisies parmi les 6oo problèmes proposés
depuis 1887 jusqu'en 1891. Des dates multiples ont été
inscrites à la suite des questions qui reviennent le plus
souvent. Dans ces cas, l'énoncé que nous donnons est
celui qui se rapporte à la première des dates indiquées;
aux autres dates correspondent des questions identiques
pour le fond, mais parfois un peu différentes dans la
forme.

On a jugé inutile d'indiquer, parmi ces problèmes, ceux
qui ont été proposés au baccalauréat ès sciences et ceux
qui ont été proposés au baccalauréat de l'enseignement
secondaire moderne. Ils ne se distinguent en effet les uns
des autres, le plus souvent, ni par le genre, ni par la
difficulté.

PROBLÈMES
DE BACCALAURÉAT

(PHYSIQUE ET CHIMIE)

PREMIÈRE PARTIE

PROBLÈMES RÉSOLUS

PESANTEUR

1° Chute des corps.

1. *Pendant combien de temps un corps, abandonné à lui-même, doit-il tomber pour parcourir 500^m dans les deux secondes qui vont suivre ? On prendra 9^m,81 pour l'accélération de la pesanteur, et on supposera qu'il s'agit d'une chute dans le vide.*

(Dijon, juillet 1874.)

Le corps, abandonné à lui-même sans vitesse initiale, aura parcouru après t secondes de chute un espace $e = \frac{1}{2} g t^2$. Deux secondes plus tard le chemin parcouru sera $e' = \frac{1}{2} g (t+2)^2$. C'est la différence de ces deux espaces qui doit être égale à 500^m. On a donc

$$\frac{1}{2} g (t+2)^2 - \frac{1}{2} g t^2 = 500,$$

d'où

$$t = \frac{500 - 2g}{2g} = \frac{500 - 2 \times 9,81}{2 \times 9,81} = 21^{sec},48.$$

Quand le mobile sera tombé pendant $21^{sec},48$, il parcourra 500^m pendant les deux secondes suivantes.

2. *Dans un lieu où l'accélération de la pesanteur est $9^m,81$, un projectile est lancé verticalement de bas en haut avec une vitesse de $117^m,72$ à la seconde. On demande :*

1° Combien il mettra de temps à s'élever au point le plus haut de sa course ;

2° A quelle hauteur il s'élèvera ;

3° Combien il mettra de temps à redescendre.

On négligera les effets de frottement de l'air.

(Grenoble, 23 juill. 1885; Lille, 21 nov. 1887; Alger, 14 avril 1890.)

1° Le mouvement du projectile, uniformement retardé, obéit à l'équation générale qui donne la vitesse :

$$v = v_0 - gt.$$

Il s'arrête quand sa vitesse v est devenue nulle, c'est-à-dire au bout d'un temps t donné par l'équation

$$0 = v_0 - gt,$$

d'où l'on tire

$$t = \frac{v_0}{g} \quad \text{et, ici,} \quad t = \frac{117,72}{9,81} = 12 \text{ secondes.}$$

2° La hauteur à laquelle s'élèvera le projectile est donnée par la seconde équation générale du mouvement uniformément retardé :

$$e = v_0 t - \frac{1}{2} gt^2,$$

qui devient, en y remplaçant t par sa valeur $\dfrac{v_0}{g}$,

$$e = \frac{v_0^2}{2g} \quad \text{et, ici,} \quad e = 706^m,32.$$

3° Le mouvement de descente est uniformément accéléré, avec une valeur g de l'accélération égale à celle du mouvement de montée. La chute dure donc 12 secondes, comme l'ascension, et le projectile possède, en revenant à son point de départ, une vitesse égale et de signe contraire à sa vitesse initiale.

3. *D'un point* A *on laisse tomber un mobile suivant la verticale* AB. *Lorsque le mobile a parcouru un espace* AB = h, *on laisse tomber un second mobile du point* A. *On demande au bout de combien de temps les deux mobiles se trouveront à une distance donnée* d.

(Nancy, 21 juillet 1884.)

Soit x la durée de la chute du premier mobile, et soit y la durée de la chute du second, au moment où ils seront l'un de l'autre à la distance d donnée.

Le premier mobile, étant tombé pendant x secondes, aura parcouru un espace $e = \frac{1}{2} g x^2$; le second aura parcouru un espace $e' = \frac{1}{2} g y^2$. La différence de ces deux chemins doit être égale à d, ce qui donne

$$(1) \qquad d = \frac{1}{2} g (x^2 - y^2).$$

D'autre part, le premier mobile est tombé seul pendant $x - y$ secondes et a, pendant ce temps, pris une avance h. On a donc

$$(2) \qquad h = \frac{1}{2} g (x - y)^2.$$

De ces deux équations on tire

$$x - y = \sqrt{\frac{2h^2}{gh}} \qquad \text{et} \qquad x + y = \sqrt{\frac{2d^2}{gh}}.$$

D'où

$$x = \frac{d + h}{\sqrt{2gh}} \qquad \text{et} \qquad y = \frac{d - h}{\sqrt{2gh}}.$$

Si d est plus grand que h, les valeurs de x et de y sont toutes les deux positives. Le problème a une solution acceptable.

Si d est inférieur à h, la valeur de y devient négative; cette solution ne convient plus. Dans ce cas, en effet, le premier mobile est à une distance du second supérieure à h avant que ce dernier se soit mis en route.

4. *Deux corps pesants sont lancés successivement à partir d'un même point dans le vide, de bas en haut (suivant la verticale) et avec la même vitesse initiale* a. *On demande quel intervalle de temps doit s'écouler entre le départ du premier corps et celui du second pour que la rencontre s'effectue à une hauteur, au-dessus du point de départ, moitié de la hauteur maxima à laquelle s'élève le premier.*

(Lille, 8 novembre 1880; Grenoble, 30 octobre 1888.)

Au moment de la rencontre, le premier corps descendra et le second montera. Calculons le temps t nécessaire au premier mobile pour aller en haut de sa course, et le temps t' qu'il lui faut pour redescendre de la moitié de l'espace parcouru à la montée.

Il monte jusqu'à ce que sa vitesse soit devenue nulle. On a donc

$$0 = a - gt, \qquad \text{d'où} \qquad t = \frac{a}{g},$$

ce qui correspond à un espace parcouru égal à

$$at - \frac{1}{2} gt^2 \quad \text{ou} \quad a\frac{a}{g} - \frac{1}{2}g\frac{a^2}{g^2} = \frac{a^2}{2g}.$$

Pour redescendre de la moitié de ce chemin il lui faut un temps t' donné par l'équation

$$\frac{1}{2} \cdot \frac{a^2}{2g} = \frac{1}{2} gt'^2, \qquad \text{d'où} \qquad t' = \frac{a}{g\sqrt{2}}.$$

La durée totale du mouvement du premier mobile est donc

$$T = t + t' = \frac{a}{g}\left(1 + \frac{1}{\sqrt{2}}\right).$$

Le second, qui monte, se meut pendant un temps T' donné par l'équation

$$\frac{1}{2} \cdot \frac{a^2}{2g} = aT' - \frac{1}{2} gT'^2$$

ou

$$T' = \frac{a}{g}\left(1 \pm \frac{1}{\sqrt{2}}\right).$$

Le signe $+$ correspond à la valeur T que nous avons déjà calculée autrement; c'est le signe $-$ qu'il nous faut prendre pour la valeur de T' qui nous occupe. Donc

$$T' = \frac{a}{g}\left(1 - \frac{1}{\sqrt{2}}\right).$$

L'intervalle de temps qui doit s'écouler entre le départ du premier corps et celui du second est $T - T' = \dfrac{a}{g}\sqrt{2}$.

Remarque. — Il est aisé de voir directement qu'on doit avoir

$$T' = t - t' = \frac{a}{g}\left(1 - \frac{1}{\sqrt{2}}\right) \cdot$$

5. *A Paris, où la gravité égale* $9^m,8088$, *au bout de combien de temps une force de 1 milligramme imprimerait-elle à une masse de 10 kilogrammes une vitesse de 10 mètres par seconde ?*

(Alger, 9 novembre 1885.)

Une force de 1 milligramme, agissant sur la masse $\dfrac{0,000\,001}{g}$ d'un poids de 1 milligramme, lui communiquerait une accélération constante égale à g. Cette même force, agissant sur la masse $\dfrac{10}{g}$ d'un poids de 10 kilogrammes, lui communiquera une accélération constante γ. On aura γ en écrivant que les accélérations g et γ sont inversement proportionnelles aux masses auxquelles la force est appliquée :

$$\frac{\gamma}{g} = \frac{0,000\,001}{10}, \quad \text{d'où} \quad \gamma = 0,000\,000\,1 \times g.$$

La formule qui donne la vitesse dans un mouvement uniformément accéléré, sans vitesse initiale, fournira dès lors le temps cherché :

$$v = \gamma t \quad \text{ou, ici,} \quad 10 = 0,000\,000\,1 \times 9,8088 \times t$$

$$t = \frac{10}{0,000\,000\,1 \times 9,8088} = 10\,194\,927 \text{ secondes.}$$

La force devra agir pendant 10 194 927 secondes, ou 117 jours, 23 heures, 55 minutes et 27 secondes.

6. *Un mobile de densité d est abandonné sans vitesse initiale à la surface d'une couche liquide dont l'épaisseur* *est* h *et dont la densité est* d', *inférieure à* d. *Au bout de combien de temps le mobile arrivera-t-il au fond ?*

(Paris, juill. 1869; Nancy, 10 nov. 1890; Clermont, 17 nov. 1890.)

Soit V le volume du mobile; son poids dans le vide est Vd, et son poids dans le liquide, V($d - d'$).

S'il tombait en chute libre, il prendrait, sous l'influence de son poids Vd, un mouvement uniformément accéléré dont l'accélération serait g. Dans le liquide il prend, sous l'influence de son poids diminué V($d - d'$), agissant sur cette masse qui est restée la même, un autre mouvement uniformément accéléré, d'accélération γ. Ces deux accélérations sont proportionnelles aux forces qui les produisent. On a donc

$$\frac{\gamma}{g} = \frac{V(d - d')}{Vd}, \quad \text{d'où} \quad \gamma = g\,\frac{d - d'}{d}.$$

La durée de la chute sera donnée par l'équation générale du mouvement uniformément accéléré :

$$h = \frac{1}{2}\gamma t^2 \quad \text{ou} \quad h = \frac{1}{2}g\,\frac{d - d'}{d}\,t^2,$$

d'où l'on tire

$$t = \sqrt{\frac{2h}{g}\cdot\frac{d}{d - d'}}.$$

Remarque. — On néglige dans ce calcul la résis'ance que le liquide, par suite de sa viscosité plus ou moins grande, oppose à la chute.

7. *Un point matériel pesant, abandonné sans vitesse initiale sur un plan incliné et glissant sans frottement sous la seule action de la pesanteur, a parcouru sur le plan, en 10 secondes, une longueur de* 245^m,25. *On demande quelle est l'inclinaison du plan.*

On prendra pour valeur de l'intensité de la pesanteur 9^m,810.

(Marseille, 29 juillet 1885.)

Soit MP le poids du mobile. La composante qui détermine la chute le long du plan incliné est MP' = MP sin α; elle communique au mobile un mouvement uniformément accéléré dont accélération est γ. Les accélérations produites par l'action de deux forces qui agissent successivement sur un même mobile étant proportionnelles à ces forces, on a

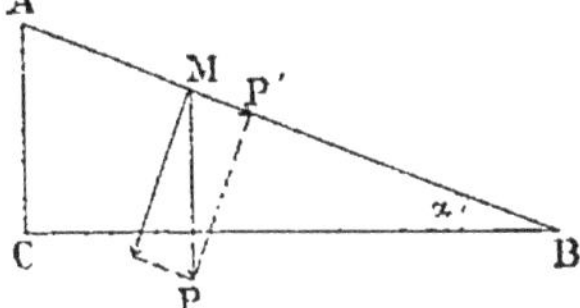

$$\frac{\gamma}{g} = \frac{MP \sin \alpha}{MP}, \quad \text{d'où} \quad \gamma = g \sin \alpha.$$

Mais on a d'autre part, dans le cas actuel,

$$245,25 = \frac{1}{2}\gamma \cdot \overline{10,}^2 \quad \text{d'où} \quad \gamma = \frac{2 \times 245,45}{100}.$$

En égalant ces deux valeurs de γ, il vient

$$9,810 \sin \alpha = \frac{2 \times 245,45}{100}, \quad \text{d'où} \quad \sin \alpha = \frac{1}{2}.$$

L'angle α que fait le plan incliné avec l'horizontale est donc égal à 30°.

8. *Dans une machine d'Atwood, la hauteur de chute pendant les 5 premières secondes est de 5ᵐ. Sachant que le poids additionnel pèse 10ᵍʳ, on demande le poids total de la masse mise en mouvement.*

(Marseille, 25 avril 1884; Paris, 25 octobre 1888.

Dans la machine d'Atwood le mouvement de chute est uniformément accéléré. Dans le cas actuel, l'accélération γ du mouvement est donnée par l'équation

$$e = \frac{1}{2}\gamma t^2 \quad \text{ou} \quad 5 = \frac{1}{2}\gamma \times 25,$$

de laquelle on tire $\qquad \gamma = 0^{m},4.$

D'autre part, si l'on désigne par p le poids additionnel de la machine et par P chacune des masses qui s'équilibrent, on a

$$\frac{\gamma}{g} = \frac{p}{2P + p} \quad \text{ou, ici,} \quad \frac{0,4}{9,8} = \frac{10}{2P + p},$$

ce qui donne $\qquad P = 117^{gr},5.$

La masse totale mise en mouvement, $2P + p$, est de 245ᵍʳ.

9. *Aux deux extrémités du fil qui s'enroule sur la poulie dans la machine d'Atwood, sont suspendus deux poids égaux de 40^{gr} chacun. On rompt l'équilibre en chargeant l'un de ces poids, ramené préalablement à la division zéro : 1° d'un poids cylindrique de 2^{gr} ; 2° d'un poids à ailettes de 3^{gr} superposé au précédent. Après une seconde de chute le poids à ailettes est arrêté par le curseur annulaire ; au bout de la deuxième seconde le poids principal, encore surchargé du poids additionnel cylindrique, est arrêté par le curseur plein. Vis-à-vis quelles divisions faut-il fixer le curseur annulaire et le curseur plein ?*

On prendra pour valeur de l'accélération due à la pesanteur $g = 9^m,81$.

(Dijon, 15 avril 1885.)

Pendant la première seconde de la chute la masse mise en mouvement est celle du poids $(2 \times 40 + 5)^{gr}$; la force agissante est 5^{gr}. L'accélération γ du mouvement, donnée par l'équation

$$\gamma = g\frac{p}{2P + p},$$

est donc ici

$$\gamma = \frac{9,81 \times 5}{2 \times 40 + 5} = \frac{49,05}{85}.$$

L'espace parcouru au bout d'une seconde est $e = \frac{1}{2}\gamma \times 1^2$, ou, en remplaçant γ par sa valeur,

$$e = \frac{1}{2} \times \frac{49,05}{85} = 0^m,29.$$

C'est en face de la division 29 qu'il faut placer le curseur annulaire.

Pendant la deuxième seconde de la chute, le mouvement est encore uniformément accéléré. Le poids additionnel, réduit à 2^{gr}, ne produit plus qu'une accélération

$$\gamma' = \frac{9,81 \times 2}{2 \times 40 + 2} = \frac{19,05}{82};$$

mais il y a une vitesse initiale, égale à la vitesse au moment où le poids à ailettes est enlevé, c'est-à-dire égale à γt ou $\frac{49,05}{85} \times 1$. L'espace parcouru pendant la première seconde de ce nouveau mouvement est donc

$$c' = \frac{49,05}{85} \times 1 + \frac{1}{2} \times \frac{49,05}{82} \times 1 = 0^m,87.$$

Le curseur plein doit être placé $0^m,87$ plus bas que le curseur annulaire.

10. *Un pendule, qui bat la seconde en un lieu, a 98^{cm} de longueur. On demande la longueur d'un pendule qui, au même lieu, fait 25 oscillations par minute.*

On demande encore quel espace parcourt dans la première seconde de chute un corps pesant qui tombe librement dans le même lieu.

(Lyon, 9 août 1882.)

1° Les durées d'oscillation de deux pendules sont, en un même lieu, proportionnelles aux racines carrées de leurs longueurs. On aura donc, si x est la longueur cherchée,

$$\frac{\sqrt{x}}{\sqrt{9,8}} = \frac{60}{25} : 1, \quad \text{d'où} \quad x = 5^m 64.$$

2° La durée d'oscillation du premier pendule étant une seconde et sa longueur $0^m,98$, on a

$$1 = \pi \sqrt{\frac{0,98}{g}}, \quad \text{d'où} \quad g = \pi^2 \times 0,98 = 9^m,67.$$

L'intensité de la pesanteur, au lieu de l'expérience, est $9^m,67$. Un mobile tombant librement y parcourrait $4^m,83$ pendant sa première seconde de chute.

11. *Un pendule OA, qui bat la seconde lorsqu'il oscille librement, est constitué par une masse pesante A suspendue à l'extrémité d'un fil flexible. En B, on place un clou qui force le pendule, lorsqu'il est à gauche de la verticale à prendre la forme OBA'. Sachant que le clou est à une distance OB de l'axe de suspension égale à la moitié de*

*la longueur du pendule, on demande quelle sera la nouvelle
durée d'une oscillation du pendule.*

(Marseille, 12 avril 1886.)

Pour descendre de A en D, le pendule met $\frac{1}{2}$ seconde. A partir du point D, sa longueur étant devenue deux fois moindre, la durée de l'oscillation est devenue $\sqrt{2}$ fois plus petite; c'est-à-dire que le temps nécessaire pour aller de D en A' est $\dfrac{1}{2\sqrt{2}}$ seconde.

La durée totale de l'oscillation, de A en A', est donc

$$\frac{1}{2} + \frac{1}{2\sqrt{2}} = 0^{\text{sec}},883.$$

2° **Hydrostatique.**

12. *Un vase a la forme d'un tronc de cône dont les bases
ont pour diamètre : la supérieure* 60^{cm}, *l'inférieure* 30^{cm}.
*On le remplit complètement avec de l'eau et du mercure, et
ce dernier occupe une hauteur de* 12^{cm}. *La hauteur du vase
étant égale à* 30^{cm}, *on demande le poids total des liquides
qu'il contient, et la pression exercée par ce liquide sur* un
centimètre carré de la base.

(Caen. 30 octobre 1885.)

1° Soit ABCD la coupe du vase. Menons CP parallèle à DB. Nous avons, dans les triangles semblables CAP et CMQ, la proportion

$$\frac{\text{C}}{\text{}} = \frac{\text{AP}}{\text{MQ}} \quad \text{ou, ici,} \quad \frac{30}{12} = \frac{30}{\text{MQ}};$$

de là on tire

$$\text{MQ} = 12 \text{ et MN} = 12 \text{ centimètres.}$$

Le poids du mercure sera dès lors

$$\text{P} = \frac{1}{3}\,\pi.\,12(\overline{15}^2 + \overline{21}^2 + 15 \times 21)13,6 = 107\,056^{\text{gr}},$$

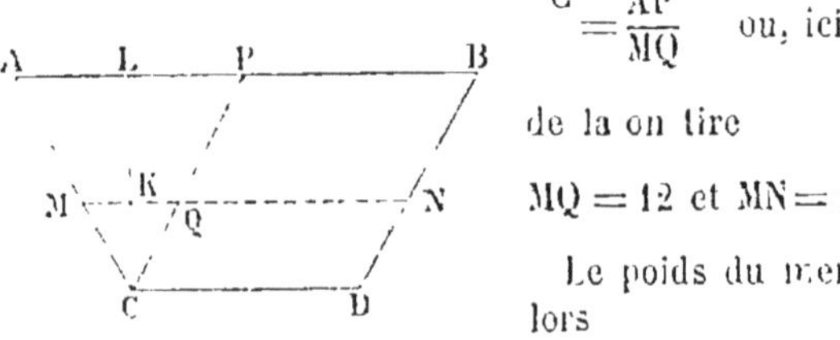

et le poids de l'eau

$$P' = \frac{1}{3}\pi.18\left(\overline{21}^2 + \overline{30}^2 + 21 \times 30\right) \times 1 = 37\,152^{gr}.$$

Le poids total est la somme de ces deux
poids individuels : $204\,808^{gr}$.

2° La pression que supporte un centimètre carré du fond du
vase est égale à

$$1 \times 12 \times 13,6 + 1 \times 18 \times 1 = 181^{gr}.2.$$

13. *Deux vases communiquants cylindriques,* ABCD,
EFGH, *renferment un liquide de densité* d. *Le cylindre*
ABCD, *de section* S, *est muni en outre d'un piston mobile
de poids* p. *On demande quelle sera la position du niveau
du liquide dans le vase* EFGH.

(Grenoble, 12 juillet 1836; Clermont, 15 novembre 1839.)

Le piston mobile produit le même effet qu'une colonne liquide
dont la hauteur x serait donnée par
l'équation

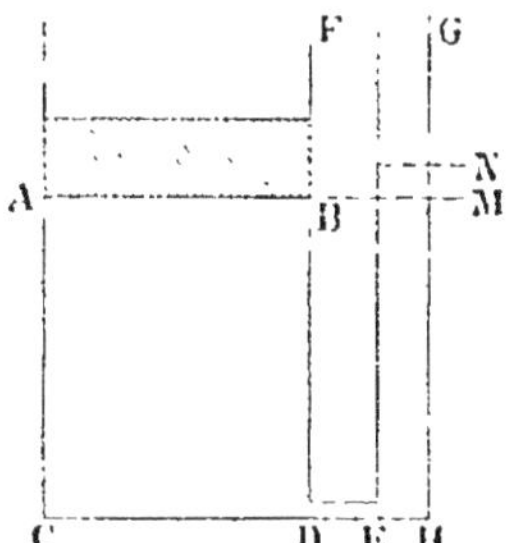

$$p = Sxd,$$

de laquelle on tire

$$x = \frac{p}{Sd}.$$

Dans le vase EFGH le niveau s'é-
lèvera donc au-dessus du plan ABM

d'une quantité MN égale à $\dfrac{p}{Sd}$.

14. *Un vase cylindrique* ABCD *est surmonté de deux
tubes de même diamètre. On remplit le tout de liquide.
Dans les tubes glissent deux pistons qui maintiennent les
niveaux à des hauteurs* EP $= 3^m,25$ *et* GP' $= 0^m,45$. *Le
liquide qui remplit le vase a une densité égale à* 0,845. *On
exerce sur le piston* P *une pression égale à* $48^{kg},923$. *Quelle
pression devra-t-on exercer sur le piston* P' *pour l'empêcher*

de remonter? On donne $AC = 1^m,75$; *le rayon des tubes est* 95^{mm} *et celui du vase* $1^m,35$. *On demande la pression totale supportée par le fond* AB.

(Lille, 16 juillet 1879.)

1° La pression à exercer sur le piston P' est égale à la pression qu'on exerce sur le piston P, augmentée du poids d'une colonne de liquide ayant pour base le piston P' et pour hauteur la distance verticale des deux pistons.

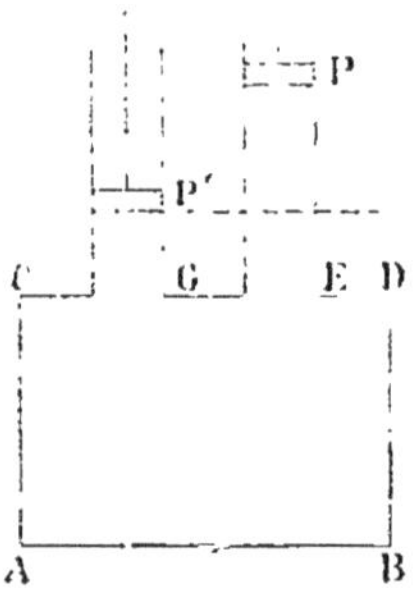

Le poids de cette colonne liquide est ici

$$\pi \overline{9,5}^2 (325 - 45) 0,845 = 67\,083^{gr}.$$

La pression totale à exercer sur le piston P' est donc

$$67,083 + 48,923 = 116^{kg},006.$$

2° Pour calculer la pression que supporte le fond AB, remarquons que si l'on remplaçait chacun des pistons avec sa surcharge par une colonne liquide capable de produire le même effet, le liquide s'élèverait à la même hauteur dans les deux tubes. Cette hauteur, calculée par exemple pour le tube PE, serait

$$\left(325 + \frac{48923}{\pi \times \overline{9,5}^2 \times 0,845}\right) \text{ centimètres.}$$

La hauteur totale du liquide au-dessus du fond sera égale à cette quantité, augmentée de $AC = 175^{cm}$. La valeur de la pression sur le fond sera dès lors

$$\left(175 + 325 + \frac{48923}{\pi \times \overline{9,5}^2 \times 0,845}\right) \pi \times \overline{135}^2 \times 0,845 = 34\,069\,981^{gr}.$$

Le fond supporte une pression de $34\,069^{kg},981$.

15. *Dans un vase qui a la forme d'un parallélipipède droit et dont la base, placée horizontalement, est un carré de* 12^{cm} *de côté, on introduit* 500^{cc} *de mercure. On fait ensuite flotter sur le mercure un disque de fer de* 36^{cq} *de section et de* 4^{cm} *d'épaisseur. Quel est l'accroissement de pression qu'éprouvent le fond du vase et chacune des faces*

latérales quand on dépose le disque de fer sur le bain de mercure ?

On prendra pour la densité du mercure par rapport à l'eau à la température de l'expérience D $= 13,6$ *et pour celle du fer* D' $= 7,7$.

(Dijon, 20 juillet 1885.)

1º Le poids du disque de fer est égal à $36 \times 4 \times 7,7 = 1108^{gr},8$. Lorsqu'il flotte à la surface du mercure, il produit sur le fond et sur les parois du vase le même effet que l'adjonction d'un poids de liquide égal au sien.

Il augmentera donc, puisque toutes les parois sont verticales, la pression sur le fond de $1108^{gr},8$.

2º Admettons que ce poids de mercure, que nous supposons ajouté au liquide primitif, aille au fond du vase. Les 500^{cc} qui se trouvaient primitivement dans le vase, étant, par rapport à la surface libre, dans la même position qu'à l'origine, continueront à exercer sur les parois latérales la même pression qu'au début. L'augmentation de pression sur chaque paroi sera donc mesurée par la pression due à une couche de mercure, placée au fond du vase, et pesant $1108^{gr},8$. On l'obtiendra en cherchant le volume d'un cylindre de mercure ayant pour base la portion de la paroi couverte par la couche, et pour hauteur la distance du centre de gravité de cette portion à la surface libre.

Or le volume du liquide ajouté est $\dfrac{1108.8}{13,6}$, et il occupe une hauteur égale à $\dfrac{1108,8}{13.6 \times \overline{12}^{2}}$. Il couvre une portion de paroi qui a pour surface $\dfrac{1108.8}{13,6 \times \overline{12}^{2}} \times 12$. Comme le liquide primitif occupe, d'autre part, une hauteur $\dfrac{500}{\overline{12}^{2}}$, la distance du niveau libre au centre de gravité de la couche inférieure est

$$\left(\frac{1108.8}{13,6 \times \overline{12}^{2}} \times 12 \times \frac{1}{2} + \frac{500}{\overline{12}^{2}} \right),$$

et l'augmentation de pression sur chaque paroi latérale a pour expression

$$\frac{1108.8}{13,6 \times \overline{12}^{2}} \times 12 \left(\frac{1108.8}{13,6 \times \overline{12}^{2}} \times 12 \times \frac{1}{2} + \frac{500}{\overline{12}^{2}} \right) \times 13.6 = 606^{gr}.$$

16. *Que devient le poids de 500ᵍʳ d'étain (densité 7,8) quand on le plonge dans une huile ayant pour densité 0,92 ?*

avril 1880.)

Le volume de l'étain est égal à $\left(\dfrac{500}{7,18}\right)^{cc}$. Plongé dans l'huile, il éprouve une poussée verticale, dirigée de bas en haut, égale au poids de l'huile dép'acée $\left(\dfrac{500}{7,18}\right)0,92$.

Le poids de l'étain devient donc

$$500 - \frac{500 \times 0.92}{7,18} = 136^{\text{gr}}.$$

17. *Un lingot formé d'or et d'argent pèse 200ᵍʳ. Plongé dans l'eau pure à 4°, il perd 15ᵍʳ de son poids. On demande quelle est sa composition.*

La densité de l'or est 19,5 et celle de l'argent 10,5. On admet qu'en alliant l'or à l'argent, il ne s'est produit ni contraction ni dilatation.

(Clermont, 15 avril 1885; Lyon, 4 nov. 1889; Nancy, 17 nov. 1890.)

C'est là le problème si connu de la couronne d'Archimède. Soient p le poids de l'or contenu dans le lingot, et p' celui de l'argent. On a

$$p + p' = 200.$$

D'autre part, le volume du lingot $\dfrac{p}{19,5} + \dfrac{p'}{10,5}$ est égal au volume 15ᶜᶜ de l'eau déplacée, ce qui donne une seconde équation :

$$\frac{p}{19,5} + \frac{p'}{10,5} = 15.$$

De ces deux équations on tire

$$p = 92^{\text{gr}},08, \qquad p' = 107^{\text{gr}},92.$$

18. *Un vase cylindrique est placé sur l'un des plateaux d'une balance; il contient de l'eau, et on a établi l'équilibre en plaçant de la tare dans l'autre plateau. On plonge dans* *le liquide un cylindre métallique dont le volume est 4cc,5, en prenant soin de le soutenir par un fil à un support fixe, de façon qu'il ne touche pas les parois. L'équilibre sera détruit. Expliquer pourquoi ; dire comment on pourra le rétablir.*

(Paris, 5 novembre 1878; Marseill , 8 juillet 1889.)

Le corps plongé dans l'eau éprouve de la part du liquide une poussée verticale dirigée de bas en haut, égale au poids du liquide déplacé; mais, en vertu du principe de l'égalité de l'action et de la réaction, le corps exerce sur l'eau une poussée égale et directement opposée à la première. C'est pour cette raison que l'équilibre sera détruit. On le rétablira, soit en enlevant du vase un volume d'eau égal à 4cc,5, soit en ajoutant dans l'autre plateau un poids de 4gr,5.

Ces résultats sont absolument indépendants de la forme du vase. Cependant, dans le cas où le vase est cylindrique, on voit plus nettement comment se produit l'augmentation apparente du poids du liquide. L'immersion du cylindre métallique a déterminé l'élévation du niveau de l'eau, et, par suite, a augmenté la pression exercée sur le fond du vase d'une quantité égale au poids du liquide soulevé. Et, puisque le vase est cylindrique, cette augmentation de pression sur le fond s'est intégralement transmise au plateau de la balance. Pour rétablir l'équilibre, il suffira de ramener le liquide à son niveau primitif, en enlevant un volume égal à celui du cylindre immergé.

19. *Une boule de platine, immergée dans l'eau, a un poids apparent de 27gr ; immergée dans le mercure, son poids apparent n'est plus que de 10gr. Sachant que la densité du mercure est 13,6, on demande celle du platine.*

(Ajaccio, 25 juin 1884.)

Soit v le volume de la boule de platine, soit d la densité de ce métal. Son poids dans l'eau aura pour expression $v(d-1)$, et son poids dans le mercure $v(d-13,6)$. On a donc les deux équations

$$v(d-1) = 27,$$

$$v(d-13,6) = 10.$$

De là, en éliminant v, on tire $d = 21$.

20. *Un morceau de liège de poids* p *est attaché à un morceau de plomb qui pèse* p′ *dans l'eau. Le système pèse* p″ *dans l'eau. On demande la densité du liège.*

(Nancy, 13 novembre 1884.)

Soit d la densité cherchée. Le volume du liège est $\frac{p}{d}$, et se poids dans l'eau, qui est négatif, est égal à $p - \frac{p}{d}$. En y ajoutant le poids $p′$ du plomb dans l'eau, on obtient le poids dans l'eau du système entier. On a donc

$$p - \frac{p}{d} + p′ = p″,$$

d'où l'on tire

$$d = \frac{p}{p + p′ - p″}.$$

Remarque. — Si l'on avait donné le poids du plomb dans l'air, au lieu de le donner dans l'eau, la solution de la question aurait exigé la connaissance de la densité du plomb.

21. *Une boule métallique creuse flotte sur l'eau, de telle sorte que son centre se trouve au niveau de la surface libre. Quel est le poids de cette boule? Densité du métal* 7,5; *cavité vide intérieure* 1^{dmc}.

(Paris, 20 avril 1891.)

Soit x le poids du métal, et d la densité du liquide. Le volume total de liquide déplacé, exprimé en centimètres cubes, est

$$\frac{1000}{2} + \frac{x}{2 \times 7,5}.$$

Le poids de liquide déplacé étant égal au poids de la sphère, on a l'égalité

$$\left(\frac{1000}{2} + \frac{x}{2 \times 7,5} \right) \times d = x.$$

Pour $d = 1$, cas de l'eau, on tire $x = 533^{gr}$.

On a négligé la poussée de l'air extérieur.

22. *Un ballon de cristal* AB, *scellé à la lampe et complètement rempli de mercure* M, *contient* 68^{gr} *de ce liquide. Le poids total du vase et du contenu est de* 81^{gr},2 *quand* on le pèse dans l'air et de $72^{gr},2$ quand on le pèse dans l'eau. On demande quelle est la densité du cristal.

On prendra pour densité du mercure $13,6$ et on négligera les effets de poussée de l'air.

(Tournon, 15 juillet 188..)

Le ballon pèse dans l'eau $9^{gr}(81,2 - 72,2)$ de moins que dans l'air. Son volume extérieur est donc de 9^{cc}.

Le poids de mercure dont il est rempli étant 68^{gr}, le volume de ce liquide est $\dfrac{68}{13,6} = 5^{cc}$. Le volume du cristal est par conséquent $9 - 5 = 4^{cc}$.

On aura la densité du cristal en divisant son poids $13^{gr},2$ par son volume 4^{cc}, ce qui donne une densité égale à $3,3$.

23. *On mélange 3 parties d'eau et 5 d'acide sulfurique. Le mélange étant refroidi, on y plonge un corps solide qui subit une poussée équivalente à une perte de poids de $15^{gr},73$. Dans l'eau à $+4°$, le même corps perd 10^{gr} ; dans l'acide sulfurique concentré, $18^{gr},4$. Y a-t-il eu contraction au moment du mélange, et, si cela est, quelle est la valeur de cette contraction ?*

(Besançon. 5 novembre 1883.,

Le corps solide perd 10^{gr} de son poids quand on le plonge dans l'eau à $4°$: son volume est donc 10^{cc}. Il perd $18^{gr},4$ quand on le plonge dans l'acide sulfurique concentré; il en faut conclure que 10^{cc} d'acide sulfurique pèsent $18^{gr},4$, ce qui donne 1.84 pour densité de ce liquide.

De même on voit que la densité du mélange est $1,573$.

Or, si le mélange se faisait sans contraction ni dilatation, sa densité serait égale à la moyenne arithmétique entre 3 fois la densité de l'eau et 5 fois celle de l'acide concentré. Elle serait

$$\frac{3 \times 1 + 5 \times 1,84}{8} = 1,525.$$

Il y a donc eu contraction. La valeur de cette contraction s'exprimera par le rapport du volume final V_1 d'un certain poids du mélange, à la somme V_2 des volumes d'un même poids des liquides primitifs. Or on a

$$P = V_1 \times 1,573 = V_2 \times 1,525$$

d'où

$$\frac{V_1}{V_2} = \frac{1525}{1573} = 0,969.$$

La contraction s'est faite dans le rapport de 1 à 0,969, ce qu'on peut exprimer aussi en disant que la diminution de volume a été 0,031 du volume primitif.

24. *Un vase contient du mercure et de l'eau. On y introduit une boule en fer qui plonge partie dans le mercure et partie dans l'eau. On demande de calculer le rapport du volume plongé dans l'eau au volume plongé dans le mercure.*

La densité du fer est 7,8 et celle du mercure 13,6, celle de l'eau étant 1.

(Clermont, 20 avril, 1885; Saint-Denis (Réunion), août 1889.)

Appelons v_1 la portion du volume de la sphère plongé dans le mercure, et v_2 la portion immergée dans l'eau. Les expressions $13,6 \times v_1$ et $1 \times v_2$ représentent le poids de mercure et le poids d'eau déplacés. Puisqu'il y a équilibre, la somme de ces poids doit égaler le poids de la sphère de fer. On a donc l'équation

$$13,6\, v_1 + v_2 = 7,8(v_1 + v_2).$$

On en tire le rapport cherché :

$$\frac{v_2}{v_1} = \frac{13,6 - 7,8}{7,8 - 1} = \frac{29}{34}.$$

25. *Quel est le rapport des poids de deux sphères, l'une de platine, l'autre de fer, qu'il faudrait attacher ensemble pour que le système soit en équilibre au milieu du mercure ?*

La densité du platine est 21, celle du fer 7,8, celle du mercure 13,6.

(Paris, 12 mai 1886.)

Appelons p le poids de la sphère de platine, p' celui de la sphère de fer. Le volume de la première est $\frac{p}{21}$, celui de la seconde $\frac{p'}{7,8}$. Le poids du mercure déplacé lorsqu'elles sont en équilibre au milieu du mercure est $\left(\frac{p}{21} + \frac{p'}{7,8}\right)13,6$. Ce poids devant être égal à celui du système immergé, on a l'équation

$$\left(\frac{p}{21} + \frac{p'}{7,8}\right)13,6 = p + p'.$$

De là on tire le rapport $\frac{p}{p'}$ cherché :

$$\frac{p}{p'} = \frac{21}{7,8} \times \frac{13,6 - 7,8}{21 - 13,6} = 2,11.$$

26. *Un tube cylindrique de verre, fermé à sa partie inférieure et lesté avec du mercure, pèse p et flotte verticalement sur l'eau de façon que la fraction n de sa hauteur soit immergée dans le liquide. Quel poids de mercure faut-il ajouter dans le tube pour que dans un liquide de densité d, le tube soit immergé jusqu'à son bord supérieur ?*

(Paris, 17 novembre 1885; Toulouse, 29 avril 1889.)

Soit v le volume du tube. L'équilibre dans l'eau conduit à l'équation

$$p = nv.$$

L'équilibre dans le liquide de densité d, sous l'action d'une surcharge x de mercure, conduit à l'équation

$$p + x = vd.$$

De là on tire, en éliminant v,

$$x = p\left(\frac{d}{n} - 1\right).$$

Inversement, il serait facile de tirer d de cette équation si l'on pesait directement la surcharge x.

27. *Au-dessous des plateaux d'une balance, on suspend, d'un côté, une boule en laiton pesant 100ᵍʳ, de densité 8,3, et de l'autre, une boule en verre, pleine, de densité 2,5. L'une et l'autre plongent dans l'eau. On demande quel devra être le poids de la boule de verre pour que la balance soit en équilibre.*

(Ajaccio, 22 juin 1886; Lille, avril 1891.)

Soit x le poids cherché. Le poids apparent de la boule de verre, plongée dans l'eau, est égal à son poids vrai x, diminué du poids de l'eau déplacée $\dfrac{x}{2,5} d$ (d étant la densité de l'eau).

De même le poids apparent de la boule de laiton est $100 - \dfrac{100}{8,3} d$.

Pour l'équilibre, il faut que l'on ait

$$x\left(1 - \frac{d}{2,5}\right) = 100\left(1 - \frac{d}{8,3}\right).$$

En prenant la densité de l'eau égale à 1, il vient

$$x\left(1 - \frac{1}{2,5}\right) = 100\left(1 - \frac{1}{8,3}\right).$$

$$x = 117^{\mathrm{gr}}.$$

28. *Une sphère de liège de rayon* r *et de densité* d *est lestée par une sphère de plomb de densité* D. *Quel doit être le rayon de cette dernière sphère pour que l'ensemble des deux sphères se tienne en équilibre et complètement immergé dans l'eau ?*

Appliquer à l'exemple numérique suivant :

$$r = 0^{\mathrm{m}},05 ; \quad d = 0,24 ; \quad D = 11,35.$$

(Paris, 16 novembre 1885.)

Soit x le rayon cherché de la sphère de plomb. Nous aurons l'équation du problème en écrivant que le poids des deux sphères est égal au poids de l'eau qu'elles déplacent :

$$\frac{4}{3} \pi r^3 d + \frac{4}{3} \pi x^3 D = \frac{4}{3} \pi r^3 + \frac{4}{3} \pi x^3.$$

On en tire

$$x = r \sqrt[3]{\frac{1 - d}{D - 1}}.$$

En remplaçant les lettres par leur valeur numérique, on trouve

$$x = 0^{\mathrm{m}},021.$$

29. *Deux sphères* A *et* B, *de densité* 11,4 *et* 1,5, *suspendues par des fils très fins aux deux plateaux d'une balance hydrostatique, se feraient équilibre dans le vide.*

Il y a encore équilibre quand A est complètement immergée dans l'eau et B immergée en partie dans l'eau et en partie dans l'air. Quel est le rapport de la portion du volume immergé au volume total? Le poids du litre d'air est 1ᵍʳ,3.

(Dijon, 22 juillet 1885.)

Soient p le poids commun aux deux sphères dans le vide; v_1 la portion du volume de la grosse sphère qui sera immergée dans l'eau, et v_2 la portion du volume de cette même sphère qui restera dans l'air dans la seconde partie de l'expérience.

Le volume de la grosse sphère est égal à $\dfrac{p}{1,3}$, ce qui donne l'équation

$$(1) \qquad v_1 + v_2 = \frac{p}{1,3}.$$

D'autre part le poids de la petite sphère dans l'eau, $p - \dfrac{p}{11,4}$, est égal au poids apparent de la grosse quand elle est en partie immergée, poids apparent qui a pour expression $p - v_1 - v_2\delta$ (δ étant la densité de l'air par rapport à l'eau). On a donc

$$(2) \qquad p - \frac{p}{11,4} = p - v_1 - v_2\delta.$$

Entre ces deux équations on peut éliminer p, et calculer le rapport cherché $\dfrac{v_1}{v_2}$. On trouve, en remplaçant d par sa valeur 0,0013,

$$\frac{v_1}{v_2} = 0,15.$$

30. *Deux liquides A et B ont pour densité A = 1,1 et B = 1,2. On les mélange dans la proportion de deux parties pour A et cinq parties pour B : le volume total du mélange se contracte de $\dfrac{1}{136}$. On plonge verticalement dans ce mélange un cylindre de 1ᵐ,20 de haut, qui surnage de 0ᵐ,06. Quelle est la densité de la substance formant le cylindre?*

(Marseille, 15 avril 1885.)

S'il n'y avait pas de contraction, la densité du mélange serait

$$\frac{2 \times 1,1 + 5 \times 1,2}{7}.$$

La contraction étant de $\dfrac{1}{136}$, la densité d est en réalité

$$d = \frac{2 \times 1,1 + 5 \times 1,2}{7} \times \frac{136}{135}.$$

Si nous désignons par x la densité de la substance formant le cylindre qu'on plonge dans le liquide, et par S sa section, le poids de ce cylindre sera

$$120\,\mathrm{S}\,x,$$

et ce poids devra être égal, puisque le cylindre flotte, au poids du liquide déplacé

$$(120 - 6)\mathrm{S}d,$$

ce qui donne l'équation

$$120x = (120 - 6)d.$$

On en tire

$$x = d \times \frac{114}{120} = \frac{2 \times 1,1 + 5 \times 1.2}{7} \times \frac{136}{135} \times \frac{114}{120} = 1,121.$$

La densité de la substance formant le cylindre est 1,121.

31. — *Un vase a la forme d'un tronc de cône de révolution reposant sur sa petite base. Le rayon de celle-ci est 7^{cm}, et l'inclinaison des arêtes $60°$. Il contient un liquide qui s'élève à 10^{cm} de hauteur. On y plonge verticalement un cylindre droit plein dont la densité est les 0,7 de celle du liquide; son rayon est 5^{cm} et sa hauteur 10^{cm}. Trouver : $1°$ Quelle sera la hauteur de la partie immergée quand le cylindre vertical sera flottant; $2°$ de combien se sera élevé le niveau du liquide qui l'environne. — On calculera d'abord le rayon du cercle qui est à ce niveau.*

(Dijon, 11 avril 1889.)

$1°$ Soit x la hauteur de la partie immergée. Le poids du cylindre étant égal au poids du liquide déplacé, on a

$$\pi \times 5^2 \times 10 \times 0,7 \times d = \pi \times 5^2 \times x \times d,$$

d'où $\qquad a' = 7^{cm}.$

2° Avant l'immersion, le rayon du cercle de niveau du liquide

était $C_2A = C_2E + EA = 7 + \dfrac{10\sqrt{3}}{3} = 12^{cm},77.$

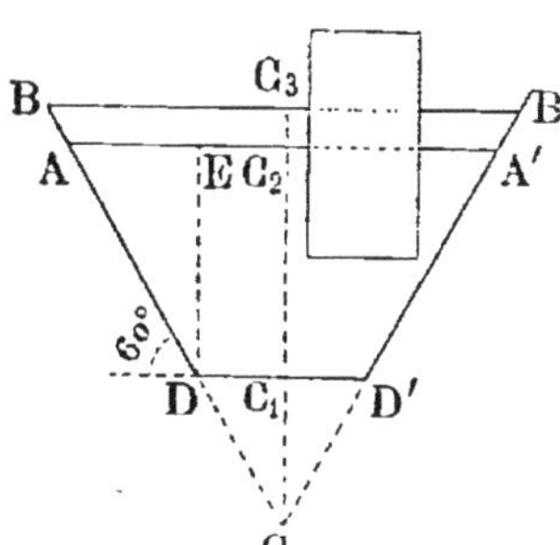

Après l'immersion, le niveau s'élève de telle manière que le volume du tronc de cône $AA'BB'$ soit égal au volume de la partie immergée du cylindre :

$$\pi \times 5^2 \times 7 = \frac{1}{3}\pi[C_3B \times OC' - C_2A \times OC].$$

En remplaçant OC', C_2A et OC par leurs valeurs respectives, on tire

$$C_3B = 13^{cm},36.$$

L'élévation de niveau est donc $(13,36 - 12,77)\sqrt{3} = 1^{cm},02.$

32. *Pour faire affleurer, dans un liquide dont la densité est* 1,6, *un aréomètre de Nicholson pesant* 20^{gr}, *il faut placer dans le plateau inférieur un bloc d'aluminium pesant* 5^{gr}. *On demande quel poids* x *il faudra placer dans le plateau supérieur du même aréomètre pour le faire affleurer dans l'eau distillée, la densité de l'aluminium étant* 2,5.

(Lyon, 5 novembre 1876.)

Soit V le volume de l'aréomètre, jusqu'à son trait d'affleurement. Quand on le surcharge d'un poids d'aluminium égal à 5^{gr}, placé dans le plateau inférieur, le poids total de l'appareil est $20 + 5$ et le volume du liquide qu'il déplace est $V + \dfrac{5}{2,5}$. Le poids de l'appareil étant égal au poids du liquide déplacé, on a

$$(1)\qquad 20 + 5 = \left(V + \frac{5}{2,5}\right)1,6.$$

Lorsqu'il est ensuite plongé dans l'eau distillée, avec une surcharge x placée dans le plateau supérieur, on a

$$(2) \qquad 20 + x = V.$$

De ces deux équations on tire, en éliminant V,

$$x = -6^{gr}.37.$$

Le poids trouvé étant négatif, cela signifie qu'il faudrait, non pas surcharger mais alléger l'appareil de 6^{gr},37, pour qu'il puisse affleurer dans l'eau distillée.

33. *Un aréomètre de Fahrenheit plonge dans un liquide de densité 1,4 à 0°, et il faut ajouter 42^{gr} dans la capsule supérieure pour obtenir l'affleurement. Lorsqu'on le plonge dans l'eau pure à 4°, il faut ajouter 20^{gr} pour obtenir l'affleurement. On demande le poids de l'instrument.*

(Tulle, juill. 1881; Dijon, 7 nov. 1887; Montpellier, 15 nov. 1889.)

Soit p le poids cherché.

Lorsqu'il affleure dans l'eau, l'aréomètre a un poids total égal à $(p + 20)^{gr}$; le volume de la portion immergée est donc $(p + 20)^{cc}$.

Si ensuite on fait affleurer l'instrument dans un liquide dont la densité est 1,4, il déplace un poids de liquide égal à $(p + 20)1,4$, et ce poids doit égaler celui de l'instrument avec sa surcharge à ce moment $p + 42$.

On a donc $\qquad (p + 20)1,4 = p + 42.$

On en tire $\qquad p = 35^{gr}.$

34. *Un aréomètre à poids constant a une tige exactement cylindrique divisée en cent parties égales. Plongé dans l'eau pure de densité 1, il s'enfonce jusqu'à zéro. Le point d'affleurement est 100 dans l'acide sulfurique de densité 1,84. Calculer le rapport du volume d'une division de la tige au volume total limité au zéro. Quel serait le point d'affleurement de l'appareil dans l'acide azotique de densité égale à 1,4 ?*

(Rennes, 17 avril 1885.)

1° Soient V le volume total jusqu'au zéro, v le volume d'une division, et p le poids de l'aréomètre, les volumes étant exprimés en centimètres cubes et le poids en grammes.

Au moment de l'affleurement dans l'eau, le volume de la partie immergée est V ; le poids de l'eau déplacée est donc V grammes, et ce poids est égal à celui de l'appareil, puisqu'il y a équilibre:

$$(1) \qquad V = p.$$

Au moment de l'affleurement dans l'acide sulfurique, le volume de liquide déplacé est $V - 100v$, et le poids de ce liquide déplacé est $(V - 100v)1,84$. On a, par suite,

$$(2) \qquad (V - 100v)1,84 = p.$$

De ces deux équations on tire, en éliminant p,

$$\frac{v}{V} = \frac{0,84}{184} = 0,0045.$$

2° Quand l'aréomètre plonge dans l'acide azotique, il s'enfonce jusqu'à une division n, donnée par l'équation,

$$(V - nv)\, 1,4 = V,$$

de laquelle on tire

$$n = 62°.$$

35. *Un aréomètre de Baumé marque 5° dans du lait pur. Il marque 2°,2 dans un lait étendu d'eau. Quelle est la proportion d'eau ajoutée ?*

Densité de la solution saline qui sert à marquer le 15ᵉ degré : 1,116.

(Besançon, 23 juillet 1885 et 22 juillet 1887.)

Soient p le poids de l'aréomètre exprimé en grammes, V et v le volume total jusqu'au zéro et le volume de chacune des divisions de la tige.

Quand l'instrument est plongé dans l'eau, le poids du liquide déplacé $V \times 1$ est égal au poids p de l'aréomètre :

$$(1) \qquad V = p.$$

Quand il est plongé dans l'eau salée, on a de même

$$(2) \qquad (V - 15v)1,116 = p.$$

Quand enfin on le plonge dans un liquide de densité d, et qu'il affleure à la division n, on a

$$(3) \qquad (V - nv)d = p.$$

De ces trois équations on tire, en éliminant V, v et p :

$$d = \frac{15 \times 1,116}{15 \times 1,116 - n \times 0,116},$$

équation qui peut se mettre sous la forme plus simple :

$$d = \frac{144,3}{144,3 - n}.$$

En faisant l'application de cette formule au cas qui nous occupe, on voit que la densité du lait pur est

$$d_1 = \frac{144,3}{144,3 - 5} = 1,036,$$

et celle du lait étendu d'eau

$$d_2 = \frac{144,3}{144,3 - 2,2} = 1,015.$$

Désignons maintenant par m la quantité d'eau, de densité 1, qui a été ajoutée à n litres de lait, de densité 1,036, pour en faire le lait étendu, de densité 1,015. On a, si l'on admet qu'il n'y a pas eu de contraction,

$$\frac{n \times 1,036 + m \times 1}{n + m} = 1,015,$$

d'où l'on tire $\frac{m}{n} = 1,4$. Si nous supposons $n = 1$, nous voyons qu'on a ajouté $1^{\text{lit}},4$ d'eau à un litre de lait pur.

36. *Un aréomètre à poids constant marque 43° dans de l'acide azotique. On demande la densité de cet acide azotique, sachant que le même aréomètre marque 0° dans l'eau et 66° dans l'acide sulfurique dont la densité est 1,84.*

(Grenoble, 22 juillet 1886; Montpellier, 25 avril 1888.)

En adoptant les notations du problème précédent, on voit que l'on a

$$V = p,$$

$$(V - 66v)1,84 = p,$$

$$(V - 43v)d = p.$$

De ces trois équations on tire, en éliminant **V**, **v** et *p* :

$$d = \frac{121,44}{85,32} = 1,42.$$

La densité cherchée est **1,42.**

37. *Un vase a été complètement rempli d'eau et taré. On y introduit un corps solide dont la densité est* d, *et l'on constate que l'augmentation de poids du vase est* p. *On demande de calculer à l'aide de ces données le poids du corps solide introduit.*

Appliquer à l'exemple numérique suivant : d = 1,83 ; p = 45^{gr},36.

(Paris, 9 novembre 1885.)

Le corps introduit dans le vase en a chassé un volume d'eau égal au sien. Si ce liquide était resté, l'augmentation de poids aurait été égale au poids x du corps; la différence $x - p$ représente donc le poids de l'eau chassée, ou le volume du solide.

Le poids d'un corps étant égal au produit de son volume par sa densité, on a

$$x = (x - p)d,$$

d'où l'on tire

$$x = \frac{pd}{d - 1}.$$

Application numérique :

$$x = \frac{45,36 \times 1,83}{1,83 - 1} = 100^{\text{gr}},01.$$

3° Statique des gaz.

38. *Quelle doit être la capacité d'un vase contenant* 3^{gr} *d'air à la température de* 0°, *pour que cet air exerce une pression de* 500^{gr} *par centimètre carré ?*

(Paris, 7 juillet 1885.)

Évaluons d'abord la pression en colonne de mercure, ce qui se fait en cherchant la hauteur h d'une colonne de mercure qui a pour base un centimètre carré, et pour poids 500ᵍʳ. On a

$$500 = 1 \times h \times 13,59,$$

d'où

$$h = \frac{500}{13,59}.$$

Il ne reste plus alors qu'à appliquer la formule générale qui donne le poids d'un gaz en fonction de son volume et de sa pression :

$$3 = x \times 1{,}293 \times \frac{500}{13{,}59 \times 76}.$$

On en tire

$$x = \frac{3 \times 13{,}59 \times 76}{1{,}293 \times 500} = 4^{\text{lit}}{,}701.$$

39. *Une soupape pesant* 1^{kg} *recouvre une ouverture de* 1^{dq}. *On désire qu'elle ne s'ouvre que sous une différence de pression de 10 atmosphères : de quel poids faut-il la charger ?*

On suppose que l'atmosphère équivaut à 760^{mm} *de mercure.*

(Grenoble, juillet 1883.)

Une différence de pression de 10 atmosphères équivaut au poids d'une colonne de mercure ayant pour base l'ouverture de la soupape et pour hauteur 10 fois 760ᵐᵐ.

Ce poids, exprimé en kilogrammes, est égal à

$$1 \times 10 \times 7{,}6 \times 13{,}59 = 1032^{kg}{,}84.$$

Le poids de la soupape étant de 1ᵏᵍ, il faudra la charger de 1031ᵏᵍ,84.

40. *Dans un lieu où l'air est parfaitement sec, et la température* $0°$, *on constate qu'en élevant un baromètre de* 10^m, *la colonne mercurielle baisse de* $0^{mm}{,}93$. *On demande quelle est la pression atmosphérique correspondant à la position inférieure du baromè.re.*

(Grenoble, 12 juillet 1886.)

Avant qu'on ait élevé le baromètre de 10ᵐ, la colonne de mercure de 0ᵐ,93 faisait justement équilibre à cette colonne de 10ᵐ d'air qu'il n'a plus maintenant au-dessus de lui. Si nous désignons par x la densité de cet air, et que nous écrivions les deux hauteurs considérées en fonction de la même unité, le millimètre par exemple, nous n'aurons, pour avoir x, qu'à appliquer le principe des vases communiquants :

$$\frac{x}{13,59} = \frac{0.93}{10\,000}.$$

On en tire

$$x = \frac{13.59 \times 0.93}{10\,000}.$$

De cette densité de l'air, qui est ici obtenue par rapport à l'eau, on peut déduire la pression atmosphérique au moment de l'expérience. Nous savons en effet que la densité de l'air, à la température de $0°$ et sous la pression de 760^{mm}, est égale à $0,001\,293$, et que la densité d'un gaz par rapport à l'eau est proportionnelle à la pression qu'il supporte (quand la température demeure invariable). On a donc

$$\frac{H}{760} = \frac{x}{0,001\,293} = \frac{13,59 \times 0,93}{10\,000 \times 0,001\,293}.$$

On tire de là

$$H = 743^{mm}.$$

41. *Un baromètre marque une hauteur* h ; *on le plonge dans un liquide dont la densité est* d', *celle du mercure étant* d ; *on observe une différence de niveau* h' *entre la surface du liquide et le sommet de la colonne barométrique. On demande quelle est la hauteur verticale du liquide au-dessus de la surface du mercure dans la cuvette du baromètre.*

Discuter la formule en supposant d' *plus petit ou plus grand que* d, *et en supposant que la différence de niveau* h' *soit comptée au-dessus ou au-dessous du sommet de la colonne barométrique.*

(Nancy, 13 avril 1885.)

Les données du problème, telles qu'on les indique dans l'énoncé ci-dessus, conduisent à une discussion confuse et sans aucun intérêt. Il est infiniment préférable de désigner par h', non pas la distance du point A au niveau supérieur, mais la hauteur totale du liquide au-dessus du mercure de la cuvette. C'est ce que nous ferons.

Considérons, dans le plan supérieur du mercure de la cuvette, deux éléments, de surface égale à l'unité, et pris, l'un à l'intérieur du tube barométrique, l'autre à l'extérieur.

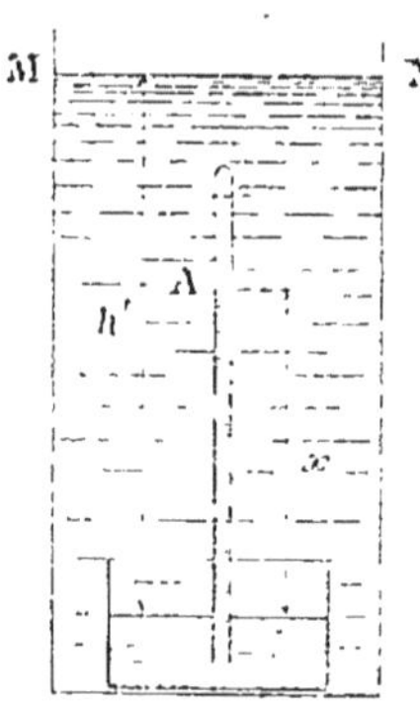

L'élément intérieur supporte le poids du mercure xd. L'élément extérieur supporte le poids du liquide $h'd'$, augmenté du poids de l'atmosphère hd. Puisqu'il y a équilibre, on doit avoir

$$dx = h'd' + hd,$$

d'où

$$x = \frac{hd + h'd'}{d} = h + h'\frac{d'}{d}.$$

Nous voyons que x est toujours plus grand que h, d'autant plus grand que h' et d' sont plus grands, ce qu'on voit directement, sans calcul.

Si d' est plus grand que d, la valeur de x est toujours supérieure à h', c'est-à-dire que le niveau A est toujours plus élevé que le niveau MN. (Remarquons que, pour réaliser l'expérience dans ce cas, il faudrait ouvrir la cuvette du baromètre par en bas, et non par en haut, pour empêcher le liquide barométrique de s'élever au sein de celui qu'on ajoute.)

Si d' est plus petit que d, la valeur de x peut être soit plus grande, soit plus petite que h'. Cherchons la condition pour que les deux niveaux MN et A soient dans un même plan. On doit avoir

$$h' = h + h'\frac{d'}{d} \qquad \text{ou} \qquad h' = \frac{hd}{d - d'}.$$

Pour toute valeur de h' supérieure à celle-là, le niveau MN sera au-dessus du niveau A : le contraire aura lieu pour les valeurs de h' inférieures à $\frac{hd}{d - d'}$.

Si, par exemple, nous faisons $d = 13,6$; $d' = 1$; $h = 76$, on trouve 82^{cm} pour la valeur de h' qui place les niveaux MN et A dans le même plan.

42. Un vase de V^3 litres de capacité communique avec l'atmosphère par un tube cylindrique vertical dirigé vers le haut, de section s^2 et de hauteur h. On introduit dans ce tube un piston le fermant hermétiquement, et pouvant *glisser sans frottement appréciable. Ce piston pèse p grammes. On demande à quelle hauteur le piston s'arrêtera. Quelle est la condition pour que le problème soit possible.*

(Nancy, 24 juillet 1890.)

Soit H la pression atmosphérique exprimée en colonne d'eau (centimètres); la pression exercée par le poids p du piston (grammes), est justement représentée par une colonne d'eau de hauteur p (centimètres).

On a donc, en désignant par x la distance du piston au sommet du tube, au moment de l'équilibre :

$$(V^3 + s^2h)H = (V^3 + s^2h - s^2x)(H + p).$$

De là on tire
$$x = \frac{(V^3 + s^2h)p}{s^2(H + p)}.$$

Pour que le problème soit possible, il faut que x soit inférieur à h

$$\frac{(V^3 + s^2h)p}{s^2(H + p)} < h,$$

condition qui peut se mettre sous la forme

$$p < \frac{hs^2}{V^3} \times H.$$

43. *On a un baromètre à siphon dont la chambre contient de l'air raréfié, et où la différence de niveau dans les deux branches est de 610ᵐᵐ. Après avoir enlevé du mercure de la branche ouverte de manière à augmenter la capacité de la chambre dans le rapport de 3 à 2, on observe que la différence de niveau est devenue 659ᵐᵐ.*

Trouver d'après ces données la pression atmosphérique.

(Clermont, 13 avril 1886.)

Soient v et v' les volumes occupés par l'air dans la chambre barométrique quand les différences de niveau sont h et h. Dans le premier cas le volume de l'air intérieur est v, et sa pression

H — h; dans le second cas le volume est v' et la pression H — h'.
D'après la loi de Mariotte, on a

$$v(\text{H} - h) = v'(\text{H} - h');$$

d'où

$$\text{H} = \frac{vh - v'h'}{v - v'}.$$

Dans l'exemple numérique donné, on a : $\dfrac{v}{v'} = \dfrac{2}{3}$, $h = 610^{\text{mm}}$,
$h' = 659$. Il vient

$$\text{H} = 757^{\text{mm}}.$$

La pression atmosphérique au moment de l'expérience est
de 757^{mm}.

44. *Un tube barométrique, dressé sur une cuve à mercure, contient de l'air sec. Le mercure s'élève dans le tube
à une hauteur de $0^{\text{m}},552$ au-dessus du niveau dans la
cuve. On introduit dans le tube autant d'air qu'il y en a
déjà ; la chambre barométrique augmente de moitié et la
hauteur de la colonne mercurielle descend de $0^{\text{m}},072$. Quelle
est la pression sous laquelle on opère ?*

(Lille, juillet 1883.)

Au début de l'expérience le volume de l'air est v et sa pression $x - 552$. A la fin le volume est devenu $\dfrac{3v}{2}$ et la pression
$x - 480$. Mais la quantité d'air est double à la fin de ce qu'elle
était au commencement. Si nous voulons appliquer la loi de
Mariotte, il faut donc prendre seulement la moitié de ce volume
$\dfrac{3v}{2}$, en laissant la pression égale à $x - 480$, et le comparer au
premier volume et à la première pression. On a dès lors

$$v\,(x - 0,552) = \frac{1}{2} \cdot \frac{3v}{2}\,(x - 0,480),$$

d'où l'on tire

$$x = 0^{\text{m}},768.$$

La pression sous laquelle on opère est de 768^{mm}.

45. *Un tube cylindrique de section s^2 fermé par un bout
et plein de mercure, est renversé par sa portion ouverte,*

sur une cuve à mercure cylindrique de section S^2. *La portion du tube qui émerge alors du mercure a une longueur* l. *On débouche le tube, on le maintient verticalement, et on y introduit un volume* V^3 *d'air, à la pression* H'. *Calculer à quelle distance* x *du sommet s'arrêtera le mercure, la pression extérieure étant* H.

Application numérique : l $= 1^m$; $s^2 = 1^{cq}$; $S^2 = 1^{dmq}$; $V^3 = 20^{cmc}$; H' $=$ H $= 760^{mm}$.

(Clermont, 22 avril 1891.)

Quand on introduit l'air dans le tube, le mercure y descend d'une quantité x, ce qui détermine dans la cuvette une élévation de niveau égale à $\dfrac{s^2}{S^2} x$. On a donc, en appliquant la loi de Mariotte,

$$V^3 H' = s^2 x \left(H - l + x + x\,\frac{s^2}{S^2} \right).$$

En ordonnant par rapport à x on a

$$s^2(S^2 + s^2)x^2 - s^2 S^2(l - H)x - S^2 V^3 H' = 0.$$

Cette équation a ses racines réelles et de signes contraires. La positive seule convient, car le mercure ne peut pas s'élever au-dessus du sommet du tube. Cette racine convient d'ailleurs toujours, car le niveau peut s'abaisser de plus en plus dans le tube, à mesure qu'on introduit plus d'air, pourvu que le tube soit supposé prolongé indéfiniment dans la cuvette.

Application numérique. — Pour faire l'application numérique, il faut avoir soin d'exprimer toutes les quantités à l'aide d'unités correspondantes.

On a, dès lors,

$$101x^2 - 2400x - 152000 = 0;$$

d'où l'on tire $\qquad\qquad x = 52^{cm}.$

46. *Un ballon* A *de* 3^{lit} *de capacité est soudé à un tube* BDG *de* 10^{cq} *de section et dont les branches sont verticales. Du mercure, occupant la partie inférieure jusqu'en* CF, *isole de l'air à la pression atmosphérique de* 74^{cm}.

On demande quelle est la hauteur de la colonne d'eau

qu'il faut verser en G *pour que le niveau* C *monte en* B, CB *étant égal à* 5^{cm}. *La densité du mercure est* 13,6.

(Clermont, juillet 1881.)

Soit x la hauteur de la colonne d'eau qu'il faut verser dans le tube GF, et soit y la pression de l'air dans le ballon quand le niveau du liquide arrive en B. On a d'abord, en appliquant la loi de Mariotte,

$$(1) \qquad (5000 + 10 \times 5)74 = 5000y.$$

D'autre part cette pression y, augmentée de la hauteur 10^{cm} de mercure soulevé de B en B', fait équilibre à la pression atmosphérique qui s'exerce de l'autre côté, augmentée de la pression $\dfrac{x}{13,6}$ due à l'eau versée, ce qui donne

$$(2) \qquad y + 10 = 74 + \frac{x}{13,6}.$$

Entre ces deux équations on peut éliminer y, et tirer

$$x = 13,6\,(0,74 + 10) = 146^{cm}.$$

47. *Une éprouvette cylindrique dont la section est de* 1^{dq} *pèse* 800^{gr}. *Elle est retournée sur l'eau, et elle flotte dans cette position. On demande quelle est alors la différence des niveaux de l'eau, à l'extérieur et à l'intérieur de l'éprouvette. On négligera l'influence de la poussée de l'eau sur les parois de l'éprouvette.*

(Besançon, avril 1884.)

Supposons solidifiée une tranche liquide BC, fermant l'éprouvette par en bas ; les conditions d'équilibre n'en seront pas changées. Nous pouvons écrire alors que la somme des forces qui agissent sur l'éprouvette de haut en bas est égale à la somme des forces qui agissent de bas en haut.

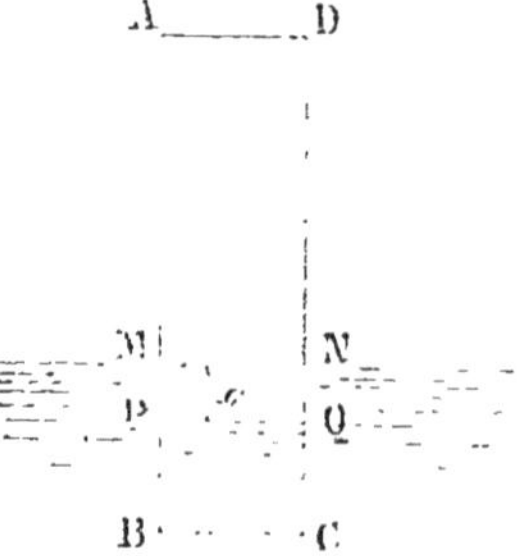

Les premières sont : le poids P de l'éprouvette, le poids p de l'air qui s'y trouve contenu, le poids π du mercure contenu dans la partie BCPQ. Les secondes sont : la

poussée du mercure, égale au poids π' de mercure qui rempli-
rait la partie BCMN, et la poussée p' de l'air extérieur. On a
donc l'équation

$$P + p + \pi = \pi' + p',$$

ou

$$P + p - p' = \pi' - \pi.$$

Pour qu'il soit possible de calculer la différence $p - p'$, il faudrait que l'on donne la longueur de l'éprouvette et le poids d'air
qui s'y trouve renfermé, ce qui n'a pas lieu. Mais cette différence
est évidemment très petite et peut être négligée. On a alors

$$P = \pi' - \pi = s x\, 13,59.$$

Ici, on a $P = 800^{gr}$ et $s = 100^{cq}$;   il vient donc

$$x = \frac{800}{100 \times 13,59} = 0^{cm},59.$$

48. *Un ballon* A *d'un litre de capacité est terminé par
un col cylindrique* BC *de* $0^{m},50$ *de long et d'un centimètre
carré de section. Il est plein d'air à la température de
0° et à la pression de* $0^{m},76$. *On le plonge verticalement,
jusqu'en* B, *dans une cuve à mercure dont la température
est également* 0°. *On demande jusqu'à quelle hauteur* CD *le
mercure pénétrera dans le tube.*

(Clermont, avril 1881.)

Soient V le volume total du ballon y compris celui du col ;
l et s la longueur et la section du col ; H la pression atmosphérique exprimée en une colonne du liquide con-
tenu dans la cuvette ; l' la profondeur à laquelle
on enfonce l'ouverture C du col, et x la hauteur
CD à laquelle s'élève le mercure à l'intérieur.
D'après la loi de Mariotte, nous devons avoir

$$(1) \qquad VH = (V - sx)(H + l' - x).$$

d'où l'on tire

$$(2) \qquad sx^2 - (sH + sl' + V)x + Vl' = 0.$$

Cette équation a toujours ses racines réelles, car le réalisant
est supérieur à $(sH + sl' - V)^2$. Ces racines sont toutes les deux
positives ; l'une, supérieure à l', ne convient pas : l'autre, inférieure à l', répond au problème.

L'équation primitive suppose, toutefois, que le niveau D du mercure est dans le tube et non pas dans le ballon. Pour que la petite racine puisse être adoptée, il faut donc, en outre, qu'elle soit inférieure à l; cela aura lieu si le résultat de la substitution de l dans le premier membre de l'équation (2) est négatif, ce qui conduit à la condition

$$l' < l + \frac{sHl}{V - sl}.$$

Si cette condition n'était pas satisfaite, ce qui arriverait si on enfonçait le ballon dans le liquide à une profondeur beaucoup plus grande que l, l'affleurement D se produirait dans le ballon même. Dans ce cas l'équation primitive (1) ne s'appliquerait plus, car $(V - sx)$ ne serait plus l'expression du volume occupé par l'air; il faudrait poser une nouvelle équation, beaucoup plus complexe (le problème serait plus facile à terminer, dans ce second cas, si l'on remplaçait le ballon A par un cylindre de section S).

Application numérique. — Ici on donne $V = 1000^{rc}$; $s = 1^{cq}$; $l = l' = 50^{cm}$; $H = 76$. Il vient

$$x^2 - 1126x - 50\,000 = 0,$$

$$x = 47^{cm},4.$$

49. *Le tube d'un manomètre à air comprimé contient une colonne d'air de* 30^{cm} *de longueur, lorsque le niveau du mercure est le même dans le tube et dans la cuvette, et que la pression dans celle-ci est de* 76^{cm}. *On met la cuvette en communication avec un réservoir d'air comprimé, et le mercure s'élève de* 10^{cm} *dans le tube. Calculer la pression de cet air en atmosphères. On sait que la section droite intérieure* s *du tube est la vingtième partie de la surface libre du mercure dans la cuvette.*

(Montpellier, 8 juillet 1886.)

Quand la pression est de 76^{cm} dans la cuvette, le volume occupé par l'air dans le tube est $s \times 30$, et sa pression est 76. Lorsque le niveau s'est élevé, le volume occupé par l'air est devenu $s(30 - 10)$; quant à la pression, elle est égale à la pression cherchée x, diminuée de la différence de niveau du liquide dans le tube et dans la cuvette, différence égale à $10 + \frac{10}{20} = 10.5$. D'après la loi de Mariotte, on a

$$s \times 30 \times 76 = s(30 - 10)(x - 10.5).$$

De là on tire

$$x = 103^{\text{cm}},5.$$

En atmosphères, la pression cherchée est $\dfrac{103,5}{76} = 1,36.$

50. *Un manomètre à air comprimé, disposé comme l'indique la figure, contient du mercure qui s'élève dans les deux branches, d'égal diamètre, au même niveau* aa.

La pression extérieure est $0^{\text{m}},76$; *la longueur* ah *est de* $0^{\text{m}},50$. *Quelle sera la pression indiquée par l'instrument lorsque le mercure s'élèvera de* $0^{\text{m}},10$ *dans la branche fermée et s'abaissera d'autant dans l'autre ?*

(Clermont, 14 avril 1886 ; Lyon, 6 novembre 1889.)

Soient s la section du tube, H la pression extérieure au moment où le niveau est le même dans les deux branches, l la longueur occupée par l'air dans la branche fermée à ce moment, a la quantité dont monte le mercure dans une branche et dont il descend dans l'autre quand la pression exercée par la branche ouverte devient x.

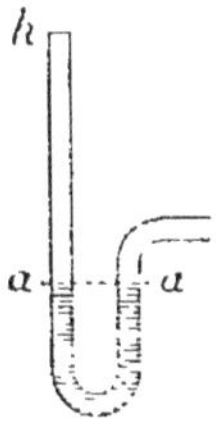

D'après la loi de Mariotte, on doit avoir

$$sl.1 = s(l - a)(x - 2a),$$

d'où l'on tire

$$x = \frac{l\mathrm{H}}{l - a} + 2a.$$

Remplaçons les lettres par leur valeur numérique : $l = 50$, $a = 10$, H $= 76$; il vient

$$x = 113^{\text{cm}}.$$

51. *Les deux branches bien cylindriques et verticales d'un manomètre à air comprimé ont une section de un centimètre carré ; le mercure est au même niveau dans les deux branches et l'air occupe une longueur de* 30^{cm}. *La pression atmosphérique est de* 75^{cm}. *Quel poids de mercure faut-il verser dans la branche ouverte pour réduire de moitié le volume d'air dans la branche fermée ?*

(Paris, 15 juillet 1889.)

Soient s la section des deux tubes, l et l' les longueurs occupées par l'air dans la branche fermée quand le niveau est le même dans les deux branches, puis quand la différence des niveaux est devenue h. Soit enfin H la pression atmosphérique au moment de l'expérience.

D'après la loi de Mariotte, on a

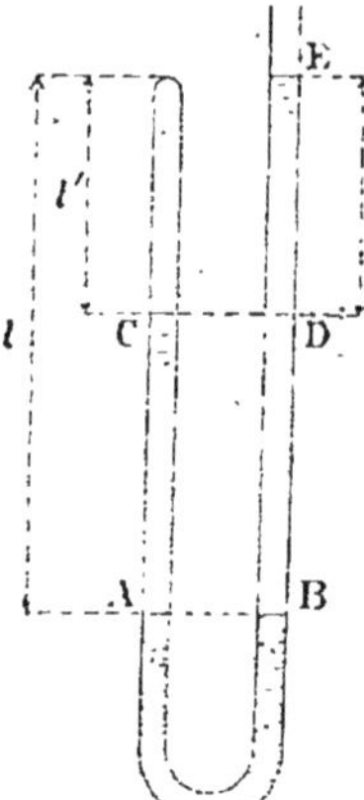

$$lsH = l's(H + h);$$

d'où l'on tire

$$h = \frac{H(l - l')}{l'}.$$

Le poids de mercure qu'il a fallu ajouter est celui qui remplit la branche ouverte de D en E, formant une colonne de longueur h, plus celui qui forme les colonnes CA et DB, ayant chacune la longueur $l - l'$. Ce poids est donc égal à

$$\left[\frac{H(l - l')}{l'} + 2(l - l') \right] s \times 13,6.$$

Ici, on a $l = 30$, $l' = 15$, H $= 75$, $s = 1$, ce qui donne pour poids du mercure ajouté 1428 grammes.

---

52. *Un tube est formé de deux branches verticales de même longueur et de même section. Il renferme dans la branche fermée un volume d'air séparé du reste de l'atmosphère par une certaine quantité de mercure qui s'élève à la même hauteur dans les deux branches; la colonne d'air a alors une longueur de 50^{cm}. On verse ensuite du mercure dans la branche ouverte de manière qu'elle soit remplie. Quelle est alors la longueur de la colonne d'air enfermée à la partie supérieure de la branche fermée? La pression extérieure est de 760^{mm}.*

(Dijon, novembre 1884.)

Soient s la section du tube, l la longueur de la colonne d'air au début de l'expérience, x la longueur de cette colonne quand on a rempli de mercure la branche ouverte, H la pression atmosphérique.

Le volume de l'air au début est sl et sa pression est H ; son volume est sx et sa pression H $+ x$ à la fin. D'après la loi de

Mariotte, on doit avoir

$$slH = sx(H - x)$$

ou $\qquad x^2 + Hx - lH = 0.$

Les racines de cette équation sont toujours réelles. L'une est négative et ne convient pas. La seconde est positive; c'est celle qui convient. Si l'on y fait $H = 76$, $l = 50$, on en tire

$$x = 34^{cm}.24.$$

Remarque. — Il est inutile que les deux tubes aient la même section, comme l'indique l'énoncé. La solution du problème ne sera en rien modifiée si la branche ouverte a un diamètre différent de la première; elle ne le sera pas non plus si cette branche cesse d'être cylindrique et verticale, pourvu que son extrémité supérieure soit dans le plan horizontal qui passe par l'extrémité supérieure de la branche fermée.

53. *Dans un récipient de V litres on fait entrer v litres d'hydrogène à la pression h, v' litres d'acide carbonique à la pression h', v″ litres d'azote à la pression h″. On demande la pression finale. Application : $V = 5$; $v = 2$, $v' = 4$, $v″ = 3$, $h = 3$, $h' = 5$, $h″ = \dfrac{1}{4}$.*

(Lille, 10 novembre 1880 ; Caen, 28 octobre 1889.)

Le principe du mélange des gaz nous donne immédiatement

$$VH = vh + v'h' + v″h″.$$

H étant la pression finale du mélange.

Ici on a

$$5H = 2 \times 3 + 4 \times 5 + 3 \times \frac{1}{4} = \frac{107}{4},$$

$$H = \frac{107}{20} = 5^{atm},35$$

54. *D'un réservoir muni d'un robinet, où se trouve de l'air comprimé à la pression de $6^m,84$, on laisse sortir une quantité de gaz qui occupe 3^{lit} à la pression de $0^m,74$, et on referme le robinet.*

A quelle pression se trouve l'air restant dans ce réservoir, dont la capacité est 1 décimètre cube ?

(Clermont, 7 novembre 1884 et 25 avril 1889.)

Soit x la pression du gaz restant dans le réservoir. D'après le principe du mélange des gaz, le produit du volume primitif par la pression initiale doit être égal à la somme des produits correspondants relatifs à l'air restant et à l'air enlevé. C'est-à-dire que l'on a

$$1 \times 6{,}84 = 1 \times x + 3 \times 0{,}74,$$

équation qui donne

$$x = 1 \times 6{,}84 - 3 \times 0{,}74 = 4^{m}{,}62.$$

55. *On introduit, dans un corps de pompe muni d'un piston, 20^{lit} d'hydrogène et 5^{lit} de gaz ammoniac, tous les deux à la pression atmosphérique. On comprime alors jusqu'à ce que le gaz ammoniac commence à se liquéfier. A ce moment la pression est de 32,5 atmosphères. Quelle est la tension maxima de l'ammoniaque à la température considérée? On admet que les deux gaz suivent la loi de Mariotte.*

(Nancy, 20 juillet 1886 et 23 juillet 1888.)

Le volume de l'hydrogène introduit est 4 fois plus grand que celui du gaz ammoniac, sous la même pression. D'après la loi du mélange des gaz, la pression individuelle de l'hydrogène sera toujours, dans le mélange, 4 fois plus forte que la pression individuelle du gaz ammoniac.

Quand la pression totale sera devenue égale à 32,5 atmosphères, la pression individuelle de l'hydrogène sera donc de $32{,}5 \times \frac{4}{5}$, et la pression individuelle du gaz ammoniac, qui mesure à ce moment sa tension maxima, sera de $32{,}5 \times \frac{1}{5} = 6{,}5$ atmosphères.

56. *Déterminer le poids spécifique y d'un mélange de x parties en volume d'azote et de 1 − x parties d'oxygène, sachant que l'air atmosphérique contient 23 parties en* *poids d'oxygène et 77 parties d'azote, et que le poids spécifique de l'oxygène par rapport à l'air est 1,1056.*

(Paris, 12 juillet 1886.)

Appelons d le poids spécifique de l'azote et a le poids normal d'un litre d'air. Nous aurons une équation de laquelle on tirera d, en écrivant que le volume de l'azote $\dfrac{77}{da}$, augmenté du volume de l'oxygène $\dfrac{23}{1.1056a}$, est égal au volume de l'air $\dfrac{100}{a}$; équation qui s'écrit

$$(1) \qquad \frac{77}{d} + \frac{23}{1,1056} = 100,$$

car a disparaît comme facteur commun.

D'autre part nous pouvons écrire que le poids de l'azote renfermé dans le mélange considéré xda, augmenté du poids de l'oxygène $(1 - x)1,1056\,a$, est égal au poids total du mélange $1 \times ya$, ce qui donne l'équation

$$(2) \qquad xd + (1 - x)1,1056 = y.$$

De la première équation on tire $d = \dfrac{85,1312}{87,56}$, et la seconde permet alors de tirer y :

$$y = 1,1056 - x\left(1,1056 - \frac{85,1312}{87,56}\right).$$

On ne peut pas continuer l'application numérique, puisque l'énoncé ne donne pas la valeur de x.

Nous savons cependant que l'air atmosphérique renferme un volume d'azote égal à 79,2 pour cent, ou 0,792 pour 1. Si donc nous faisons $x = 0,792$ dans l'équation précédente, nous devons obtenir $y = 1$. C'est ce que le calcul vérifie, car on trouve $y = 0,99992$.

57. *Un ballon du volume de 10^{lit} renferme de l'air sous la pression de 380^{mm}. Un second ballon, du volume de 3^{lit}, renferme de l'hydrogène sous la pression de 2 atmosphères. On met les deux ballons en communication et l'on demande de calculer :*

1° La force élastique du mélange ;

*2° Le rapport entre les poids d'air et d'hydrogène contenus
dans le mélange ;*

Le poids du litre d'air normal est $1^{gr},3$; *la densité de
l'hydrogène est* 0,069.

(Dijon, novembre 1884 et 16 juillet 1889.)

1° La pression individuelle x de l'air, si l'on suppose qu'il
occupe seul la capacité des deux vases, se calcule en appliquant
la loi de Mariotte :

$$10 \times 380 = 13x.$$

De même la pression individuelle y de l'hydrogène est donnée
par l'équation

$$3 \times 2 \times 760 = 13y.$$

D'après la loi du mélange des gaz, la pression totale P est
égale à la somme de ces pressions individuelles :

$$P = x + y = \frac{10 \times 380}{13} + \frac{3 \times 2 \times 760}{13} = 643^{mm}.$$

2° Le poids de l'air contenu dans le mélange est

$$p = 10 \times 1,3 \times \frac{380}{760} = 6^{gr},5;$$

Le poids de l'hydrogène est

$$p' = 3 \times 0,069 \times 1,3 \times \frac{2 \times 760}{760} = 0^{gr},5382.$$

58. *On a un ballon plein d'air sous la pression indiquée
par le baromètre. On réduit la pression à l'intérieur de
façon qu'elle fasse équilibre à une hauteur* x *de mercure,
puis on fait rentrer de l'hydrogène pour rétablir la pression
barométrique ; on réduit de nouveau la pression de façon
qu'elle fasse équilibre à une hauteur* x *de mercure et l'on
fait de nouveau rentrer de l'hydrogène pour rétablir la
pression.* — *A ce moment, le ballon contient un mélange
dans lequel le poids de l'air est* $\dfrac{1}{1000}$ *du poids de l'hydrogène ; on demande quelle est la valeur de* x *à* $\dfrac{1}{10}$ *de
millimètre près.*

La température est constante et le baromètre se maintient à 750^mm de hauteur.

La densité de l'hydrogène par rapport à l'air est 0,0692.

(Nancy, 22 juillet 1884.)

Soit II la pression barométrique au moment de l'expérience. Quand on a fait une première fois le vide et qu'on a fait rentrer l'hydrogène, les pressions individuelles des deux gaz dans le mélange sont x pour l'air et $II - x$ pour l'hydrogène. On fait le vide une fois de plus, la pression individuelle de l'air devient $\dfrac{x^2}{II}$, et par suite, après la seconde rentrée de l'hydrogène, la pression individuelle de ce second gaz sera $II - \dfrac{x^2}{II}$ ou $\dfrac{II^2 - x^2}{II}$.

Le poids de l'oxygène restant est alors, si V est le volume du ballon et qu'on suppose la température à 0°,

$$V.1,293\,\frac{x^2}{II^2},$$

et celui de hydrogène

$$V.0,0692 \times 1,293\,\frac{II^2 - x^2}{II^2}.$$

Le rapport de ces deux poids doit être égal à $\dfrac{1}{1000}$. On a donc

$$\frac{x^2}{0,0692(II^2 - x^2)} = \frac{1}{1000},$$

d'où l'on tire

$$x = II\,\sqrt{\frac{0.0692}{1000,0692}} = 750 \times \sqrt{\frac{0.0692}{1000,0692}} = 6^{mm},2.$$

On voit que si l'on répétait plusieurs fois l'opération, même avec une machine pneumatique ne faisant pas un vide plus parfait que celui-là, le poids de l'air restant deviendrait bientôt absolument négligeable.

59. *On suppose que la pression atmosphérique est de 765^mm et que la tension de l'air dans le récipient d'une machine pneumatique est de 405^mm de mercure. On demande quel effort il faut exercer directement sur la tige du piston pour*

*le soulever, abstraction faite des frottements, sachant que
la surface de ce piston est de 80ᶜᵖ.*

(Grenoble, 13 novembre 1885.)

Cet effort est égal au poids d'une colonne de mercure ayant
pour base la surface du piston, et pour hauteur la différence des
pressions sur les deux faces :

$$P = 80(76,5 - 10,5)13,59 = 39\,139^{gr},2.$$

60. *On considère une machine pneumatique à un seul corps
de pompe, dans laquelle l'air du récipient a tout d'abord
une force élastique de* 729^{mm}. *On constate qu'après trois
coups de piston la force élastique n'est plus que de* 216^{mm}
*et on demande quel est le rapport entre le volume du corps
de pompe et le volume du récipient.*

(Grenoble, juill. 1883 ; Nancy, 5 nov. 1887 ; Toulouse, 23 avril 1888.)

Nous savons que la pression H_n de l'air dans le récipient d'une
machine pneumatique, après n coups de piston, est donnée par
la formule

$$H_n = H\left(\frac{R}{R+P}\right)^n,$$

dans laquelle H représente la pression initiale, R et P le volume
du récipient et celui du corps de pompe.

On en tire

$$\frac{R}{R+P} = \sqrt[n]{\frac{H_n}{H}},$$

ou

$$\frac{P}{R} = \sqrt[n]{\frac{H}{H_n}} - 1.$$

En remplaçant les lettres par leur valeur numérique, on a

$$\frac{P}{R} = \sqrt[3]{\frac{729}{216}} - 1 = 0,49.$$

Le volume du récipient est à peu près double de celui du
corps de pompe.

61. On suppose un corps de pompe muni de deux soupapes, l'une à la partie inférieure, l'autre à la partie supérieure. Un piston se meut à l'intérieur du corps de pompe; il est percé d'une ouverture également munie d'une soupape. Les trois soupapes s'ouvrent dans le même sens ; la soupape inférieure établit la communication entre le corps de pompe et un réservoir contenant de l'air à la pression atmosphérique Π. *Expliquer le jeu d'une pareille machine. Calculer la pression dans le réservoir après* n *coups de piston, en ne tenant pas compte de l'espace nuisible.*

(Nancy, 29 juillet 1884.

C'est la disposition de la petite machine pneumatique de l'appareil Carré, à congélation de l'eau dans le vide. Elle présente, en un seul corps de pompe, les principaux avantages d'une machine à deux corps de pompe à dispositif de Babinet. L'air passe, pendant la descente du piston, de la partie inférieure à la partie supérieure du corps de pompe, les soupapes a et c étant fermées, et la soupape b s'ouvrant dès que la descente commence. Pendant la montée, l'air passe du récipient dans la partie inférieure du corps de pompe, par la soupape a qui s'ouvre immédiatement; et, en outre, l'air qui est au-dessus du piston s'en va dans l'atmosphère, par la soupape c qui s'ouvre quand la pression au-dessous d'elle est devenue supérieure à la pression atmosphérique.

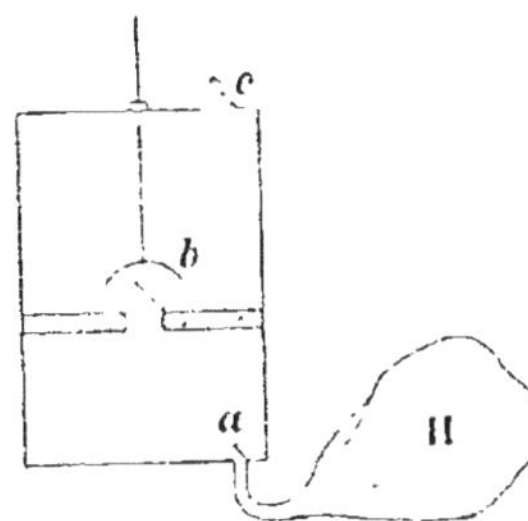

La manœuvre présente les mêmes compensations que dans la machine à deux corps de pompe. Si nous négligeons les frottements et le poids du piston, nous voyons que la descente se fait sans dépense de travail, puisque la pression est la même, pendant toute sa durée, sur les deux faces du piston. L'effort à faire pour la montée est d'abord nul, car les pressions que supporte le piston sont d'abord les mêmes sur les deux faces; mais cet effort augmente progressivement pour devenir maximum au moment où s'ouvre la soupape c.

Dans le cas où l'on néglige l'espace nuisible, on voit que le calcul de l'épuisement est le même, sans aucune modification, que dans la machine ordinaire. La pression, après n coups de piston, est

$$\Pi_n = \Pi\left(\frac{V}{V+v}\right)^n;$$

elle devient nulle pour un nombre infini de coups de piston.

Si nous admettons l'existence d'un espace nuisible u au-dessous et au-dessus du piston, la limite du vide est $\Pi\left(\dfrac{u}{v}\right)^2$, comme dans la machine à double épuisement, car, lorsque le piston est en haut, l'espace nuisible supérieur conserve un volume u d'air à la pression Π, et quand il est en bas, l'espace nuisible inférieur conserve un volume u d'air à une pression qui est seulement $\Pi\dfrac{u}{v}$.

62. *Le récipient d'une machine de compression a 4^{lit} de capacité. La capacité du corps de pompe est de $0^{\text{lit}},6$. Calculer le nombre de coups de piston qu'il sera nécessaire de donner pour que le poids total de l'air contenu dans le récipient, supposé au début plein d'air sous la pression atmosphérique, soit de 15^{gr}. Calculer aussi la pression à ce moment.*

On supposera l'air dans les circonstances normales de température et de pression.

(Montpellier, 17 avril 1885 et 14 avril 1890.)

Le poids P d'un volume V d'air à la température de $0°$ et sous la pression Π est

$$P = V.1{,}293\,\frac{\Pi}{760}.$$

De là on tire

$$\Pi = \frac{P.760}{V.1{,}293}.$$

D'autre part, la pression Π après n coups de piston est donnée dans une machine à compression dont le récipient a un volume V et le corps de pompe un volume v, par la formule

$$\Pi = h\left(1 + \frac{nv}{V}\right).$$

On devra donc avoir ici

$$\frac{P.760}{V.1{,}293} = h\left(1 + \frac{nv}{V}\right),$$

d'où l'on tire

$$n = \frac{V}{hv}\left(\frac{P.760}{V.1{,}293} - h\right).$$

En remplaçant les lettres par leur valeur numérique, on obtient

$$n = 12,6.$$

Il faudra donner 13 coups de piston, et le poids de gaz enfermé sera un peu supérieur à 15 grammes.

La pression dans le récipient serait, s'il renfermait 15^{gr} de gaz, égale à

$$B = \frac{15 \times 760}{4 \times 1,293} = 2204^{mm}.$$

63. *Une pipette cylindrique de 25^{cm} de longueur est plongée sur la moitié de sa longueur dans du mercure. On la ferme alors à sa partie supérieure et on la soulève hors du mercure. Montrer qu'à ce moment une partie du mercure qui était entré dans la pipette s'écoulera. On demande de plus quelles seront, lorsque l'équilibre sera établi, les longueurs occupées par l'air et par le mercure. On supposera que la pression extérieure est la pression normale de 76^{cm} de mercure.*

(Marseille, 13 avril 1885; Paris, 3 mai 1889; Caen, 22 juillet 1890.)

Soient s la section de la pipette, l sa longueur, l' l'espace occupé par le liquide quand on soulève l'instrument après avoir

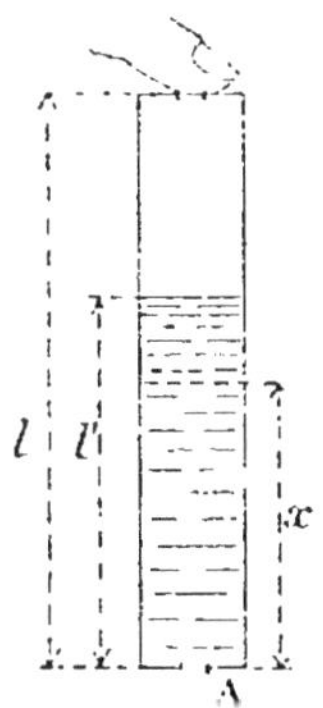

bouché l'orifice supérieur. Désignons enfin par H la pression atmosphérique, mesurée en une colonne du liquide qui est contenu dans la pipette.

A l'orifice inférieur, qui est ouvert, s'exerce la pression atmosphérique extérieure, de bas en haut. De haut en bas, en ce même point, s'exerce la pression de l'air renfermé dans la pipette, pression qui est égale à la pression atmosphérique, et en outre la pression due à la colonne de liquide de longueur l'. La pression de haut en bas l'emporte donc sur celle de bas en haut, et l'écoulement se produit.

Mais, par suite de cet écoulement, la hauteur l' du liquide diminue, ainsi que la pression de l'air intérieur. L'équilibre s'établira lorsque la somme de ces deux pressions diminuées sera devenue égale à la pression atmosphérique extérieure. A ce moment la hauteur du liquide sera devenue x et la pression du gaz intérieur y, et on aura

$$x + y = H;$$

et, en appliquant la loi de Mariotte,

$$s(l - l')\text{H} = s(l - x)y.$$

Entre ces deux équations on peut éliminer y; il vient

$$x^2 - x(\text{H} + l) + l'\text{H} = 0.$$

Cette équation a toujours ses deux racines réelles, car le réalisant $(\text{H} + l)^2 - 4l'\text{H}$ est supérieur à la quantité positive $(\text{H} - l)^2$, puisque l' est toujours inférieur à l. Les deux racines sont positives, mais l'une, supérieure à l', ne convient pas; l'autre, inférieure à l', répond au problème.

Dans l'exemple qui nous occupe on a, en faisant $l = 25$; $l' = 12,5$; $\text{H} = 76$:

$$x = 4^{cm},5.$$

64. *Calculer le travail nécessaire pour élever, à l'aide d'une pompe aspirante, un poids p de liquide à une hauteur l.*

(Paris, juillet 1873.)

Nous supposerons la pompe en plein fonctionnement. Le corps

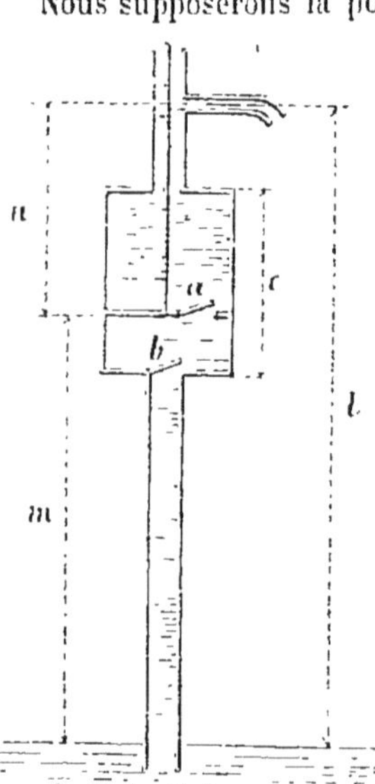

de pompe et les tuyaux sont remplis de liquide jusqu'au robinet d'écoulement.

Pendant la descente du piston il ne sort pas de liquide par le robinet. La soupape b est fermée, la soupape a ouverte, et la descente se fait librement, sans nécessiter aucun travail, si l'on néglige les frottements, le poids du piston et la poussée du liquide.

Il n'en est pas de même pendant la montée. Prenons en effet le piston à un moment quelconque de son ascension, alors qu'il est à une distance m du niveau inférieur, et à une distance n du robinet d'écoulement. Il supporte, de haut en bas, une pression égale au poids d'une colonne de liquide ayant pour base la surface s du piston, et pour hauteur $n + h$ (h mesurant la pression atmosphérique en une colonne du même liquide que celui contenu dans la pompe); cette pression a pour valeur $s(n + h)d$, d étant la densité du liquide. De bas en haut, le piston reçoit une portion de la pression atmosphérique, transmise par le liquide à travers la soupape b, qui est ouverte; cette pression a pour valeur $s(h - m)d$. La force qu'il faut développer pour soulever le piston est égale à la différence de ces deux pressions :

$$s(n + h)d - s(h - m)d = s(n + m)d = sld;$$

elle est indépendante de la position du piston dans le corps de pompe.

Pendant toute la durée de l'ascension, l'effort à faire aura la même valeur, sld, et le travail effectué pour amener le piston de la partie inférieure à la partie supérieure du corps de pompe sera $slde$. Dans ce produit, scd représente le poids de liquide renfermé dans le corps de pompe, c'est-à-dire le poids de liquide fourni par chaque coup de piston, l représente la hauteur à laquelle ce liquide est soulevé. De là cette conclusion :

Le travail nécessaire pour élever, à l'aide d'une pompe aspirante, un poids p de liquide à une hauteur l est égal au produit pl; il est donc le même que si l'on avait pris directement le liquide, sans pompe, pour l'élever du point le plus bas au point le plus haut.

Cette conclusion est générale, et s'applique à tous les systèmes de pompe.

65. *Le tuyau d'une pompe aspirante est plein d'air à la pression atmosphérique, le piston étant en bas de sa course. On demande jusqu'à quelle hauteur s'élève le liquide quand on soulève le piston. l et s sont la hauteur et la section du tuyau d'aspiration, l' et s' celles du corps de pompe.*

(Bordeaux, novembre 1871; Paris, 5 août 1887; Lyon, 1er mai 1889.)

Soient H la pression atmosphérique exprimée en colonnes du liquide à aspirer, x l'ascension dans le tuyau.

Supposons d'abord $x < l$. Nous avons, quand le piston est au bas de sa course, un volume d'air ls à la pression H, et, quand le piston est en haut, un volume $(l - x)s + l's'$ à la pression $H - x$. D'après la loi de Mariotte, on a

$$(1) \qquad lsH = [(l - x)s + l's'](H - x).$$

Ordonnée, cette équation devient

$$(2) \qquad sx^2 - x(ls + l's' + Hs) + l's' H = 0.$$

L'expression

$$(ls + l's' + \text{H}s)^2 - 4l's'\text{H}$$

est plus grande que le carré parfait

$$(ls + l's' - \text{H}s)^2,$$

dont elle diffère seulement par le signe du terme $2ls^2\text{H}$. Les racines sont donc toujours réelles, et de plus toujours positives. Pour que le problème ait une solution, il est nécessaire qu'une des racines soit comprise entre 0 et l, c'est-à-dire que l'on ait

$$sl^2 - l(ls + l's' + \text{H}s) + l's'\text{H} \leqslant 0$$

ou

$$l \geqslant \frac{l's'\text{H}}{l's' + \text{H}s}.$$

Quand cette condition est satisfaite, la plus petite des racines donne la solution du problème; la plus grande ne convient pas.

Si l'on a au contraire

$$l < \frac{l's'\text{H}}{l's' + \text{H}s},$$

les deux racines sont supérieures à l; on a affaire à une pompe qui s'amorce dès le premier coup de piston.

Dans ce cas l'équation primitive (1) ne s'applique plus, et il faut la remplacer par la suivante :

$$ls\text{H} = (l + l' - x)s'(\text{H} - x),$$

qui, ordonnée, devient

$$(3) \qquad s'x^2 - x(l + l' + \text{H})s' + \text{H}(ls' + l's' - ls) = 0.$$

Les racines en sont toujours réelles, et l'une au moins est positive. Une, et une seule, doit être comprise entre l et $l + l'$; il faut donc que les résultats de la substitution de l et de $l + l'$ dans le premier membre soient de signes contraires. La substitution de $l + l'$ donne le seul terme $- l\text{H}s$, négatif; la substitution de l doit donner par conséquent un résultat positif, ce qui conduit à la condition

$$l \leqslant \frac{l's'\text{H}}{l's' + \text{H}s},$$

inégalité inverse de celle déjà trouvée.

Le problème a donc toujours une solution et une seule, donnée par l'équation (2) quand on a

$$l \geqslant \frac{l's'\text{H}}{l's' + \text{H}s},$$

et par l'équation (3) quand on a

$$l \leqslant \frac{l's'h}{l's' + hs}.$$

66. *Un siphon est employé à transvaser du mercure et ses deux extrémités plongent dans ce liquide. Le tout est placé sous une cloche où l'on raréfie l'air de plus en plus. On demande quelle sera la pression de l'air extérieur :*

1° Lorsque la colonne mercurielle se rompra dans le haut du siphon ;

2° Lorsque le mercure cessera de couler.

(Grenoble, juillet 1883.)

Nous supposerons le niveau du liquide invariable dans chacun des deux vases. Soient h et h' les distances verticales qui séparent le premier et le second niveau de la partie supérieure du siphon.

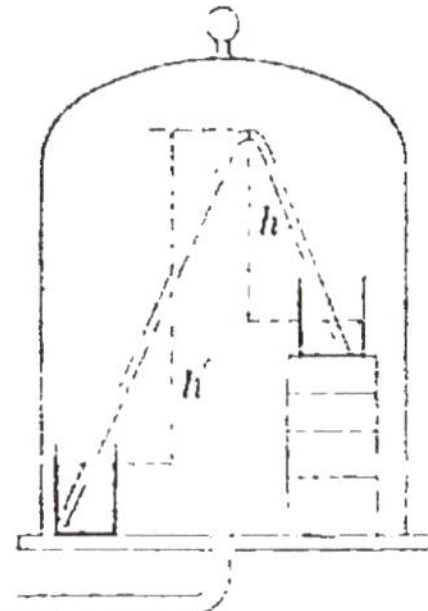

1° Quand la pression de l'air intérieur sera devenue égale à h', la colonne mercurielle se rompra dans le haut du siphon, et le liquide descendra progressivement dans la grande branche, à mesure que la pression ira en diminuant, laissant un espace vide au-dessus de lui. L'écoulement ne cessera pas cependant, et le mercure coulera de la petite branche vers la grande, en un filet qui traversera l'espace vide supérieur.

2° Quand la pression de l'air sous la cloche sera devenue égale à h, la colonne de mercure s'abaissera des deux côtés, et l'écoulement cessera. A partir de ce moment, le siphon sera devenu un véritable manomètre barométrique ; dans chaque branche, la hauteur du liquide maintenu au-dessus du niveau du vase correspondant mesurera la pression de l'air restant sous la cloche.

Si l'on venait à faire rentrer l'air extérieur sous le récipient, les niveaux remonteraient dans les deux branches du siphon, celui-ci serait de nouveau amorcé, et l'écoulement reprendrait de lui-même.

67. *Un vase ABCD, cylindrique, renferme un liquide de densité d. Le couvercle AB laisse passer un siphon MNPQ*

plongeant jusqu'à la partie inférieure du vase et fermé en Q par un robinet r. La distance du niveau du liquide au robinet r est h. De plus, le liquide est surmonté d'une couche d'air (à la pression atmosphérique H, qui est constante) de hauteur AE = l. On ouvre r. Quel sera le niveau du liquide quand l'écoulement cessera?

On suppose la température constante, et on donne la densité du mercure.

(Grenoble, 18 juill. 1884; Caen, 25 juill. 1887; Grenoble, 2 nov. 1888.)

Soient x la distance du couvercle AB au niveau du liquide quand l'écoulement s'arrête; y la pression que possède à ce moment l'air enfermé sous ce couvercle. On a

$$(1) \qquad lH = xy.$$

Considérons d'autre part une tranche liquide de surface égale à l'unité, prise dans un plan vertical qui coupe le siphon en son point le plus haut. Cette tranche supporte de droite à gauche une pression égale à $[HD - (h + l')d]$, l' étant la distance verticale qui sépare le niveau du liquide du point le plus élevé du siphon, avant l'écoulement. La même tranche supporte, de gauche à droite, une pression égale à $[yD - (h' + x - l)d]$. L'écoulement s'arrêtera quand ces deux pressions seront égales entre elles, ce qui donne l'équation

$$HD - (h + l')d = yD - (l' + x - l)d$$

ou

$$(2) \qquad HD - hd = yD - xd + ld.$$

En éliminant y entre les équations (1) et (2), on obtient une troisième équation qui donne x :

$$(3) \qquad dx^2 + (HD - hd - ld)x - DlH = 0.$$

Cette équation, ayant son dernier terme négatif, a toujours ses racines réelles et de signes contraires. La négative ne convient pas. La positive est celle qui répond au problème. En substituant l et $+\infty$ dans le premier membre, on reconnaît que cette racine est toujours supérieure à l, comme on le voit directement d'après les conditions du problème.

Il est sans intérêt de tirer de l'équation cette valeur de x.

68. *Quelle hauteur faudra-t-il donner à un cylindre de platine pour que dans l'air sec à 0°, et sous la pression de 228ᵐᵐ, il fasse exactement équilibre à un cylindre d'argent de même base, dont la hauteur est de 10ᶜᵐ ?*

On prendra pour densité de l'argent 10,8 et pour densité du platine 21,3. Le poids normal du litre d'air est 1ᵍʳ,3.

(Dijon, juillet 1881.)

Désignons par s la section commune aux deux cylindres, section exprimée en décimètres carrés, et par x la longueur du cylindre de platine.

Le poids dans l'air du cylindre d'argent, exprimé en grammes, est

$$s.10 \times 10,8 - s.10 \times \frac{1,3}{1000} \cdot \frac{228}{760}.$$

De même le poids dans l'air du cylindre de platine est

$$sx.21,3 - sx \cdot \frac{1,3}{1000} \cdot \frac{228}{760}.$$

Ces deux poids devant être égaux, on a

$$10\left(10,8 - \frac{1,3 \times 228}{1000 \times 760}\right) = x\left(21,3 - \frac{1,3 \times 228}{1000 \times 760}\right).$$

On en tire

$$x = 10 \times \frac{10,79961}{21,29961} = 5^{\text{cm}},07.$$

69. *Dans un baroscope, la différence des poids absolus de la grosse et de la petite boule est de 1ᵍʳ,25 ; la différence des volumes est telle que, pour maintenir l'équilibre dans l'eau à 0°, il faut ajouter 8ᵏᵍ,500. Le baroscope est ensuite introduit dans l'air sec à 0° ; quelle sera la pression de cet air lorsque le baroscope sera en équilibre ?*

La densité de l'eau est 0,999 ; celle de l'air à 0° et à 760ᵐᵐ de pression est 0,0013.

(Lyon, 8 novembre 1876.)

Nous supposerons égaux les deux bras de levier du baroscope. Nous admettrons aussi que le poids supplémentaire de 8ᵏᵍ,500 qu'on ajoute pour établir l'équilibre dans l'eau mesure la sur-

charge réelle de la grosse boule, abstraction faite de la poussée
du liquide sur ce poids supplémentaire.

Ceci posé, désignons par P et p les poids absolus des deux
boules, exprimés en grammes, par V et v leurs volumes, exprimés
en centimètres cubes.

On a d'abord

$$P - p = 1,25.$$

L'équilibre dans l'eau conduit à l'équation

$$P + 8500 - 0,999V = p - 0,999v.$$

Et l'équilibre dans une atmosphère dont la pression est x conduit à l'équation

$$P - 0,0013 \cdot \frac{x}{760} V = p - 0,0013 \cdot \frac{x}{760} v.$$

Entre ces trois équations on élimine immédiatement $(P - p)$
et $(V - v)$, et il reste

$$x = \frac{1,25 \times 760 \times 0,999}{8501,25 \times 0,0013} = 86^{mm}.$$

Remarquons qu', d'après les données, le baroscope en expérience est de bien grandes dimensions, sa grosse boule ayant
un volume supérieur à $8^{lit},5$; il serait par suite bien difficile
de le mettre sous le récipient d'une machine pneumatique ordinaire de laboratoire.

70. *Un baromètre parfaitement cylindrique est libre de
se mouvoir dans le sens vertical seulement. Trouver sa
position d'équilibre dans la cuvette.*

*On donne la longueur l du tube, les rayons R et r de la
section droite du cylindre, les densités d et D du verre et
du mercure et la pression atmosphérique H, exprimée en
hauteur de mercure à 0°.*

On opère à 0°.

(Lyon, 5 novembre 1884

Deux cas peuvent se présenter.

1° Supposons d'abord que, au moment de l'équilibre, le
mercure monte jusqu'en haut du tube barométrique, de manière
à le remplir complètement. La poussée du mercure sur le volume
du verre qui s'y trouve plongé est $\pi(R^2 - r^2)x\,D$. Cette poussée

fait équilibre au poids total du verre $\pi(R^2 - r^2)ld$, plus le poids du mercure soulevé $\pi r^2(l - x)D$, moins le poids de l'air

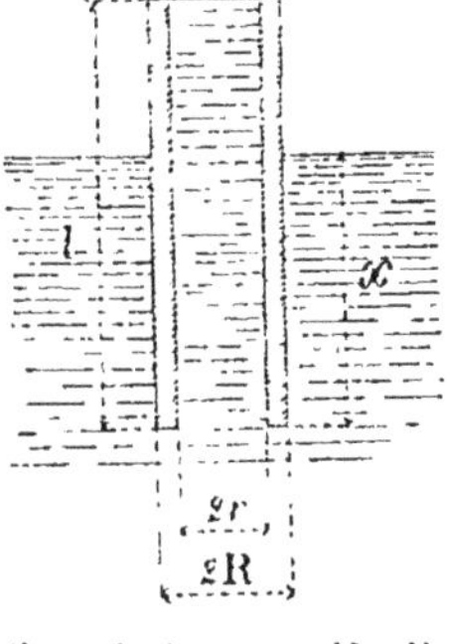

déplacé $\pi R^2(l - x)\delta$, δ étant la densité de l'air par rapport à l'eau, dans les circonstances de l'expérience. On a donc

$$(R^2 - r^2)xD = (R^2 - r^2)ld + r^2(l - x)D$$
$$- R^2(l - x)\delta.$$

On en tire

$$x = l\,\frac{R^2(d - \delta) + r^2(D - d)}{R^2(D - \delta)}.$$

Pour que ce cas se présente, il faut que l'on ait $l - x < H$, d'où l'on tire, en remplaçant x par sa valeur et résolvant par rapport à l,

$$l < HR^2\,\frac{D - \delta}{(R^2 - r^2)(D - d)}.$$

2° Supposons maintenant qu'au moment de l'équilibre le mercure s'élève à la hauteur H, à laquelle peut le maintenir la pression atmosphérique, et qu'il ne remplisse pas le tube. L'équation d'équilibre est alors

$$(R^2 - r^2)xD = (R^2 - r^2)ld + r^2HD) - R^2(l - x)\delta.$$

On en tire

$$x = \frac{R^2(d - \delta) + r^2(DH - ld)}{R^2(D - \delta) - r^2D)}.$$

Pour que ce cas se présente, il faut que l'on ait $l - x > H$, d'où l'on tire, en remplaçant x par sa valeur et résolvant par rapport à l,

$$l > HR^2\,\frac{D - \delta}{(R^2 - r^2)(D - d)},$$

condition inverse de celle du cas précédent, ce qui devait être.

71. *Un ballon de 100^{mc} dont l'enveloppe pèse 50^{k} est rempli de gaz hydrogène dont la densité est égale à 0,069. On suppose que l'enveloppe soit inextensible, imperméable, et que la température reste invariable et égale à zéro à l'extérieur, pendant que le ballon s'élève ; on demande de trouver la densité de la couche atmosphérique où, après* *quelques oscillations, le ballon resterait en équilibre dans les hypothèses admises*

Le poids du litre d'air sec à la température de zéro et sous la pression de $0^m,760$ est égal à $1^{gr},293$.

(Marseille, 22 juillet 1885.)

Un mètre cube d'air, dans les conditions normales de température et de pression, pèse $1^{kg},293$; un mètre cube d'hydrogène pèsera $0,069 \times 1,293$, et 100^{mc} pèseront $100 \times 0,069 \times 1,293 = 8^{kg},9217$. En ajoutant à ce nombre le poids de l'enveloppe, on a le poids du ballon entier, $58^{kg},9217$.

L'arrêt se produit dans une région où le poids de l'air déplacé est égal à celui que nous venons de calculer. Soit x le poids d'un mètre cube d'air dans cette région ; nous avons

$$100 \times x = 58,9217$$

$$x = 0^{kg},589217.$$

Le rapport entre le poids d'un même volume d'air en bas et en haut est

$$\frac{1,293}{0,589} = 2,19.$$

72. *Un aérostat sphérique de 10^m de diamètre est construit avec du taffetas pesant $0^{kg},250$ par mètre carré. Calculer les proportions du mélange d'air et d'hydrogène sec, à $0°$ et à 760^{mm}, dont il faudrait le remplir pour lui donner une force ascensionnelle de 50^{kg}, l'air extérieur étant aussi à $0°$ et à 760^{mm}.*

Poids normal du litre d'air, $1^{gr},293$.

Densité de l'hydrogène, $0,0692$.

(Montpellier, 12 avril 1886.)

Soient R le rayon de l'aérostat, a le poids du mètre cube d'air dans les conditions du début de l'ascension, δ la densité par rapport à l'air du gaz contenu dans l'appareil, et p le poids d'un mètre carré du taffetas dont est fait l'aérostat ; soit enfin F la force ascensionnelle.

Cette force ascensionnelle est égale au poids de l'air déplacé $\frac{4}{3}\pi R^3 a$, diminué du poids du gaz contenu $\frac{4}{3}\pi R^3 a\delta$, diminué aussi du poids du taffetas $4\pi R^2 p$. On a donc

$$\frac{4}{3}\pi R^3 a - \frac{4}{3}\pi R^2 a \delta -- 4\pi R^2 p = F,$$

d'où l'on tire

$$\delta = \frac{4\pi R^3 a - 12\pi R^2 p - 3F}{4\pi R^3 a}.$$

On a ici $R = 5^m$; $a = 1^{kg},293$; $p = 0^{kg},250$; $F = 50^{kg}$. On en tire

$$\delta = 0,8728.$$

La densité du mélange d'air et d'hydrogène doit être 0,8728. Si m est le volume d'air et n le volume d'hydrogène qu'il faut mélanger pour obtenir cette densité, on a

$$m.1,293 + n.1,293 \times 0,0692 = (m + n)1,293 \times 0,8728,$$

d'où l'on tire

$$\frac{m}{n} = \frac{0,8728 - 0,0692}{1 - 0,8728} = 6,3.$$

Le volume de l'air sera 6,3 fois plus grand que celui de l'hydrogène.

73. *La poussée initiale d'un ballon ayant une certaine valeur,* 20^{kg} *par exemple, que doit-on penser des valeurs qu'elle prendra au fur et à mesure que le ballon s'élève , si le ballon n'est plein ni au départ ni à l'arrivée dans la couche considérée et si la température est constante ?*

(Dijon, juillet 1881 et 30 mars 1887.)

Puisque le ballon n'est pas plein, son volume augmente à mesure qu'on s'élève, et que la densité de l'air diminue : il est à croire que la poussée restera sensiblement constante.

Pour le voir plus exactement, appelons V le volume du ballon en bas et V' son volume en haut, d et d' la densité de l'air en bas et en haut, prise par rapport à l'eau. Appelons en outre P le poids du gaz renfermé dans le ballon, p le poids de l'enveloppe et des agrès, v le volume de ces mêmes objets. La force ascensionnelle sera, en bas,

$$F = (V + v)d - (P + p),$$

et en haut

$$F' = (V' + v)d' -- (P + p).$$

La différence de ces deux forces ascensionnelles est

$$F - F' = Vd - V'd' + v(d - d').$$

Les volumes occupés par un gaz étant en raison inverse de sa densité par rapport à l'eau, on a

$$\frac{V}{V'} = \frac{d'}{d} \qquad \text{ou} \qquad Vd = V'd'.$$

Il vient donc

$$F - F' = v(d - d').$$

Cette différence est très faible, car v d'une part, $d - d'$ d'autre part, sont petits. La force ascensionnelle reste donc sensiblement constante à mesure qu'on s'élève. Si par exemple le volume v de tout ce qui n'est pas gazeux dans l'appareil est 1000 litres et qu'on s'élève d'une région où la densité de l'air est 0,001 293 à la région très élevée où elle est deux fois moindre, soit 0.000 646, la force ascensionnelle diminue seulement de 647 grammes.

74. *On remplit un vase d'acide carbonique gazeux, et on y plonge un ballon en caoutchouc rempli d'air. La capacité du ballon est un demi-litre, le poids de l'enveloppe est un décigr. On demande de déterminer la position d'équilibre que prendra le ballon par rapport à la masse d'acide carbonique. Dans quel rapport de volume faut-il mélanger l'air et l'acide carbonique pour que le ballon flotte dans le mélange ?*

Densité de l'acide carbonique 1,52 ; poids du litre d'air $1^{\text{gr}},293$.

(Dijon, 17 avril 1885.)

1° Il y aura équilibre quand le poids de l'acide carbonique et celui de l'air déplacé sera égal à celui du ballon. Si x est le volume de la partie du ballon immergée dans le gaz carbonique, on aura

$$0,5 \times 1,293 + 0,1 = x \times 1,52 \times 1,293 + (0,5 - x) \times 1,293 ;$$

ce qui donne $x = 0^{\text{lit}},148$.

2° Pour que le ballon flotte au sein d'un mélange d'air et d'acide carbonique, il faut qu'un demi-litre du mélange pèse

$$0,5 \times 1,293 + 0,1.$$

Soient y le volume d'air et z le volume d'acide carbonique qui entrent dans les 100 litres de mélange. On doit avoir

$$y + z = 100.$$

et $y \times 1{,}293 + z \times 1{,}52 \times 1{,}293 = 200(0{,}5 \times 1{,}293 + 0{,}1).$

On en tire

70,2 0/0 pour la proportion d'air,

et   29,8 0/0 pour celle d'acide carbonique.

74 bis. *Un réservoir clos, vide d'air, d'une capacité de 40 litres, renferme 10 litres d'eau distillée et désaérée. On y introduit 40 litres d'air à la pression de deux atmosphères. On demande : 1° la pression du gaz non dissous restant dans le réservoir ; 2° les poids d'oxygène et d'azote dissous. — On donne les coefficients de solubilité : de l'azote 0,021 ; de l'oxygène 0,041 ; les densités : de l'azote 0,97 ; de l'oxygène 1,1.*

Paris, 1er août 1889.)

1° Si x représente la pression de l'oxygène non dissous, et y celle de l'azote, on a, d'après la loi du mélange des gaz et la loi de la solubilité

$$40 \times 2 \times 0{,}2 = 30 \times x + 10 \times 0{,}041 x$$

$$40 \times 2 \times 0{,}8 = 30 \times y + 10 \times 0{,}021 y$$

De là on tire $x = 0^{atm}{,}526$ et $y = 2^{atm}{,}118.$
La pression totale est 2,644.
2° Le poids de l'oxygène dissous, supposé à 0°, est

$$p = 10 \times 1{,}1 \times 1{,}3 \times 0{,}041 \times 0{,}526 = 0^{gr}{,}308$$

celui de l'azote est

$$p' = 10 \times 0{,}97 \times 1{,}3 \times 0{,}021 \times 2{,}118 = 0^{gr}{,}561.$$

ACOUSTIQUE

75. *Un corps tombe dans un puits et on entend, par l'intermédiaire de l'air, le bruit du choc du corps contre le fond du puits 6 secondes après le commencement de la chute. On demande d'évaluer la profondeur du puits.*

(Nice, 8 juillet 1884; Chambéry, 22 juillet 1889.)

Soient t le temps nécessaire au mobile pour tomber jusqu'au fond du puits, de profondeur x; t' le temps nécessaire au son, dont la vitesse est v par seconde, pour revenir du fond à la surface; θ le temps qui s'écoule entre le moment où l'on abandonne le corps et celui où l'on entend le bruit de la chute. On a

$$x = \frac{1}{2} gt^2,$$

$$x = vt',$$

$$t + t' = \theta.$$

De là on tire, en éliminant t et t',

$$gx^2 - 2v(v + g\theta)x + gv^2\theta^2 = 0.$$

On vérifie aisément que cette équation a toujours ses racines réelles. Elles sont d'ailleurs toutes les deux positives. Mais l'une est supérieure à θv; elle ne peut convenir car, pour une pareille profondeur du puits, le son à lui seul mettrait un temps plus grand que θ pour aller du fond à la surface. L'autre, inférieure à θv, est celle qui convient.

Si l'on fait, dans l'équation, $\theta = 6^{\text{sec}}$; $g = 9^m,8$; $v = 340^m$, il vient

$$9,8x^2 - 271\,184x + 40\,783\,680 = 0.$$

De là on tire

$$x = 150^m.$$

Telle est la profondeur du puits.

76. *Une sirène, ayant 16 trous à chaque plateau, fait 800 tours en deux minutes. Quel est le nombre de vibrations du son produit. Quel espace parcourt ce son dans l'air pendant la durée d'une vibration ? On sait que le son se propage dans l'air avec une vitesse de 340^m par seconde.*

(Paris, 23 juillet 1885; Clermont, 11 août 1887.)

1° A chaque tour du plateau correspondent 16 vibrations doubles; 800 tours produiront 16×800 vibrations doubles en deux minutes, ou 120 secondes. Le nombre de vibrations du son produit sera donc de $\dfrac{16 \times 800}{120}$, soit un peu moins de 107 vibrations doubles par seconde. Cela correspond à un son grave, très voisin de la_1, car 107 est à peu près exactement le quart de 435, nombre de vibrations doubles du la_3 du diapason.

2° La durée d'une vibration double est de $\dfrac{1}{107}$ de seconde, temps pendant lequel le son sera parvenu à une distance de $\dfrac{340}{107}$ ou $3^m,28$. Telle sera la longueur d'onde du son produit par la sirène.

77. *On a une sirène dont les plateaux sont percés de 12 trous. On constate que, quand la sirène est à l'unisson d'un tuyau donné, le plateau supérieur fait 1305 tours par minute. On demande la note produite par le tuyau, sachant que le la normal correspond à 870 vibrations simples à la seconde.*

(Grenoble, 29 juillet 1881.)

A chaque tour du plateau correspondent 12 vibrations doubles, ou 24 vibrations simples. Le son étudié a donc 1305×24 vibrations simples par minute, ou $\dfrac{1305 \times 24}{60} = 522$ vibrations simples par seconde.

Or le rapport $\dfrac{870}{522}$ du nombre de vibrations du la normal au nombre de vibrations du tuyau est égal, quand on le réduit à sa plus simple expression, à $\dfrac{5}{3}$. C'est la valeur de l'intervalle de ut à la de la même gamme. Il en faut conclure que le son rendu par le tuyau est ut_3, le la normal étant la_3.

78. *Étant donnée la série des sons qui constituent une gamme, en construire une autre dont chaque note soit sensiblement égale à la quinte de la note correspondante. Voir quelles sont les notes qu'il faut diéser ou bémoliser.*

(Marseille, novembre 1882.)

Si la série primitive de sons commence par ut_1, il faut, en admettant qu'on veuille l'élever d'une quinte majeure, dont l'intervalle est $\frac{3}{2}$, commencer par sol_1 la gamme que l'on veut former. Les deux séries de notes seront donc les suivantes, avec leurs intervalles consécutifs :

$$ut_1 \quad \frac{9}{8} \quad ré_1 \quad \frac{10}{9} \quad mi_1 \quad \frac{16}{15} \quad fa_1 \quad \frac{9}{8} \quad sol_1 \quad \frac{10}{9} \quad la_1 \quad \frac{9}{8} \quad si_1 \quad \frac{16}{15} \quad ut_2$$

$$sol_1 \quad \frac{10}{9} \quad la_1 \quad \frac{9}{8} \quad si_1 \quad \frac{16}{15} \quad ut_2 \quad \frac{9}{8} \quad ré_2 \quad \frac{10}{9} \quad mi_2 \quad \frac{16}{15} \quad fa_2 \quad \frac{9}{8} \quad sol_2$$

Nous savons que les intervalles de ton $\frac{9}{8}$ et $\frac{10}{9}$ peuvent être considérés comme égaux, à un comma près. Dans nos deux gammes il n'y a donc que les deux derniers intervalles qui soient différents : on les rendra égaux en diésant le fa_2. On rétablirait aussi l'égalité des intervalles en prenant 6 bémols, qui seraient sol_1, la_1, si_1, ut_2, $ré_2$, mi_2, et sol_2.

79. *On partage l'intervalle d'octave en 12 intervalles égaux entre eux qu'on nomme demi-tons. Comment peut-on trouver la valeur numérique du demi-ton ainsi défini ?*

(Clermont, juillet 1874.)

L'intervalle d'octave est caractérisé par le rapport 2 à 1. C'est dans cet intervalle qu'il faut placer 12 notes telles que le quotient du nombre de vibrations de chacune d'elles par le nombre de vibrations de la précédente ait une valeur constante x.

Si nous désignons par x_1, x_2, x_3 ..., x_{12} les 12 notes ainsi définies, nous devrons avoir

$$\frac{x_1}{1} = \frac{x_2}{x_1} = \frac{x_3}{x_2} = \frac{x_4}{x_3} = \ldots\ldots = \frac{x_{12}}{x_{11}} = x.$$

De là on tire

$$x_1 = x, \qquad x_2 = x^2, \qquad x_3 = x^3, \quad \ldots\ldots \quad x_{12} = x^{12}.$$

Mais la note x^{12} doit être l'octave aiguë de la note primitive ; on a

$$x^{12} = 2, \qquad \text{d'où} \qquad x = \sqrt[12]{2} = 1,059.$$

C'est cette valeur du demi-ton qui sert à constituer la gamme dite *tempérée*.

80. *Une corde tendue par un poids de 25^{kg} rend un certain son. Quelle devrait-être la force de tension pour qu'elle rendît la tierce majeure du son primitif ?*

(Lyon, 22 juillet 1885 ; 19 juillet 1888 et 27 juillet 1888.)

Soit n le nombre de vibrations du son primitif ; sa tierce majeure aura pour nombre de vibrations $\dfrac{5n}{4}$. Et comme les nombres de vibrations de deux cordes sont, toutes choses égales d'ailleurs, proportionnels à la racine carrée des poids tenseurs, on aura

$$n : \frac{5n}{4} = \frac{\sqrt{25}}{\sqrt{P}}, \qquad \text{d'où} \qquad P = 39^{kg},062.$$

Le poids tenseur sera de $39^{kg},062$.

81. *Quelle tension doit-on donner à une corde métallique de rayon r, de longueur 1 et de densité d pour qu'elle rende un son correspondant à n vibrations doubles ?*

Application : $1 = 1^m$; $d = 7$: $r = 0^{mm},2$; $n = 256$.

Quels seront les nombres de vibrations qu'on obtiendra en plaçant le bout du doigt au $\dfrac{1}{2}$, au $\dfrac{1}{3}$ $\dfrac{1}{4}$, au $\dfrac{1}{5}$ de la corde ?

(Lille, 12 novembre 1880 et 19 juillet 1887.)

1° La formule qui résume les lois des vibrations transversales des cordes est la suivante :

$$n = \frac{1}{2rl} \sqrt{\frac{gP}{d}},$$

n étant le nombre de vibrations effectuées en une seconde.
On en tire

$$P = \frac{4\pi n^2 r^2 l^2 d}{g}.$$

Pour remplacer dans cette formule les lettres par leur valeur numérique, il faut exprimer celles-ci en unités concordantes, c'est-à-dire que si l'on veut obtenir le poids tenseur en kilogrammes, il faut prendre le décimètre pour unité de longueur dans la mesure de r, de l et de g. On aura donc

$$P = \frac{4 \times 3,1416 \times \overline{256}^2 \times \overline{0.002}^2 \times \overline{10}^2 \times 7}{98} = 19^{kg},6.$$

2° En plaçant le bout du doigt au $\frac{1}{2}$, au $\frac{1}{3}$, au $\frac{1}{4}$, au $\frac{1}{5}$ de la corde, on obtiendra des sons répondant à des nombres de vibrations double, triple, quadruple et quintuple de 256, sons qui seront les harmoniques successifs du premier. Si nous appelons arbitrairement ut_1 la note rendue par la corde lorsqu'elle vibre dans toute sa longueur, les notes rendues ensuite seront ut_2, sol_2, ut_3, mi_3.

82. *Une corde de piano, en fer, donne la note ut_2. Quelle note, à moins d'un demi-ton près, donnerait une corde de cuivre de même longueur, de même section et également tendue ?*

Densité du fer . . . . 7,79.

Densité du cuivre. . . . . 8,88.

Nombre de vibrations des notes de la gamme :

$$1, \frac{9}{8}, \frac{5}{4}, \frac{4}{3}, \frac{3}{2}, \frac{5}{3}, \frac{15}{8}, 2.$$

Intervalle de demi-ton : $\frac{16}{15}$.

(Besançon, 25 juillet 1885.)

Deux cordes de même longueur, de même section et également tendues ont des nombres de vibrations n et n' qui sont inversement proportionnels aux racines carrées des densités des substances qui les constituent :

$$\frac{n}{n'} = \frac{\sqrt{d'}}{\sqrt{d}} = \frac{\sqrt{8,88}}{\sqrt{7,79}} = 1,068.$$

L'intervalle $\frac{9}{8}$ qui sépare $ré_2$ et ut_2 étant égal à 1,125, nombre plus grand que 1,068, la note rendue par la corde de cuivre sera comprise entre ut_2 et $ré_2$. Elle sera plus élevée que ut_2#, car l'intervalle $\frac{25}{24} = 1,041$ qui sépare ut_2# de ut_2 est plus petit que 1,068

Cette note sera très voisine d'une note qui présenterait avec ut_2 l'intervalle $\frac{16}{15}$ de demi-ton majeur, puisque ce dernier intervalle est égal à 1,036, très voisin du rapport trouvé.

83. *On demande de déduire la densité du platine de l'expérience suivante :*

Deux cordes, l'une de fer et l'autre de platine, de même longueur et de même section, sont tendues sur un sonomètre. En tendant le fil de fer avec un poids de 10^{kg}*, on vérifie qu'il faut tendre le fil de platine avec un poids de* 28^{kg} *pour qu'il rende le même son.*

La densité du fer est 7,8.

(Alger 25 juillet 1877 ; Besançon, 16 juillet 1888.)

Les nombres de vibrations de deux cordes de même longueur et de même section sont inversement proportionnels aux racines carrées des densités des substances dont elles sont formées, et directement proportionnels aux racines carrées de leurs poids tenseurs. On a donc

$$\frac{n}{n'} = \frac{\sqrt{x}}{\sqrt{7,8}} \cdot \frac{\sqrt{10}}{\sqrt{28}};$$

n et n' étant les nombres de vibrations des cordes de fer et de platine, x la densité du platine.

Mais, d'après l'énoncé, les deux cordes rendent le même son. On a donc $n = n'$, ce qui conduit à

$$x = \frac{7,8 \times 28}{10} = 21,84.$$

84. *Deux cordes de cuivre* A *et* B*, tendues sur un même sonomètre, ont même longueur, mais le diamètre de* A *est le double de celui de* B*. La corde* A *est tendue par un* *poids de 500ᵍʳ et rend le son* la_3 *quand elle vibre dans toute sa longueur. Quelle tension faut-il donner à* B *pour que cette corde fasse entendre le* mi_4 ?

(Lyon, 16 juillet 1879.)

Lorsque deux cordes formées de la même substance ont la même longueur, leurs nombres de vibrations n et n' sont proportionnels à la racine carrée de leurs poids tenseurs p et p', et inversement proportionnels à leurs rayons r et r' :

$$\frac{n}{n'} = \frac{\sqrt{p}}{\sqrt{p'}} \cdot \frac{r'}{r} = \frac{\sqrt{500}}{\sqrt{p'}} \cdot \frac{1}{2}.$$

D'autre part il est aisé de trouver le rapport $\frac{n}{n'}$ des nombres de vibrations qui correspondent aux notes la_3 et mi_4. Pour passer de la_3 à ut_3, il suffit de diviser par l'intervalle $\frac{5}{3}$ le nombre de vibrations de la première note, ce qui donne $n \times \frac{3}{5}$; on passe de là à ut_4 en doublant, puis à mi_4 en multipliant par l'intervalle $\frac{5}{4}$, ce qui donne

$$n' = n \cdot \frac{3}{5} \times 2 \times \frac{5}{4} \qquad \text{ou} \qquad \frac{n}{n'} = \frac{2}{3}.$$

Il vient donc enfin, en remplaçant $\frac{n}{n'}$ par sa valeur dans la première équation,

$$\frac{2}{3} = \frac{\sqrt{500}}{\sqrt{p'}} \cdot \frac{1}{2}, \qquad \text{d'où} \qquad p' = \frac{500 \times 9}{16} = 281^{\text{gr}},25.$$

Le poids tenseur de la seconde corde devra être 281ᵍʳ,25.

Remarque. — La note la_3 donnée ici est le la_3 du diapason, qui correspond à 870 vibrations simples par seconde ; mais il n'était pas nécessaire de connaître ce nombre pour résoudre la question.

85. *On a trois cordes métalliques de même nature : la première,* A, *a pour longueur* 0ᵐ,50 *et pour diamètre* 0ᵐ,001. *La seconde,* B, *a pour longueur* 2ᵐ *et pour diamètre* 0ᵐ,001. *Enfin la troisième,* C, *a pour longueur* 0ᵐ,50 *et pour diamètre 0^m,0005. On tend la première par un poids de 1^{kg} et on demande quels sont les poids qu'il faut suspendre aux deux autres pour qu'en les ébranlant successivement avec un archet elles produisent l'accord parfait. La corde A correspond au son le plus grave et la corde C au son le plus aigu.*

(Chambéry, 7 juillet 1882.)

Soient x et y les poids tenseurs de la corde B et de la corde C.

L'accord parfait étant caractérisé par les rapports 1, $\frac{5}{4}$ et $\frac{3}{2}$ les nombres de vibrations des trois cordes devront, en appelant n celui de la première, être égaux à n, $\frac{5}{4}n$ et $\frac{3}{2}n$.

En appliquant la formule générale qui donne le nombre n des vibrations d'une corde en fonction de son rayon r, de sa longueur l, de son poids tenseur p, et de sa densité d, formule qui est

$$n = \frac{1}{2rl}\sqrt{\frac{gp}{\pi d}},$$

nous aurons :

$$(1)\qquad n = \frac{1}{0,001 \times 0,5}\sqrt{\frac{g\cdot 1}{\pi d}}\ ;$$

$$(2)\qquad \frac{5}{4}n = \frac{1}{0,001 \times 2}\sqrt{\frac{gx}{\pi d}}\ ;$$

$$(3)\qquad \frac{3}{2}n = \frac{1}{0,005 \times 0,5}\sqrt{\frac{gy}{\pi d}}.$$

De là on tire, en éliminant n et résolvant,

$$x = 25^{kg} \qquad \text{et} \qquad y = 0^{kg},5625.$$

OPTIQUE

1° Photométrie.

86. *En se servant du photomètre de Rumford, on trouve qu'une lampe Carcel placée à 4^m,50 de l'écran et une bougie placée à 1^m,82 donnent des ombres également éclairées. Quelle est l'intensité de la lumière de la bougie, celle de la lampe étant prise pour unité ?*

(Nancy, 1er août 1875.)

Les deux ombres étant également éclairées, c'est que les deux sources lumineuses envoient sur l'écran la même quantité de lumière. Si nous désignons par I l'intensité de la lampe Carcel, l'expression de la quantité de lumière qu'elle fait arriver sur l'écran est $\dfrac{I}{4,50^2}$. De même, I' étant l'intensité de la lumière de la bougie, celle-ci fait arriver sur l'écran une quantité de lumière égale à $\dfrac{I'}{1,82^2}$. Et l'on a

$$\frac{I}{4,50^2} = \frac{I'}{1,82^2}.$$

De là on tire, en faisant I $=$ 1, c'est-à-dire en prenant pour unité l'intensité lumineuse de la lampe,

$$I' = \frac{\overline{1,82}^2}{4,50^2} = 0,16.$$

87. *En prenant pour unité l'intensité lumineuse d'une bougie placée en A, on demande d'apprécier numériquement* *l'intensité d'une lampe placée en* B, *sachant que la bougie et la lampe éclairent également un élément de surface placé en* C. *La distance* AC *est égale à* 3ᵐ *et la distance* BC *égale à* 10ᵐ.

(Marseille, 23 avril 1884.)

C'est le principe du photomètre à tache d'huile de Bunsen. La formule qui donne l'intensité lumineuse I' de la lampe B, en prenant pour unité l'intensité lumineuse de la bougie I, est la même que dans le problème précédent :

$$\frac{I}{3^2} = \frac{I'}{\overline{10}^2},$$

d'où

$$I = \frac{\overline{10}^2}{3^2} = 9,99.$$

88. *Deux sources lumineuses dont les pouvoirs éclairants sont entre eux comme les nombres 9 et 16 ont leurs centres placés sur une droite horizontale* AB, *à une distance de* 42ᶜᵐ; *on demande où il faut placer un petit écran plan sur la droite* AB, *et perpendiculairement à cette droite, pour qu'il reçoive des deux sources des quantités égales de lumière.*

(Dijon, 24 juil. 1884; Montpellier, 19 nov. 1888; Clermont, 16 juil. 1890.)

Soient d la distance de l'écran à la première source lumineuse, d' sa distance à la seconde. La quantité de lumière envoyée sur l'écran par la première source est égale à $\frac{9}{d^2}$; la quantité de lumière envoyée sur l'écran par la seconde source est égale à $\frac{16}{d'^2}$. Ces deux quantités devant être égales, on a

$$\frac{9}{d^2} = \frac{16}{d'^2}.$$

On a, d'autre part,

$$d + d' = 42.$$

Ces deux équations donnent $d = 18^{\text{cm}}$ et $d' = 24^{\text{cm}}$.

Géométriquement, on peut partager en sept parties égales la distance qui sépare les deux sources lumineuses, et placer l'écran au troisième point de division, à partir de la première source.

2° Réflexion de la lumière. — Miroirs.

89. *Un observateur dont la taille est de* $1^m,60$ *se place en face d'un miroir plan vertical de* 1^m *de hauteur et suspendu à* $0^m,80$ *au-dessus du plancher de l'observateur. Cet observateur se verra-t-il en entier dans toutes les positions qu'il peut prendre en face du miroir, ou bien il y a-t-il une position, déterminée par une distance à calculer, au-dessus de laquelle l'observateur ne verra plus qu'une partie de son corps?*

(Lyon, 26 juillet 1875.)

Soient MN un miroir plan vertical, AB un observateur placé devant ce miroir, A'B' l'image de cet observateur. Pour que

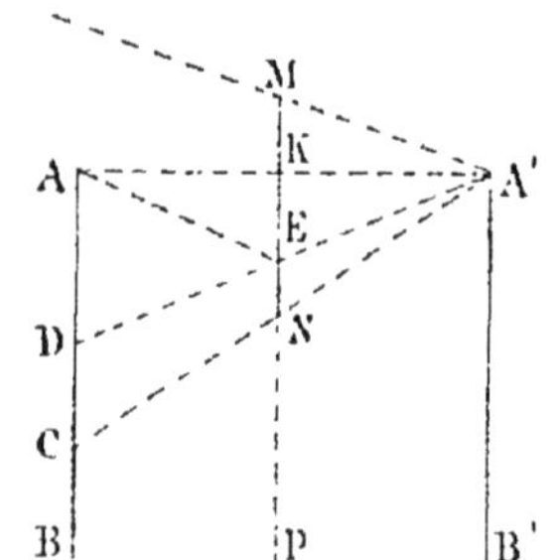

l'observateur, dont nous supposons l'œil placé en A, puisse voir l'image d'un point D de son corps, il faut qu'on puisse mener de ce point D un rayon lumineux qui, après sa réflexion sur le miroir, aille passer par le point A. Pour obtenir ce rayon, joignons le point D au point A', symétrique de A par rapport au miroir. Si la ligne ainsi tracée rencontre le miroir en un point E, le rayon cherché sera DEA : on démontrerait aisément en effet que les lignes DE et EA font des angles égaux avec la normale en E. Si au contraire le point de rencontre E était sur le prolongement du miroir, il ne pourrait pas y avoir de réflexion, et le point D ne serait pas vu par l'œil situé en A. Il en résulte que la portion de l'espace vue de A sera contenue dans le cône ayant A' pour sommet et le contour du miroir pour base. En ce qui concerne l'observateur lui-même, il ne verra sa tête que si la partie supérieure M du miroir est plus élevée que cette tête (nous supposerons cette condition satisfaite): il ne verra ses pieds que si le point C est au-dessous de B, ou au moins en B.

Posons $AB = a$, $NP = b$, $AC = c$, $AK = d$. La similitude des triangles ACA' et KNA' nous permet d'écrire la relation

$$\frac{c}{a - b} = \frac{2d}{d}, \quad \text{d'où} \quad c = 2(a - b).$$

La valeur de c est indépendante de d; donc l'observateur verra
toujours la même portion de son corps, à quelque distance qu'il
se place du miroir. Il se verra en entier si l'on a $c \geqslant a$ ou
$2(a - b) \geqslant c$, d'où $a \geqslant 2b$, résultat facile à voir directement.

Dans le cas spécifié par l'énoncé, le sommet du miroir est
à 1^{m},80 du sol; il est plus élevé que la tête de l'observateur.
On a en outre $a = 1,60$ et $b = 0,80$, c'est-à-dire $a = 2b$; l'observateur verra juste ses pieds. Il se verra donc en entier dans
quelque position qu'il se place devant le miroir.

90. *Une lunette astronomique mobile autour du point* O
a son axe optique dirigé suivant OA, *de telle façon que
l'image d'une étoile vue par réflexion sur un miroir plan*
CM *se fasse au point de croisement des fils du réticule de
la lunette. Le miroir est amené en* CM' *en tournant d'un
angle* MCM' $= \alpha$ *autour d'une perpendiculaire au plan de
la figure. On demande quelle est la nouvelle position que
doit prendre l'axe optique de la lunette pour que l'image
de l'étoile se fasse encore sur la croisée des fils du réticule.*

(Grenoble, 30 juillet 1885.)

L'axe optique de la lunette, prolongé, rencontre le miroir en B.
Menons la normale BK en B et faisons un angle KBE égal à

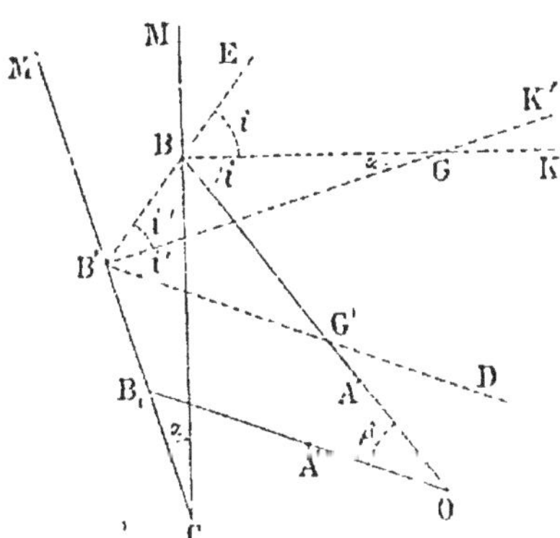

l'angle KBO: la direction
BE obtenue est celle dans
laquelle se trouve l'étoile.

Quand le miroir, par
suite de sa rotation, est
arrivé en CM', les rayons
lumineux provenant de
l'étoile le rencontrent
sous un nouvel angle
EB'K', puis se réflé-
chissent en faisant de
l'autre côté de la normale
B'K' un angle K'B'D égal à
l'angle EB'K'.

La ligne B'D est donc la direction des rayons réfléchis sur le
second miroir: c'est dans cette direction qu'on doit placer la
lunette. Par le point O menons la ligne OB_1 parallèle à B'D, et
nous aurons la direction nouvelle dans laquelle on doit placer la
lunette.

Pour avoir l'angle β dont on doit faire tourner la lunette pour l'amener à cette position, considérons successivement les triangles BB'G et BB'G'.

Du premier on tire

$$i' + \alpha + \frac{\pi}{2} + \frac{\pi}{2} - i = \pi \quad \text{ou} \quad i - i' = \alpha.$$

Du second on tire

$$2i' + \pi - 2i + \beta = \pi \quad \text{ou} \quad \beta = 2(i - i') = 2\alpha.$$

Il faut faire tourner la lunette d'un angle égal à 2α.

91. *On donne deux miroirs plans parallèles* M *et* N *dont la distance* mn *est égale à* d. *Un point lumineux* S *est placé sur la droite* mn *à une distance* a *du point* m, *et on considère un point* O *placé aussi à une distance* a *du miroir* M *et à une distance* OS = h *du point* S. *On demande en quels points les miroirs seront rencontrés par un rayon lumineux qui, partant de* S, *arrive en* O *après avoir subi deux réflexions sur* M *et une seule sur* N. *Les points des miroirs seront définis par leurs distances respectives à* m *et* n.

(Grenoble, 16 novembre 1885.)

Construisons les images successives du point S dans les deux miroirs. Parmi tous les rayons lumineux qui sont partis de S,

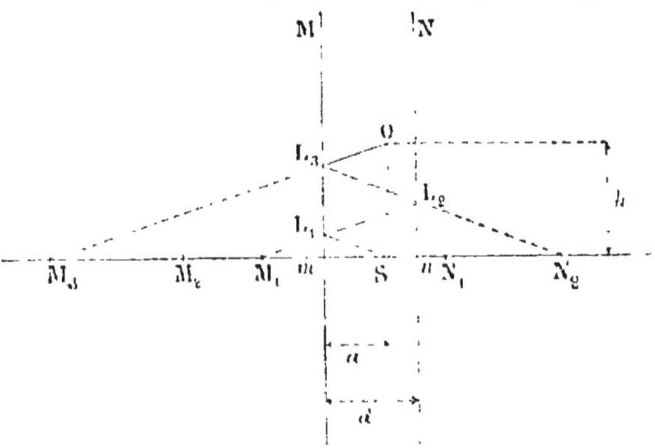

il en est un qui passe par le point O, venant dans la direction M_3O. Ce rayon, réfléchi en L_3 par le miroir M, venait auparavant dans la direction N_2L_3, et auparavant encore dans la direction M_1L_2 et SL_1. En définitive. il est arrivé de S en O en suivant la route $SL_1L_2L_3O$. ayant ainsi subi deux réflexions sur le miroir M et une seule sur le miroir N. Nous devons calculer les longueurs mL_1, nL_2, mL_3, qui déterminent la position de ces points de réflexion.

Des deux triangles semblables OSM_3, L_3mM_3, on tire

$$\frac{L_3m}{OS} = \frac{M_3m}{M_3S} \quad \text{ou} \quad \frac{L_3m}{h} = \frac{a + 2d}{2a + 2d}$$

$$L_3m = \frac{h}{2} \cdot \frac{a + 2d}{a + d}.$$

De même les deux triangles L_3mN_2, L_2nN_2 permettent de déterminer L_2n :

$$L_2n = \frac{h}{2} \cdot \frac{a + d}{a + d} = \frac{h}{2}.$$

Enfin les deux triangles L_2nM_1, L_1mM_1 donnent

$$L_1n = \frac{h}{2} \cdot \frac{a}{a + d}.$$

92. *Un rayon lumineux SI se réfléchit successivement sur deux miroirs plans M, M' dans le plan perpendiculaire à la ligne d'intersection de ces deux miroirs. On demande quel angle doivent faire entre eux les deux miroirs pour que le rayon, après la seconde réflexion, soit perpendiculaire au rayon incident.*

(Nancy, 3 novembre 1885.)

Il semble, au premier abord, que le problème soit indéterminé, puisqu'on n'indique pas dans quelle direction arrive le rayon incident SI. Il n'en est rien.

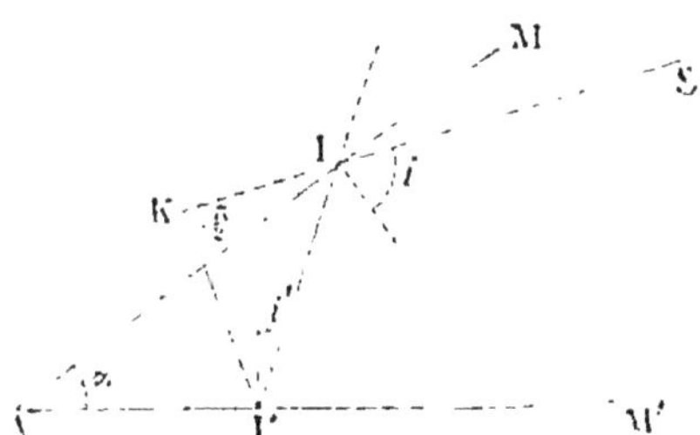

Supposons ce rayon quelconque. et soient i l'angle d'incidence avec le premier miroir, i' l'angle d'incidence avec le second. Le rayon I'K, fourni par réflexion sur le second miroir, doit être perpendiculaire sur le rayon incident SI, c'est-à-dire que l'angle K doit être égal à $\frac{\pi}{2}$.

Dès lors le triangle II'K donne

$$2i' + 2\left(\frac{\pi}{2} - i\right) = \frac{\pi}{2} \qquad \text{ou} \qquad i - i' = \frac{\pi}{4}.$$

D'autre part, on tire du triangle AI'I

$$\alpha + \left(\frac{\pi}{2} + i'\right) + \left(\frac{\pi}{2} - i\right) = \pi \qquad \text{ou} \qquad i - i' = \alpha.$$

On doit donc avoir

$$\alpha = \frac{\pi}{4}.$$

Ainsi, lorsque l'angle des deux miroirs est de 45°, le rayon réfléchi par le second miroir est toujours perpendiculaire, quel que soit i, au rayon incident. Cela ne se produit jamais, au contraire, quand l'angle des deux miroirs est différent de 45°.

93. *Sur l'axe d'un miroir sphérique concave de 1^m de rayon, on a placé un objet de 9^{cm} de hauteur, à une distance de 2^m. On demande:*

1° La distance de l'image au miroir;
2° La hauteur de cette image;
3° Si elle est droite ou renversée.

(Lyon, 23 juillet 1886 et 20 avril 1891.)

Cette question est une application immédiate de la construction et de la formule des miroirs concaves. On voit de suite que

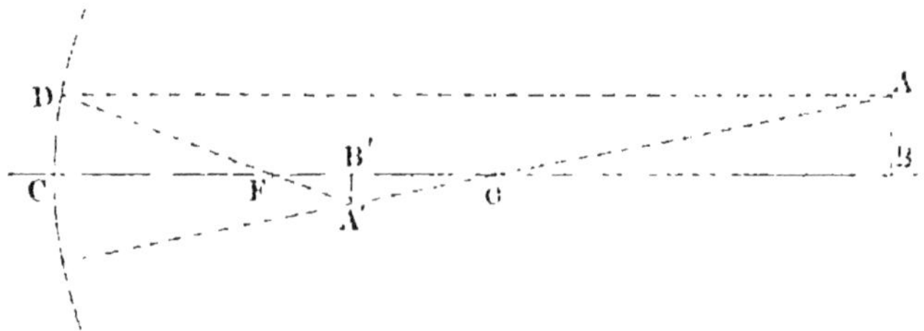

l'image sera réelle, renversée, plus petite que l'objet, située entre le foyer principal F et le centre de courbure O du miroir.

Sa distance CB' au miroir sera donnée par l'équation

$$\frac{1}{p} + \frac{1}{p'} = \frac{1}{f},$$

qui devient ici

$$\frac{1}{200} + \frac{1}{p'} = \frac{1}{50}.$$

On en tire $\qquad p' = 66^{cm}$.

On tirera la hauteur A'B' de la relation qui existe entre les deux triangles semblables ABO, A'B'O :

$$\frac{AB}{OB} = \frac{A'B'}{OB'}.$$

Cette relation devient ici

$$\frac{9}{100} = \frac{A'B'}{100 - 66}.$$

On en tire $\qquad A'B' = 2^{cm},9$.

94. *On a un miroir sphérique concave dont* F *est le foyer principal,* C *le centre de figure. Soient* P *un point umineux situé sur l'axe principal,* P' *l'image de ce point. Calculer* FP' *en fonction de* FP *et de la distance focale prin-*
$$= \frac{R}{2}.$$

(Poitiers, 9 novembre 1885.)

Par le point lumineux D menons un rayon quelconque PD; il est réfléchi dans la direction DP', et vient déterminer sur l'axe principal la position du foyer conjugué P'.

La normale DC étant bissectrice de l'angle intérieur D dans le triangle PDP', on a la relation

$$DP \times P'C = DP' \times CP.$$

ou, approximativement, en supposant très petite l'ouverture du miroir,

$$PO \times P'C = P'O \times CP.$$

Si nous désignons par φ la distance PF et par φ' la distance P'F, cette relation devient

$$\left(\frac{R}{2} + \varphi\right)\left(\frac{R}{2} - \varphi'\right) = \left(\varphi' + \frac{R}{2}\right)\left(\varphi - \frac{R}{2}\right),$$

qui se réduit à

$$\varphi\varphi' = \frac{R^2}{4}, \qquad \text{ou} \qquad \varphi\varphi' = f^2.$$

C'est une formule très simple qui, dans certains cas, se prête mieux aux calculs et à la discussion que la formule plus connue

$$\frac{1}{p} + \frac{1}{p'} = \frac{1}{f}.$$

95. *Calculer en millimètres le rayon de l'image solaire obtenue dans le plan focal d'un miroir de 10^{m} de rayon. On admettra que le rayon du soleil est la 220ième partie de la distance du soleil à la terre.*

(Paris, 12 juillet 1881.)

Soient AB le rayon solaire, et A'B' l'image de ce rayon. Dans

les deux triangles semblables OAB, OA'B' on a

$$\frac{A'B'}{AB} = \frac{B'O}{BO}.$$

Si nous posons, suivant l'usage, $BC = p$, $B'C = p'$, $CO = 2f$, il vient

$$\frac{A'B'}{AB} = \frac{2f - p'}{p - 2f}.$$

Comme on a, d'ailleurs,

$$\frac{1}{p} + \frac{1}{p'} = \frac{1}{f}, \qquad \text{d'où} \qquad p' = \frac{pf}{p - f}.$$

la relation précédente devient, en y remplaçant p' par sa valeur,

$$\frac{A'B'}{AB} = \frac{f}{p-f}, \qquad \text{ou} \qquad A'B' = AB\,\frac{f}{p-f}.$$

Mais la distance p du soleil à la terre étant extrêmement grande par rapport à f on peut, sans erreur sensible, remplacer $p-f$ par p, et il vient alors

$$A'B' = \frac{AB}{p}f.$$

Or, la distance p du soleil à la terre est 220 fois plus grande que le rayon solaire. On a donc

$$A'B' = \frac{f}{220} = \frac{5000}{220} = 22^{mm}.$$

L'image solaire a 22^{mm} de rayon.

96. *Une ligne lumineuse de 20^{mm} de longueur est placée à 2^m d'un miroir sphérique concave de $1^m,50$ de longueur focale, perpendiculairement à l'axe de ce miroir. On demande :*

1° A quelle distance du miroir se formera l'image de la ligne ;

2° Quelle sera la grandeur de l'image.

(Paris, 7 mai 1885; Caen, 7 novembre 1887; Dijon, 23 avril 1888.)

L'objet étant en AB, son image est en A'B', réelle, renversée, plus grande que l'objet.

On a

$$\frac{1}{CB} + \frac{1}{CB'} = \frac{1}{f}$$

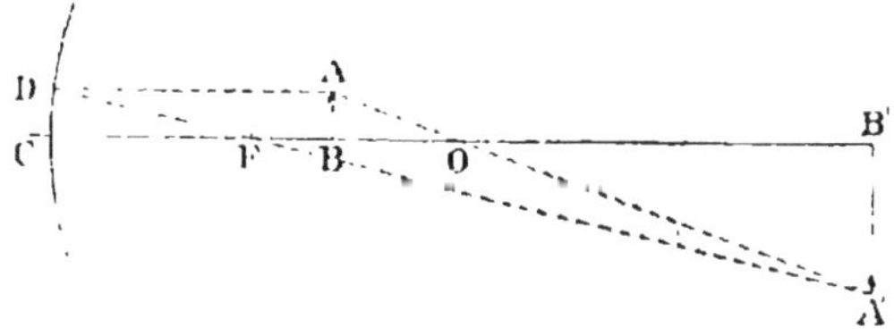

$$\frac{1}{2} + \frac{1}{CB'} = \frac{1}{1,5},$$

ce qui donne

$$CB' = 6^m.$$

La grandeur s'obtient en comparant les deux triangles semblables OAB, OA'B' :

$$\frac{A'B'}{AB} = \frac{OB'}{OB} \qquad \text{ou} \qquad \frac{A'B'}{0,020} = \frac{6-3}{3-2};$$

$$A'B' = 3 \times 0,020.$$

L'image est trois fois plus éloignée du miroir que l'objet, et
elle est trois fois plus grande.

97. *On donne un miroir sphérique concave de 5^m de
rayon. A quelle distance du miroir faut-il placer un
objet quelconque pour avoir une image :*

1° Quatre fois plus grande que l'objet ;

2° Quatre fois plus petite?

(Toulouse, 13 juillet 1885.)

Il suffit de faire la construction de l'image d'une droite perpendiculaire à l'axe principal, pour voir que l'on a, entre les dimensions l' et l de l'image et de l'objet, la relation

$$\frac{l'}{l} = \frac{2f - p'}{p - 2f}.$$

Comme on a, d'autre part,

$$\frac{1}{p} + \frac{1}{p'} = \frac{1}{f}, \quad \text{d'où} \quad p' = \frac{pf}{p - f},$$

il vient

$$\frac{l'}{l} = \frac{f}{p - f}.$$

1° Pour que l'image soit quatre fois plus grande que l'objet, il
faut que l'on ait

$$\frac{f}{p - f} = 4, \quad \text{d'où} \quad p = \frac{5}{4} f,$$

ou, ici,

$$p = \frac{5}{4} \times 2,50 = 3^m,125.$$

2° Pour que l'image soit quatre fois plus petite que l'objet, il
faut que l'on ait

$$\frac{f}{p - f} = \frac{1}{4}, \quad \text{d'où} \quad p = 5f,$$

ou, ici,

$$p = 5 \times 2,50 = 12^m,50.$$

98. *Entre un miroir concave et un écran perpendiculaire à l'axe principal du miroir, et placé à une distance de ce dernier égale à trois fois sa distance focale, se trouve un objet lumineux. Entre quelles limites peut-on le déplacer pour que son image aille se projeter sur l'écran et soit plus grande que l'objet ?*

(Paris, 8 mai 1885.)

On fera la construction sans tâtonnement en s'appuyant sur le principe du retour inverse des rayons. Supposons une flèche A'B' placée sur l'écran, et déterminons son image AB par la construction ordinaire. Inversement, AB représente, en grandeur et en position, une flèche dont l'image se formerait en A'B', sur l'écran M.

Entre les distances CB et CB' on a la relation

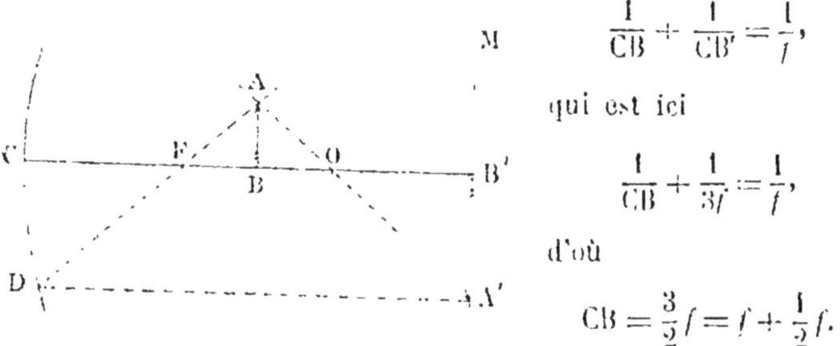

$$\frac{1}{CB} + \frac{1}{CB'} = \frac{1}{f},$$

qui est ici

$$\frac{1}{CB} + \frac{1}{3f} = \frac{1}{f},$$

d'où

$$CB = \frac{3}{2}f = f + \frac{1}{2}f.$$

La flèche doit donc être placée au milieu de l'espace FO pour que son image se forme sur l'écran.

Le rapport des dimensions linéaires de l'image et de l'objet est celui de 2 à 1.

99. *Une bougie est placée à une distance d d'un écran. A quelle distance de l'écran faut-il placer un miroir sphérique concave de rayon r pour que l'image qu'il donne de la bougie se forme sur l'écran ?*

Discuter. — Figurer la marche des rayons lumineux qui concourent à former un point de l'image.

(Alger, 24 avril 1884 et 14 avril 1890.)

Supposons le problème résolu. AB est l'objet; l'image A'B' qu'en donne le miroir C se forme sur l'écran M.

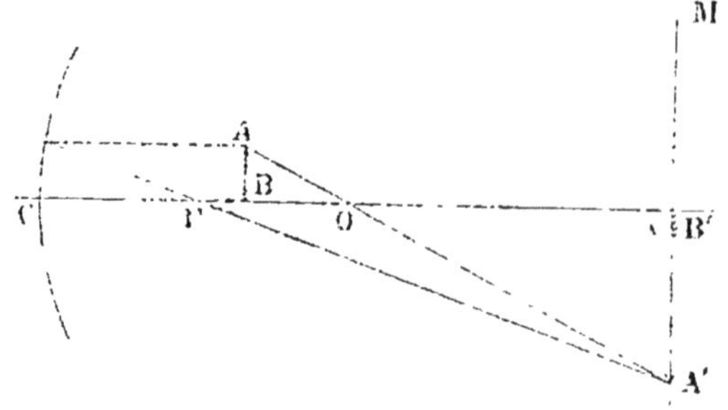

Nous avons :

$$BB' = d :$$

$$CB' = x ;$$

$$CO = r.$$

L'équation générale

$$\frac{1}{p} + \frac{1}{p'} = \frac{1}{f}$$

onne ici

$$\frac{1}{x-d} + \frac{1}{x} = \frac{2}{r}.$$

De là on tire

$$2x^2 - 2(d + r)x + rd = 0.$$

Cette équation a toujours ses racines réelles et positives. En substituant dans le premier membre les quantités 0, $\frac{r}{2}$, $d + \frac{r}{2}$ et $d + r$, on voit que l'une des racines est comprise entre 0 et $\frac{r}{2}$, l'autre entre $d + \frac{r}{2}$ et $d + r$.

La seconde est celle qui répond au problème, comme le montre la figure.

Il est aisé d'interpréter l'autre solution. Il est certain que si la bougie est placée sur l'écran et qu'on demande à quelle distance x il faut disposer un miroir pour que l'image se forme à une distance d de l'écran, on sera conduit à une équation identique à la précédente (à cause de la symétrie de la formule $\frac{1}{p} + \frac{1}{p'} = \frac{1}{f}$ par rapport à p et à p'). Les deux solutions de l'équation répondront alors au cas où l'image AB est réelle (c'est le cas figuré plus haut), et au cas où elle est virtuelle, c'est-à-dire placée derrière le miroir. C'est cette seconde solution que donne la racine comprise entre 0 et $\frac{r}{2}$.

100. *On donne un miroir concave de 2^m de rayon, et, perpendiculairement à l'axe principal, on place, à une distance de 5^m du miroir, une flèche de $0^m,1$ de hauteur. Trouver la position et la grandeur de l'image.*

On place au foyer principal du miroir concave un

*petit miroir plan incliné à 45° sur l'axe du premier et
faisant vis-à-vis. Trouver ce que devient l'image de la flèche.*

(Montpellier, 27 juillet 1882.)

La construction habituelle donne l'image A'B'. Elle est placée
à une distance CB' $= p'$ fournie par l'équation $\dfrac{1}{p} + \dfrac{1}{p'} = \dfrac{1}{f}$ ($p = 5$,
$f = 1$), qui donne ici $p' = 1^{m},25$

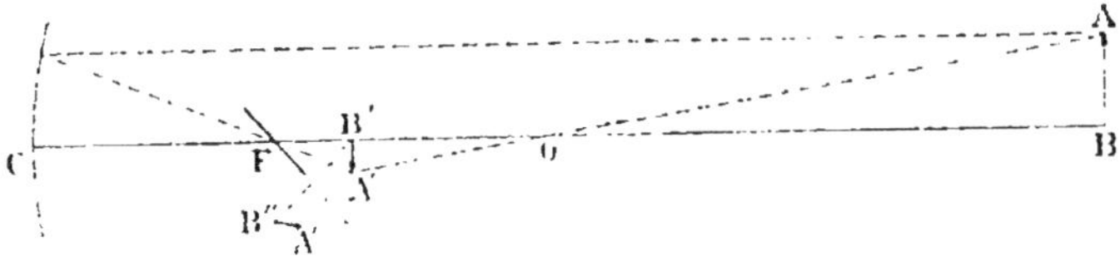

La grandeur A'B' de l'image est fournie par l'équation

$$\frac{l'}{l} = \frac{f}{p - f}.$$

qui donne ici

$$l' = 0,1 \times \frac{1}{5 - 1} = 0^{m},025.$$

Si l'on interpose en F un miroir plan incliné à 45° sur l'axe
principal, les rayons lumineux qui allaient former l'image A'B'
s'y trouvent réfléchis, et l'image se forme en A''B'', symétrique
de A'B' par rapport au miroir. Cette image est horizontale, de
même grandeur que la première, et située à $0^{m},25$ au-dessous
de l'axe.

C'est la disposition employée dans le télescope de Newton.

101. *On donne deux miroirs, l'un concave M, l'autre
convexe M', ayant tous deux 1^{m} de rayon, et placés à une
distance de 1^{m} l'un de l'autre. Sur l'axe principal* xy,
*commun aux deux miroirs, se trouve un point lumineux P,
à une distance de $0^{m},75$ du miroir concave. Les rayons
lumineux émanés de P arrivent sur le miroir convexe après
leur réflexion sur le miroir concave. On demande où se fera
l'image du point P.*

(Nancy, novembre 1883.)

Supposons d'abord le miroir M seul. Un rayon lumineux PD
parti de P ira, après sa réflexion, rencontrer l'axe en un point

dont la distance p' sera donnée par l'équation

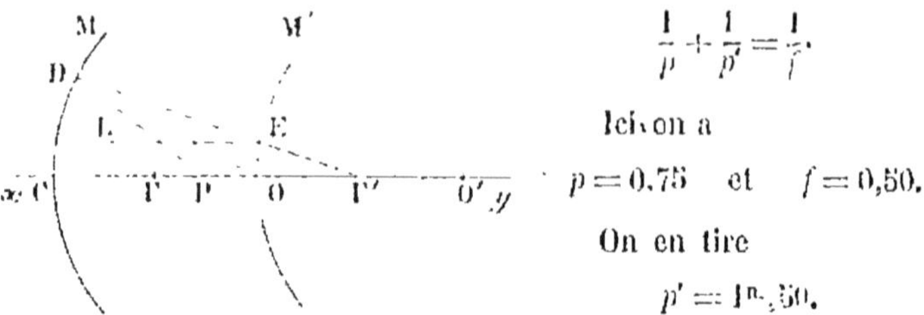

$$\frac{1}{p} + \frac{1}{p'} = \frac{1}{f}.$$

Ici on a

$$p = 0,75 \quad \text{et} \quad f = 0,50.$$

On en tire

$$p' = 1^m,50.$$

Mais, d'après la position du miroir M', et sa distance focale, ce point de rencontre serait justement dans la position du foyer principal F', puisque CO = 1^m et OF' = 0^m,50. Il en faut conclure que le rayon réfléchi DE sera renvoyé par le second miroir parallèlement à l'axe principal, suivant EL.

On peut montrer directement que le rayon réfléchi par le premier miroir se dirigera vers le foyer F' du second. Dans le triangle PDF', la ligne DO est une bissectrice intérieure. On a donc

$$PO \times DF' = OF' \times DP$$

ou, en remplaçant DP et DF' par les quantités sensiblement égales CP et CF',

$$PO \times CF' = OF' \times CP,$$

$$0,25(1 + OF') = OF' \times 0,75,$$

d'où l'on tire

$$CF' = 0,50.$$

L'image du point P après réflexion sur le miroir M puis sur le miroir M' sera donc rejetée à l'infini.

3° Réfraction de la lumière. — Prismes.

102. *Une auge qui a la forme d'un parallélipipède droit à base rectangulaire est placée sur un plan horizontal. La*

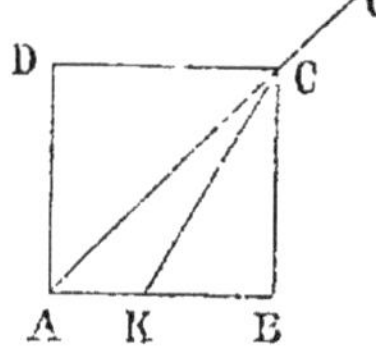

section droite intérieure est un rectangle ABCD dont la base AB = 10^{cm}; la hauteur CB est à déterminer par les conditions suivantes : l'œil O est placé de manière que le plan passant par le point O et par l'arête C (arête perpendiculaire au plan de la figure) passe aussi par l'arête *opposée* A. *On fixe la position de l'œil à l'aide d'un repère, on remplit d'eau jusqu'au bord de la cuve, et en remettant l'œil à la même place on aperçoit alors sur le prolongement de la ligne OC un point brillant* K *placé au fond de la cuve à une distance* AK = 4^{cm}. *On sait que l'indice de réfraction de l'eau par rapport à l'air* n = $\dfrac{4}{3}$.

(Dijon, 28 juillet 1885.)

Quand l'auge est pleine d'eau l'angle ACB mesure la valeur i de l'angle d'incidence, et l'angle KCB est l'angle r de réfraction. On a donc déjà

$$\frac{\sin ACB}{\sin KCB} = n.$$

De plus, si x désigne la hauteur CB cherchée, on a

$$AB = \sqrt{x^2 + \overline{AB}^2}\, \sin ACB$$

et

$$KB = \sqrt{x^2 + \overline{KB}^2}\, \sin KCB.$$

De là on tire

$$\frac{AB}{KB} = \frac{\sqrt{x^2 + \overline{AB}^2}}{\sqrt{x^2 + \overline{KB}^2}} \times n.$$

Mais dans l'exemple numérique dont il s'agit ici

$$n = \frac{4}{3}, \qquad AB = 10, \qquad AK = 4.$$

L'équation donne donc

$$\frac{10}{6} = \frac{\sqrt{x^2 + 100}}{\sqrt{x^2 + 36}} \times \frac{4}{3},$$

d'où

$$x = 8^{cm},8.$$

103. *Un rayon de lumière homogène pénètre à l'intérieur d'une sphère transparente d'indice* m, *sous l'incidence* i; *il subit trois réflexions et émerge dans l'air. On demande de calculer l'angle* D *que forme le rayon émergent avec la*

direction du rayon incident, en fonction de i *et de l'angle* r
de réfraction correspondant.

(Paris, 7 juillet 1880.)

Le rayon incident IA, faisant un angle i avec la normale,
pénètre dans la sphère en faisant un angle r de réfraction. Cet

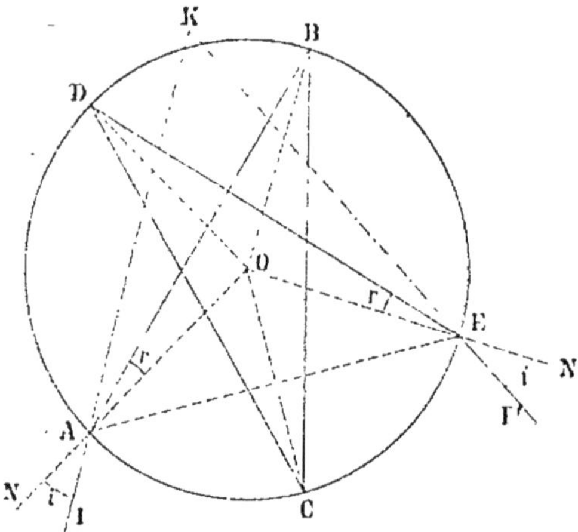

angle se con-
serve, toujours
le même, dans
les trois ré-
flexions succes-
sives; l'angle de
sortie N'E' aura
par suite la même
valeur i que l'an-
gle d'entrée.

Pour évaluer
l'angle de dévia-
tion IKI', consi-
dérons d'abord le
triangle isocèle
AOE. Son angle
au sommet AOE est égal à $8r$, comme on le voit en comparant
chacune de ses moitiés aux angles B et D, qui valent chacun $2r$.
Chacun des angles à la base OAE et OEA, est par suite égal à
$\frac{\pi}{2} - 4r$.

Dans le triangle AKE, l'angle en A est donc égal à $\frac{\pi}{2} - 4r + i$,
et de même l'angle en E. La valeur D de l'angle K est alors
connue :

$$D = \pi - 2\left(\frac{\pi}{2} - 4r + i\right) = 8r - 2i.$$

Tel est l'angle de déviation.

Si l'on pouvait mesurer cet angle, en même temps que l'un des
deux autres, soit i, soit r, on en déduirait l'indice de réfraction m,
en se servant de la formule

$$\frac{\sin i}{\sin r} = m.$$

Si, par exemple, D et i sont connus, on aura

$$m = \frac{\sin i}{\sin \dfrac{D + 2i}{8}}.$$

104. *Un vase rectangulaire, à fond horizontal, à parois opaques, est rempli jusqu'à une hauteur AB de 3^{cm} avec un liquide diaphane dont l'indice de réfraction est $\frac{5}{4}$.*

Au coin A se trouve un point lumineux. On demande sur quelle longueur minimum BC on doit couvrir la surface avec une lame opaque pour qu'aucun rayon ne puisse sortir entre C et D.

Nancy, 30 juillet 1880.)

Pour que le problème soit résolu, il suffit que le rayon AC rencontre le niveau du liquide sous un angle R égal à l'angle limite ; pour tout rayon plus incliné il y aura alors réflexion totale. Mais l'angle BAC est égal à R ; on doit donc avoir

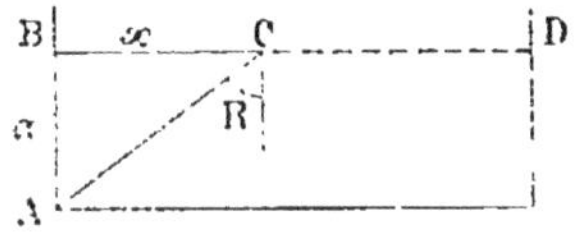

$$\sin BAC = \frac{1}{n}.$$

Le triangle ABC donne

$$x = AC \sin BAC = \sqrt{a^2 + x^2} \times \frac{1}{n}.$$

De là on tire

$$x = \frac{a}{\sqrt{n^2 - 1}}.$$

En remplaçant a par 3^{cm} et n par $\frac{5}{4}$, il vient $x = 4^{cm}$.

105. *Un rayon lumineux LI passe sous un angle de 45° de l'air dans une lame ABCD de flint-glass à faces parallèles, ayant 55^{mm} d'épaisseur. Quelle est la distance np du point réel d'émergence n au point p de sortie du rayon lumineux s'il eût continué à se mouvoir suivant la direction primitive?*

L'indice principal de l'air est 1,000 28 ; celui du flint, 1,60.

(Lyon, 21 juillet 1880.

En désignant par i l'angle d'incidence, par r l'angle de réfraction, par d l'épaisseur de la lame transparente, on a :

$$mp = d \operatorname{tg} i,$$
$$mn = d \operatorname{tg} r,$$
$$np = mp - mn = d(\operatorname{tg} i - \operatorname{tg} r).$$

L'angle i étant de 45°, on a tg $i = 1$. Quant à tg r, on l'exprime en fonction de sin r, qui est donné par la formule générale de la réfraction :

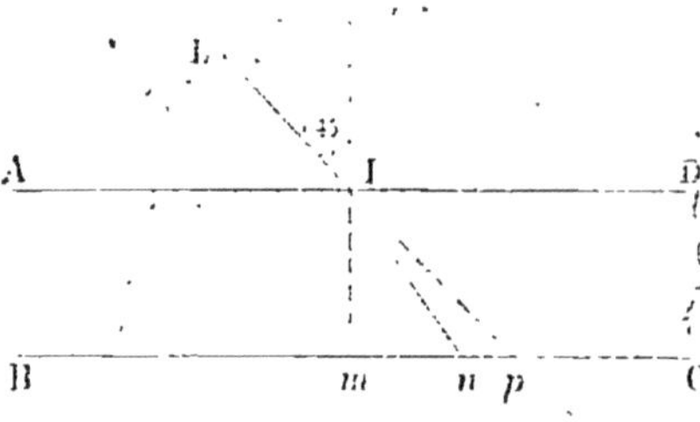

$$1,000\,28 \sin 45° = 1,60 \sin r,$$

$$\sin r = \frac{1,000\,28 \sqrt{2}}{2 \times 1,60}.$$

On tire de là

$$\text{tg } r = \frac{\sin r}{\sqrt{1 - \sin^2 r}} = 0,6963.$$

La longueur cherchée np est alors

$$np = 55(1 - 0,6963) = 17^{\text{mm}}.$$

106. *On a rempli d'eau une petite cuve de verre formée de lames de verre épaisses et à faces parallèles. Un faisceau horizontal de lumière solaire tombe sur une des parois verticales de la cuve. On demande quelle incidence il faut donner à ce faisceau de lumière pour qu'il subisse la réflexion totale en passant du verre dans l'eau.*

Indice de réfraction du verre, 1,6

— — de l'eau, 1,33.

(Rennes, 16 avril 1885.)

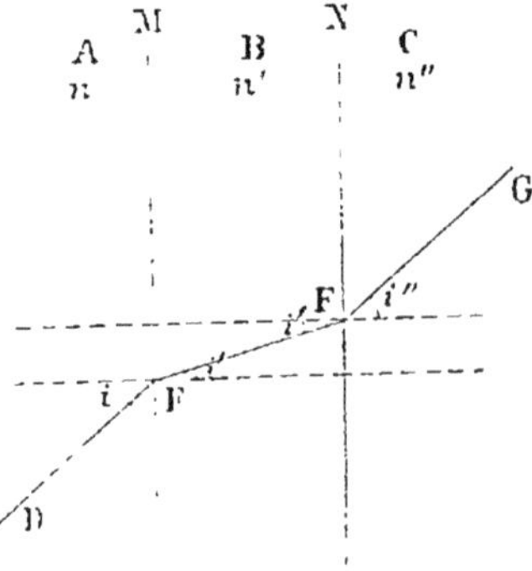

Soit B la paroi verticale considérée; elle est séparée de l'air A par la face M, et de l'eau C par la face N, parallèle à la première. Pour laisser à la question toute sa généralité, appelons n l'indice de réfraction du premier milieu A, n' l'indice du second milieu B, n'' l'indice du troisième milieu C. Faisons arriver un rayon lumineux horizontal DE, sous l'incidence i ; il entrera dans le second milieu avec un angle i', rencontrera la face de sortie sous le même angle, et passera dans le troisième milieu avec un angle i''. D'après les lois de la réfraction, nous aurons.

$$n \sin i = n' \sin i' = n'' \sin i''.$$

En supprimant le rapport intermédiaire, nous voyons que l'on a

$$n \sin i = n'' \sin i''.$$

Ceci démontre que la direction du rayon émergent ne dépend pas de l'indice de réfraction du milieu intermédiaire. Tout se passe comme si la lumière allait directement du premier milieu, d'indice n, dans le troisième, d'indice n''.

Pour qu'il y ait réflexion totale à la sortie, il suffit de chercher la valeur de i pour laquelle $i'' = 90°$. Elle est donnée par l'équation

$$n \sin i = n'' \qquad \text{ou} \qquad \sin i = \frac{n''}{n}.$$

Ce n'est possible que si n'' est inférieur à n. Ici on demande que la réflexion totale se produise pour le rayon qui vient de l'air pour aller vers l'eau : cela ne peut être puisque alors $n'' = 1,33$ et $n = 1$.

La réflexion totale n'aura lieu que pour un rayon venant de la cuve et allant vers l'air. Pour qu'elle se produise, il faut que l'angle i'' d'incidence soit égal ou supérieur à la valeur donnée par l'équation

$$\sin i'' = \frac{n}{n''} = \frac{1}{1,33}, \quad \text{d'où} \quad i'' = 48° 44' 47''.$$

Dans aucun cas il n'est nécessaire de connaître l'indice de réfraction de la paroi de séparation

107. *Un cône lumineux* ABC, *d'angle* 2i, *tombe sur une lame à faces parallèles d'épaisseur* e *et d'indice* n. *On demande de déterminer la position du sommet du cône de lumière réfractée à la sortie de la lame.*

(Nancy, 2 août 1879.)

Chaque rayon réfracté est, après sa sortie de la lame, parallèle à sa direction première. Le cône de lumière réfractée aura donc même angle au sommet que le cône primitif; il sera seulement transporté parallèlement à lui-même, son sommet allant de A en A'. Appelons x le déplacement du sommet. Dans le triangle BKD on a

$$\frac{BK}{\sin (i - r)} = \frac{BD}{\sin i}.$$

Mais

$$BK = x \quad \text{et} \quad BD = \frac{c}{\cos r},$$

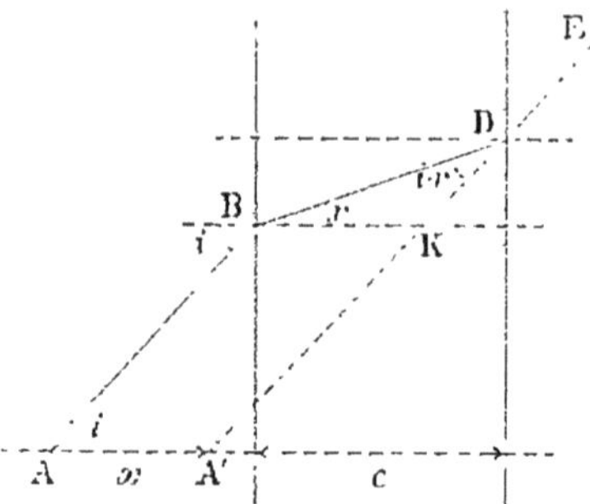

ce qui donne

$$\frac{x}{\sin (i - r)} = \frac{c}{\sin i \cos r}.$$

Comme on a, d'autre part,

$$\frac{\sin i}{\sin r} = n,$$

on peut éliminer r et obtenir x en fonction de i, de n et de c. On trouve

$$x = c \left(1 - \frac{\cos i}{\sqrt{n^2 - \sin^2 i}} \right).$$

108. *Sur un prisme dont la section droite est un triangle isocèle d'angle au sommet 2α, on fait tomber un faisceau de rayons lumineux parallèles à la base; les rayons sortent du prisme en rasant la seconde face du prisme. Calculer l'indice de réfraction* n *de la substance dont est formé le prisme. — On appliquera la formule trouvée au cas particulier où la section du prisme est un triangle équilatéral.*

(Caen, 6 avril 1891.)

D'après la direction du rayon incident, l'angle d'incidence est justement égal à α; l'angle r de réfraction est donné par la loi de Descartes

(1) $$\sin \alpha = n \sin r.$$

Le rayon traverse le prisme, rencontre la face de sortie sous un angle égal à $2\alpha - r$, et ressort rasant. On a donc

(2) $$1 = n \sin (2\alpha - r).$$

En éliminant r entre ces deux équations, on tire pour n une valeur forcément positive et supérieure à 1.

En particulier si $\alpha = 30°$, on tire $n = \sqrt{\frac{28}{12}} = \sqrt{\frac{7}{3}}.$

109. *Un prisme a pour angle au sommet 60° et pour indice de réfraction $\sqrt{2}$. Un faisceau de rayons lumineux parallèles tombe sur l'une des faces du prisme sous une incidence de 45°. Calculer l'angle d'émergence et la déviation des rayons lumineux.*

(Paris, 8 juillet 1889; Lyon, 5 novembre 1889.)

Les formules qui servent à calculer la déviation dans un prisme sont faciles à établir sur la figure ci-contre. Elles sont les suivantes :

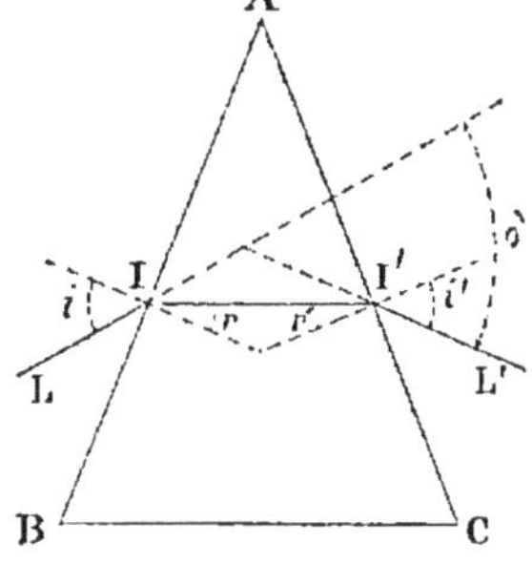

$$\sin i = n \sin r,$$
$$\sin i' = n \sin r'.$$
$$r + r' = A,$$
$$\delta = i + i' - A.$$

Dans le cas présent on a $i = 45°$, $A = 60°$; $n = \sqrt{2}$.

On tire alors des équations $\left(\text{puisque } \sin 45° = \dfrac{\sqrt{2}}{2}\right)$:

$$\sin r = \frac{1}{2}, \qquad \text{d'où} \qquad r = 30°,$$
$$r' = 30°.$$

$$\sin i' = \sqrt{2} \sin 30° = \frac{\sqrt{2}}{2}, \qquad \text{d'où} \qquad i' = 45°,$$

et enfin
$$\delta = 30°.$$

La portion intérieure II' du rayon lumineux fait des angles égaux avec les deux faces; l'angle d'émergence est égal à l'angle d'incidence. Il en faut conclure qu'on est dans le cas de la déviation minima.

110. *Un prisme dont l'angle est de 60° reçoit un faisceau parallèle de lumière simple. On observe que la déviation du faisceau est minimum et que l'angle d'émergence est égal à l'angle d'incidence quand cet angle est de 60°. Calculer l'indice de réfraction de la matière dont le prisme est formé.*

(Paris, 17 juillet 1886; Lyon, 22 juillet 1887; Dijon, 25 juillet 1887.)

Dans le quadrilatère inscriptible AIKI', l'angle A étant de 60°,

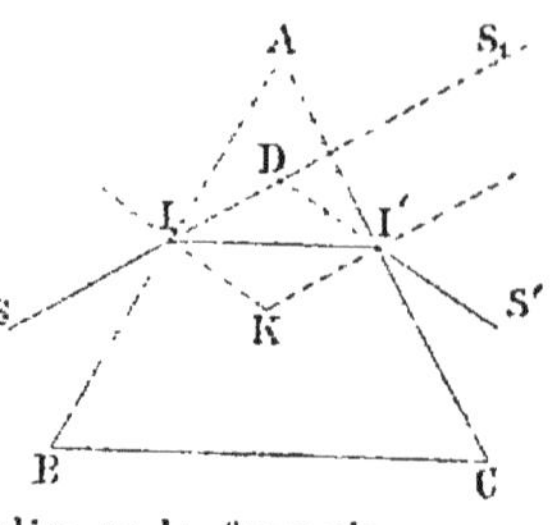

l'angle K est de 120°. D'autre part les angles KID et KI'D sont chacun de 60°; donc dans le quadrilatère KIDI', l'angle en D a pour valeur $360 - 120 - 60 - 60 = 120°$. La déviation, mesurée par l'angle S'DS₁, a donc pour valeur $180 - 120 = 60°$; elle est aussi de 60°.

Nous n'avons dès lors qu'à appliquer la formule connue

$$n = \frac{\sin \dfrac{A + D}{2}}{\sin \dfrac{A}{2}},$$

en y faisant $A = 60°$ et $D = 60°$. Elle donne

$$n = \frac{\sin 60°}{\sin 30°} = \sqrt{3}.$$

111. *Un rayon lumineux tombe perpendiculairement sur l'une des faces d'un prisme équilatéral dont l'indice de réfraction est* $\dfrac{3}{2}$. *Trouver la marche de ce rayon au sortir du prisme.*

(Nice, juillet 1877.)

Le rayon qui arrive normalement sur la face AB pénètre dans le prisme sans déviation. Il rencontre l'une des deux autres faces,

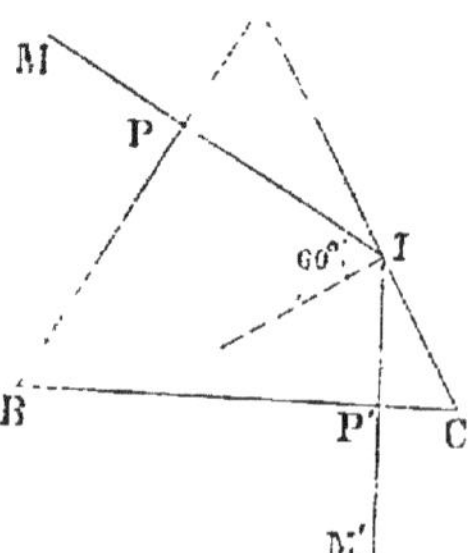

AC par exemple, sous un angle d'incidence égal à l'angle C, c'est-à-dire égal à 60°.

Mais cet angle est supérieur à l'angle limite, car ce dernier a pour sinus $\dfrac{1}{n}$ ou $\dfrac{2}{3}$, tandis que le sinus de 60° est $\dfrac{\sqrt{3}}{2}$, supérieur à $\dfrac{2}{3}$. En I il y aura donc une réflexion totale qui conduira le rayon dans la direction IP', normale à la face BC. De là il sortira sans déviation.

Le rayon émergent fera donc un angle de 120° avec le rayon incident.

112 *Deux prismes rectangles identiques sont disposés de telle sorte qu'un rayon de lumière qui tombe normalement sur une face du premier sorte normalement à la face correspondante du second. Tracer la marche du rayon; déterminer la déviation, connaissant la valeur α des angles réfringents et l'indice de réfraction m des prismes par rapport à l'air.*

(Nancy, 1er mai 1889.)

Le rayon incident SI pénètre dans le premier prisme sans déviation. A la sortie, il prend la direction EF, qui serait donnée par la construction d'Huyghens. Ce rayon émergent EF rencontre le second prisme sous un angle i égal à l'angle r, et il pénètre dans le second prisme

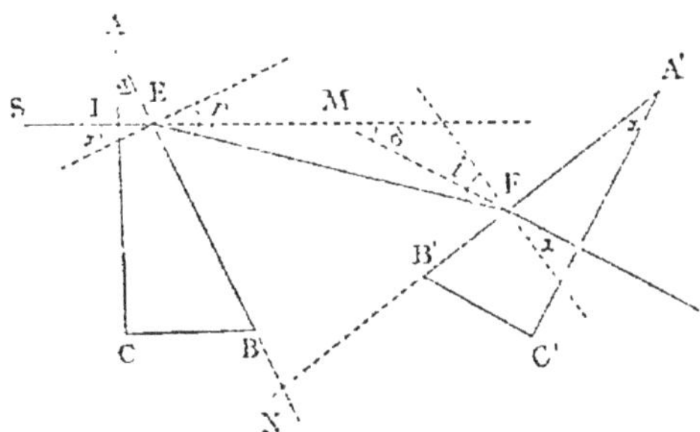

de façon à rencontrer normalement la face A'C'.

La déviation δ est supplémentaire de l'angle EMF; elle est donc égale à $2(\alpha - i)$. Quant à l'angle i, il est donné par la loi de Descartes

$$\sin i = m \sin \alpha.$$

Cette formule, calculable par logarithmes, donnerait i si m et α étaient connus; on aurait ensuite δ par différence.

Remarque. — L'angle N que font entre elles les faces hypoténuses des deux prismes est égal à $2r$.

113. *Un rayon lumineux SI tombe sur un prisme équilatéral ABC, sous une incidence i telle que le rayon réfracté II' soit également incliné sur les faces AB et AC du prisme. La face AC étant argentée, on demande de construire la marche du rayon lumineux, et de calculer l'angle des rayons incident et émergent prolongés.*

(Nancy, 21 juillet 1886.)

Le rayon réfracté II' sera réfléchi en AC sur la face argentée, et prendra une direction I'I'' parallèle à la face d'entrée AB. Ce rayon réfléchi I'I'' rencontrera la troisième face, BC, en faisant avec la normale un angle de 30°, et ressortira dans la direc-

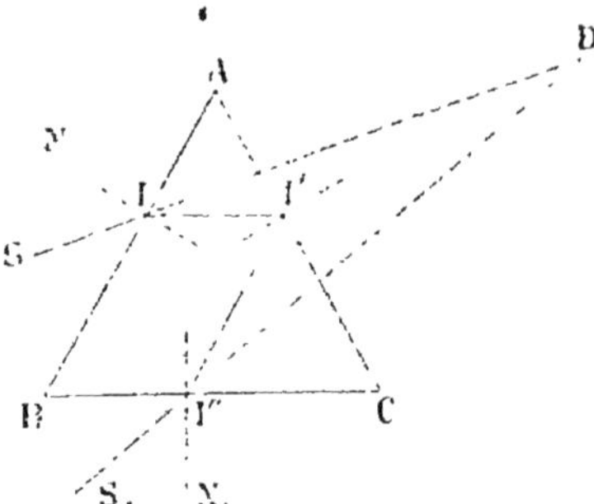

tion I″S₁, l'angle d'émergence S₁I″N₁ étant égal à l'angle d'incidence SIN.

Pour avoir la valeur de l'angle de déviation D, considérons le quadrilatère IBI″D. Dans ce quadrilatère, l'angle B a pour valeur 60°; l'angle I est égal à 90° + i; l'angle I″ a la même valeur.

On a donc

$$D = 360 - 60 - 90 - i - 90 - i = 120° - 2i.$$

114. *ABCD représente la section d'un prisme à angle variable rempli d'un liquide réfringent. Un rayon de lumière blanche SI tombe normalement sur AB ; le rayon violet d'indice N se réfléchit totalement sur CD. Quel est l'angle du prisme formé par les deux faces AB et CD ? Quelle est la déviation que subit le rayon rouge émergent, dont l'indice est n ?*

Application : $N = 1,55$; $n = 1,51$.

(Lille, 20 avril 1881.)

L'angle α cherché est égal à l'angle r que fait le rayon incident avec la normale à la face CD. La plus petite valeur que

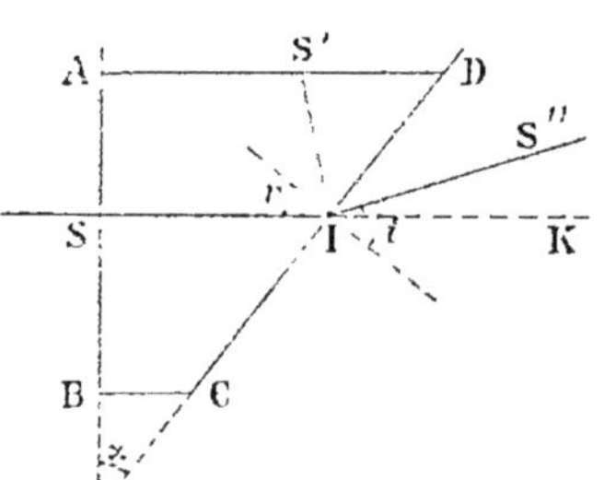

puisse avoir cet angle pour que les rayons d'indice N soient réfléchis totalement est la valeur de l'angle limite.

$$\sin r = \frac{1}{N} = \frac{1}{1,55}.$$

On en tire, par calcul logarithmique,

$$r \text{ ou } \alpha = 40° 10' 23''.$$

Pour cette valeur de α les rayons violets éprouveront la réflexion totale; mais les rayons rouges, dont l'indice est moindre, seront réfractés, et ils feront à la sortie un angle i avec la normale, tel que

$$\frac{\sin i}{\sin r} = n \qquad \text{ou} \qquad \sin i = \frac{n}{N} = \frac{1,51}{1,55}.$$

On en tire

$$i = 76° 57' 24''.$$

La déviation des rayons rouges est donc

$$i - r = 36° 17' 1''.$$

115. *On donne un prisme rectangle* ABC; *l'angle* A *est connu; on demande quelle doit être la valeur de l'angle d'incidence d'un rayon* SI *pour que ce rayon sorte du prisme perpendiculairement à* AB.

A $= 45°$; *indice du verre par rapport à l'air,* $\dfrac{3}{2}$.

(Nancy, 28 juillet 1879.)

Appelons x l'angle d'incidence cherché. Pour que le rayon émergent I'S' soit perpendiculaire à AB, il faut que l'angle d'émergence S'I'N' soit égal à A.

On a par suite

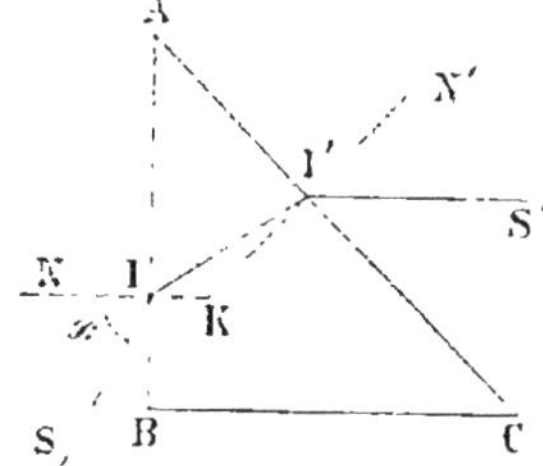

$$(1) \quad \frac{\sin x}{\sin r} = n \quad \text{et} \quad \frac{\sin A}{\sin r'} = n \quad (2)$$

Le quadrilatère inscriptible AIKI donne

$$\widehat{K} = \pi - A.$$

Le triangle IKI' donne

$$\widehat{K} = \pi - (r + r').$$

On a donc

$$(3) \qquad r + r' = A.$$

En éliminant r et r' entre les équations (1), (2) et (3), on a

$$\sin^2 x + 2 \sin A \cos A \sin x - \sin^2 A \ (n^2 - 1) = 0.$$

Cette équation a ses racines toujours réelles. L'une est négative et ne convient pas. L'autre est positive et elle convient quand

elle est inférieure à l'unité. Pour une valeur déterminée de A
cela n'a lieu qu'autant que

$$n^2 < \frac{1 + 2 \sin A \cos A + \sin^2 A}{\sin^2 A}.$$

Pour une valeur de n supérieure à celle qui résulte de cette
inégalité, le problème n'a pas de solution.

Application numérique : Si $A = 45°$, on a $\sin A = \cos A = \dfrac{\sqrt{2}}{2}$.

Il faut que n soit inférieur à $\dfrac{\sqrt{20}}{2}$, ce qui a lieu, puisque l'indice

donné est $\dfrac{3}{2}$.

Dans ce cas la racine qui convient est

$$\sin x = \frac{-4 + \sqrt{224}}{16} \quad \text{ou, à peu près,} \quad \sin x = \frac{7}{16},$$

d'où $\qquad\qquad\qquad\qquad x = 25° 56' 40''.$

116. *Un verre d'indice* n *est taillé en prisme. Calculer
quel doit être l'angle* A *de ce prisme, pour que tout rayon
entrant par la première face* AB *se réfléchisse totalement
sur la seconde face* AC.

(Paris, 16 juillet 1880; Lyon, 30 mars 1887.)

Pour que tous les rayons se réfléchissent totalement sur la face

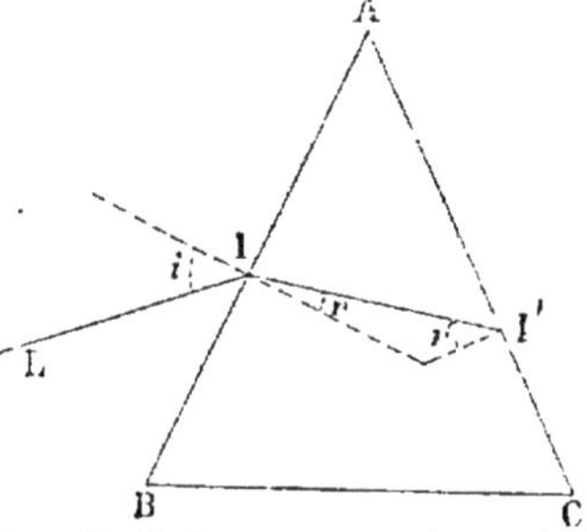

AC, il faut que l'angle r' soit
quelque valeur que l'on donne
à l'angle d'incidence i, supérieur à l'angle limite R.

Or on a

$$r + r' = A$$

ou $\qquad r' = A - r.$

L'angle r variant de 0 à R,
l'angle r' varie lui-même de A à
A — R. Il faut que sa plus petite valeur, A — R, soit encore supérieure à R; on doit donc avoir

$$A - R > R,$$

d'où $\qquad\qquad A > 2R,$

l'angle R étant défini par l'équation connue $\sin R = \dfrac{1}{n}$.

Une construction géométrique conduit au même résultat. Soient I
le point d'incidence, et IN la normale à la face AB. Considérons le

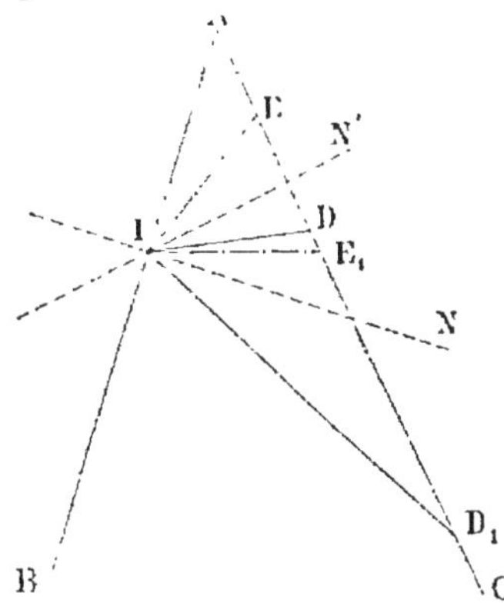

cône DID₁, ayant I pour sommet, IN pour axe, et pour
angle au sommet la valeur R
de l'angle limite. Tous les
rayons qui entrent par I sont
dans ce cône. D'autre part,
considérons le cône EIE₁ ayant
le même sommet et le même
angle au sommet que le précédent, mais dont l'axe IN' est
normal à la face de sortie.
Tous les rayons lumineux qui,
partis de I, sont susceptibles
de sortir du prisme par la
face AC, sont compris dans ce second cône. C'est dans la partie
commune DIE₁ aux deux cônes que sont contenus les rayons
qui, étant entrés par I, peuvent ressortir par AC. Pour qu'aucun
rayon ne puisse ressortir, il faut qu'il n'y ait pas de partie
commune, c'est-à-dire que l'angle NIN' des deux axes soit égal
ou supérieur à 2R. Mais l'angle des deux normales est justement
égal à A ; on doit donc avoir

$$A \geqslant 2R.$$

4° Lentilles.

117. *Quelle est la distance focale principale d'une lentille
biconvexe dont le rayon est* $0^m,014$ *et dont l'indice de
réfraction est* $1,165$?

(Besançon, avril 1884.)

La distance focale principale f d'une lentille est donnée par la
relation

$$\frac{1}{f} = (n - 1)\left(\frac{1}{R} + \frac{1}{R'}\right),$$

dans laquelle n est l'indice de réfraction de la substance dont
est faite la lentille, R et R' les rayons de ses deux faces.

On a, ici,

$$n = 1,165; \qquad R = R' = 0^m,014;$$

en remplaçant les lettres par ces valeurs numériques, on trouve

$$f = 0^m,042.$$

118. *Derrière une lentille convergente, et à une distance égale à la moitié de la distance focale principale, est placé un miroir plan normal à l'axe principal de la lentille. Les rayons émanés d'un point lumineux situé en avant du système traversent la lentille, se réfléchissent sur le miroir et traversent de nouveau la lentille en sens contraire. Tracer la marche d'un rayon incident parallèle à l'axe, et d'un rayon incident passant par le centre optique de la lentille. Déterminer l'image d'un point lumineux fournie par le système.*

(Paris, 22 avril 1891.)

1° Un rayon parallèle à l'axe, parti de A, est réfracté par la len-

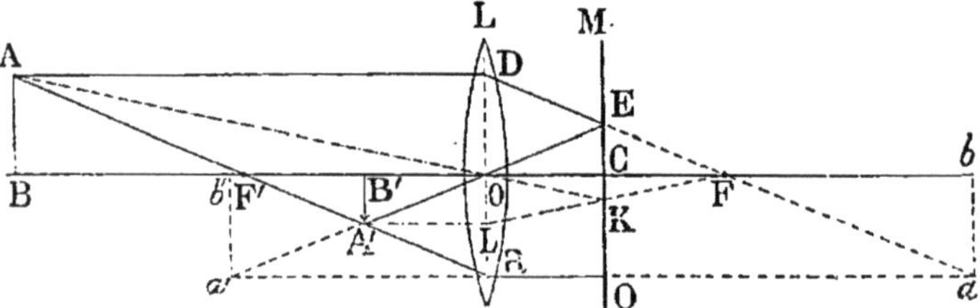

tille L dans la direction DF de son foyer principal. Réfléchi par le miroir, il revient suivant EO, et traverse la lentille sans déviation.

Un rayon AO, passant par le centre optique, arrive en K sans déviation, est réfléchi par le miroir dans la direction KL, dont le prolongement passe par F, et sort de la lentille suivant LA′, parallèlement à l'axe principal.

2° L'image de A est en A′, point de rencontre des trois lignes EO, LA′ et AR.

La distance OB′, qui détermine la position du point A′ est donnée par les deux équations

$$\frac{1}{p} + \frac{1}{Ob} = \frac{1}{f},$$

qui détermine la position de l'image ab, fournie par la lentille, par rapport à l'objet AB, et

$$-\frac{1}{Ob-f} + \frac{1}{OB'} = \frac{1}{f},$$

qui détermine la fonction de l'image A′B′, fournie par la lentille, par rapport à l'image $a'b'$ que tend à donner le miroir.

On en tire $$OB' = \frac{f^2}{p}.$$

Cette équation montre que pour p infini, on a $OB' = 0$; pour $p = 2f$ on a $OB' = \frac{1}{2}f$; pour $p = f$ on a $OB' = f$; pour $p = 0$ on a OB' infini. Ces résultats sont donnés immédiatement par la construction géométrique.

119. *On fait tomber sur un miroir concave de distance focale* $F = 2^m$, *un faisceau de rayons lumineux parallèles à l'axe du miroir. Les rayons réfléchis tombent sur une lentille biconcave de distance focale* $f = 0^m,5$ *dont l'axe principal coïncide avec l'axe du miroir. On demande de déterminer la distance* x *du centre optique de cette lentille au sommet du miroir, de façon que les rayons lumineux réfractés émanés de la lentille aient pour foyer virtuel le sommet du miroir.*

Les rayons parallèles à l'axe vont converger au foyer du miroir; ce foyer, placé à une distance $x - F$ de la lentille, se comportera comme un objet par rapport à cette lentille. Pour que l'image de cet objet se fasse au centre du miroir, il faut que l'on ait

$$\frac{1}{x - F} - \frac{1}{x} = \frac{1}{f},$$

équation qui prend la forme

$$x^2 + Fx - Ff = 0.$$

Les racines sont réelles; la positive convient seule au problème.

Avec les données numériques de l'énoncé, cette racine est égale à $2^m,11$.

120. *Un point lumineux* L *étant situé sur l'axe d'une lentille convergente, quelle doit être la distance* p *de ce point à la lentille pour que, l'image* L' *du point* L *étant réelle, la distance de* L *à* L' *soit minimum?*

(Besançon, 13 avril 1885 et 20 juillet 1887.)

La distance de l'objet à l'image est égale à $p + p'$, ces deux quantités étant liées par la relation

$$\frac{1}{p} + \frac{1}{p'} = \frac{1}{f}.$$

De cette équation on tire $p' = \dfrac{pf}{p-f}$, et, par suite,

$$p + p' = p + \frac{pf}{p-f} = \frac{p^2}{p-f}.$$

Pour trouver le minimum de cette expression, égalons-la à m, et ordonnons par rapport à p l'équation ainsi obtenue. On a

$$p^2 - mp + fm = 0.$$

Les racines de cette équation, qui ne sont autres que les valeurs de p et de p', doivent être réelles et toutes les deux supérieures à f, puisque l'image est réelle. Cela conduit à la condition

$$m > 4f.$$

La plus petite valeur possible de m est $4f$. Telle est la distance minima de l'objet à l'image, pour le cas d'une image réelle.

Pour cette valeur de m, les deux racines de l'équation en p sont égales entre elles et à $2f$. L'objet doit donc être placé à une distance de la lentille double de la distance focale principale; et l'image est à la même distance de l'autre côté.

121. *On donne un point lumineux* P, *à une distance* p *d'une lentille convergente* L, *de foyer* f. *A une certaine distance* d *de cette lentille on dispose un miroir plan* M *perpendiculaire à l'axe principal. On demande où se formera l'image du point* P.

Examiner en particulier le cas où $d = \dfrac{pf}{p-f}.$

(Nancy, 23 juillet 1884 et 19 juillet 1888.)

Deux cas peuvent se présenter :

1° Si p est inférieur à f, l'image du point dans la lentille est virtuelle. C'est-à-dire que les rayons lumineux, à leur sortie de la lentille, ont la même direction que s'ils provenaient d'un point P', situé du même côté, à une distance p' donnée par l'équation

$$\frac{1}{p} - \frac{1}{p'} = \frac{1}{f}, \text{ de laquelle on tire } p' = \frac{pf}{f-p}.$$

Ces rayons, en arrivant sur le miroir plan, produiront le même effet que s'il venaient d'un point réel situé en P'; ils donneront donc, derrière ce miroir, une image virtuelle située à une distance égale à $d + p'$ ou $d + \dfrac{pf}{f-p}$.

2° Si p est supérieur à f, l'image du point dans la lentille est réelle, et se forme, de l'autre côté, à une distance $p' = \dfrac{pf}{p-f}$.

Si l'on a $d > \dfrac{pf}{p-f}$, l'image se forme, en réalité, entre la lentille et le miroir, et celui-ci en donne une autre, virtuelle et située par derrière, à une distance égale à $d - p'$.

Si l'on a $d = \dfrac{pf}{p-f}$, l'image réelle de la lentille se forme sur le miroir même, les rayons lumineux reviennent sur leurs pas, repassent dans la lentille et reviennent à leur point de départ P.

Si enfin d est inférieur à $\dfrac{pf}{p-f}$, les rayons lumineux sont arrêtés par le miroir avant leur point de convergence ; ils viennent former une image réelle, en avant du miroir, et à une distance de celui-ci égale à $p' - d$.

122. Un faisceau lumineux venant d'un point situé à l'infini, tombe parallèlement à l'axe principal sur une lentille convergente dont la distance focale est égale à f. On demande à quel point il faut placer un miroir convexe pour que, après sa réflexion sur le miroir, le faisceau lumineux soit encore parallèle à l'axe commun. La distance focale principale du miroir est f'.

(Nancy, novembre 1879.)

Lorsque des rayons lumineux parallèles à l'axe principal arrivent sur un miroir convexe, ils sont rendus divergents, et prennent une direction telle que leurs prolongements géométriques se rencontrent au foyer principal du miroir. Inversement, si des rayons lumineux convergents rencontrent un miroir concave, de telle manière que le cône qu'ils constituent ait son sommet au foyer principal, ces rayons sont renvoyés parallèlement à l'axe.

On devra donc placer le miroir derrière la lentille, à une distance égale à $f - f'$, de telle manière que les rayons, qui convergent vers le foyer de la lentille, soient en même temps dirigés vers le foyer du miroir.

Il faut, pour que le problème soit possible, que l'on ait

$$f > f'.$$

123. *Étant donnée une lentille divergente OY, d'épaisseur négligeable, ayant pour distance focale f et pour centre optique le point O, on place en avant de cette lentille, à une distance OA = a, un objet AB, de hauteur h, perpendiculaire à l'axe principal. On demande de tracer la marche du rayon lumineux qui, partant de B, se réfracte de manière que son prolongement aille couper la droite OA à une distance b du point O.*

On définira la position du rayon par celle du point M où il vient couper le plan de la lentille. On dira pour quelle valeur de b le rayon incident et le rayon réfracté font des angles égaux avec la direction OA.

(Grenoble, 20 juillet 1886.

Effectuons la construction ordinaire relative aux lentilles divergentes : elle nous donnera l'image A'B' de l'objet AB. Considérons maintenant un rayon incident BI, partant du point B; après sa réfraction. il sort de la lentille avec une direction ID, telle que son prolongement géométrique passe par l'image B' du point B. Cette direction rencontre l'axe en un point K, et nous voulons que la distance OK ait une valeur donnée b.

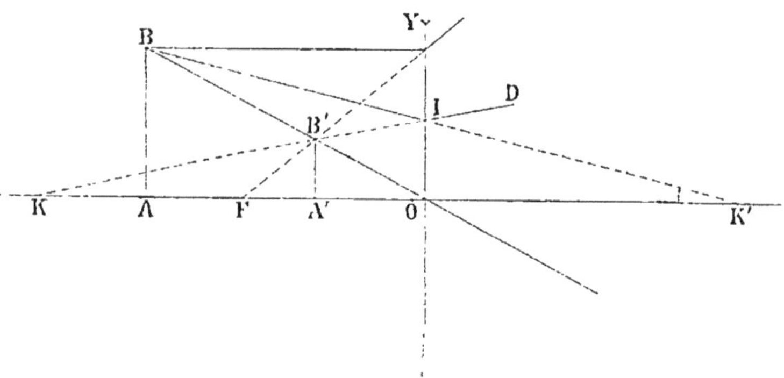

Appelons x la distance OI qui détermine le point d'incidence I. Nous avons, dans les triangles semblables IOK et B'A'K, la relation

$$(1) \qquad \frac{x}{A'B'} = \frac{b}{A'K} \qquad \text{ou} \qquad \frac{x}{A'B'} = \frac{b}{b - p'}.$$

Mais p' est donné par la formule générale des lentilles divergentes :

$$(2) \qquad \frac{1}{p} - \frac{1}{p'} = -\frac{1}{f} \qquad \text{ou, ici,} \qquad \frac{1}{a} - \frac{1}{p'} = -\frac{1}{f},$$

et $A'B'$ est donné par la proportion qu'on obtient en partant de la similitude des triangles ABO et $A'B'O$:

$$(3) \qquad \frac{h}{A'B'} = \frac{a}{p'}.$$

En éliminant $A'B'$ et p' entre ces trois équations, il vient

$$x = \frac{bhf}{ab + bf - af}.$$

Comme vérification, on voit que si l'on fait, dans cette équation : 1° $b = f$, on trouve $x = h$; 2° $b = 0$, on trouve $x = 0$; 3° $b = \infty$, on trouve $x = \dfrac{hf}{a + f}$; 4° $b = p'$ ou $= \dfrac{af}{a + f}$, on trouve $x = \infty$; toutes valeurs qu'il est aisé de trouver directement.

Pour que le rayon incident et le rayon réfracté forment des angles égaux avec l'axe, c'est-à-dire pour que les angles en K et en K' soient égaux, il faut que l'on ait $OK' = OK = b$.

On aura dès lors, en comparant les triangles semblables ABK' et OIK', la relation

$$\frac{h}{x} = \frac{a + b}{b},$$

qui, en y remplaçant x par sa valeur, donne

$$b = 2f.$$

Les valeurs $b = 0$ et $b = p'$ ou $\dfrac{af}{a + f}$ satisfont aussi à la question.

124. *Une lentille convergente L et un miroir sphérique concave M dont les axes principaux coïncident, sont placés à 34^{cm} l'un de l'autre. Une flèche lumineuse de 1^{cm} de hauteur est placée à 32^{cm} de la lentille. On demande de déterminer la position et la grandeur de l'image obtenue avec le système optique ainsi constitué.*

*La distance focale principale de la lentille est de 16^{cm};
celle du miroir est de $\dfrac{20^{cm}}{9}$.*

(Nancy, 22 juillet 1883; Poitiers, 1er décembre 1890.)

La flèche est placée à une distance de la lentille égale au double de sa distance focale principale; son image A′B′ sera par suite réelle, renversée, de même grandeur que la flèche, et située à la même distance de l'autre côté de la lentille. Cette image

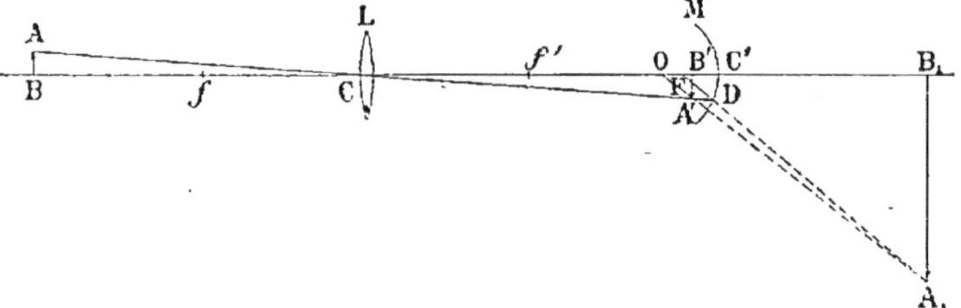

A′B′ vient se placer à 2^{cm} du miroir, entre son foyer principal F et son centre C′; elle donnera donc une seconde image A₁B₁, virtuelle et plus grande que l'objet. La construction connue permet d'avoir cette image.

On aura sa position en appliquant la formule

$$\frac{1}{p} + \frac{1}{p'} = \frac{1}{f},$$

qui donne ici

$$\frac{1}{2} + \frac{1}{p'} = \frac{9}{20}, \quad \text{d'où} \quad p' = -20.$$

Le signe — indique que l'image est virtuelle et située derrière le miroir, à une distance de 20^{cm}.

Les deux triangles semblables OB′A′ et OB₁A₁ conduisent à la grandeur de A₁B₁. Ils donnent

$$\frac{A_1B_1}{A'B'} = \frac{OB_1}{OB'} \quad \text{ou} \quad \frac{A_1B_1}{1} = \frac{20 + 2 \times \dfrac{20}{9}}{2 \times \dfrac{20}{9} - 2}.$$

$$A_1B_1 = 10^{cm}.$$

125. *On donne un microscope dont O est l'objectif et C l'oculaire. Un objet est placé à 3^{mm} de l'objectif dont le* *foyer est de* 2^{mm}. *On demande quelle doit être la distance des deux lentilles pour qu'un observateur dont la distance de la vision distincte est de* 27^{cm} *voie nettement l'image de l'objet dans le microscope.*

On supposera que l'œil de l'observateur coïncide avec le centre optique C *de l'oculaire.*

On connaît la distance focale principale de l'oculaire, qui est de 3^{cm}.

(Nancy, 31 juillet 1884.)

La formule que nous avons établie dans le problème précédent s'applique encore ici. On a

$$x = \frac{df}{d+f} + \frac{DF}{D-F},$$

f et F étant la distance focale de l'oculaire et celle de l'objectif, d la plus courte distance de la vision distincte et D la distance de l'objet à l'objectif.

En appliquant cette formule aux données numériques ci-dessus (D $= 3$, F $= 2$, $d = 270$, $f = 30$), on trouve

$$x = 33^{mm}.$$

Ce calcul conduit à une très petite longueur pour l'instrument. Mais aussi le grossissement serait très faible. Il serait égal au grossissement de l'objectif $\dfrac{F}{D-F} = 2$, multiplié par le grossissement de l'oculaire $\dfrac{d+f}{f} = 10$; il serait donc seulement de 20 diamètres. Dans la pratique on rapproche beaucoup plus l'objet du foyer principal de l'objectif, ce qui augmente beaucoup le grossissement, en allongeant l'appareil.

5° Instruments d'optique.

126. *Une lunette astronomique, dont l'objectif et l'oculaire ont respectivement pour longueur focale* F *et* f, *est braquée sur un objet distant de* D *de l'objectif, par un observateur dont la distance de vision distincte est* d. *Calculer la dis-*

*lance qui sépare l'objectif de l'oculaire, quand l'observateur
verra nettement l'objet.*

(Paris, 6 juillet 1880.)

Soit x la distance cherchée de l'objectif à l'oculaire. L'image
réelle donnée par l'objectif se forme à une distance p' de celui-ci
donnée par l'équation

$$\frac{1}{D} + \frac{1}{p'} = \frac{1}{F}, \qquad \text{d'où} \qquad p' = \frac{DF}{D - F}.$$

L'image virtuelle fournie par l'oculaire se forme à la distance
minima d de la vision distincte, et l'on a

$$\frac{1}{x - p'} - \frac{1}{d} = \frac{1}{f},$$

ou, en remplaçant p' par sa valeur et résolvant par rapport à x,

$$x = \frac{df}{d + f} + \frac{DF}{D - F}.$$

Si nous supposons par exemple que l'objet soit situé à l'infini,
et que l'observateur soit infiniment presbyte, on a $D = \infty$,
$d = \infty$, et la valeur de x devient

$$x = f + F,$$

résultat connu.

127. *Un objet lumineux est vu du centre optique de
l'objectif d'une lunette astronomique sous un angle 2α. La
distance focale de l'objectif est 12^{cm}; la distance focale de
l'oculaire est 2^{cm}; la distance des deux verres est 14^{cm}. On
demande sous quel angle l'image sera vue du centre de
l'oculaire. La distance de l'objet à la lunette est supposée
infiniment grande par rapport à la distance focale.*

(Paris, 9 juillet 1880.)

L'objet étant vu sous un angle 2α, sa moitié est vue sous un
angle α. L'image $A'B'$, qui se forme au foyer principal de l'objectif, serait vue aussi du point C sous un angle égal à α.

Lorsqu'on regarde cette image à travers l'oculaire, l'œil de l'observateur étant supposé placé en O, on la voit sous un angle β égal à A'OB', qu'il s'agit de déterminer.

Or, les deux triangles A'CB' et A'OB' donnent

$$A'B' = CB'\ \text{tg}\ \alpha = OB'\ \text{tg}\ \beta,$$

et, comme les arcs peuvent être pris à la place des tangentes, le diamètre apparent de tout objet infiniment éloigné étant forcément très petit, on a

$$CB' \times \alpha = OB' \times \beta.$$

En remplaçant CB' par sa valeur 12, et OB' par sa valeur 2, il vient

$$\beta = 6\alpha.$$

Le grossissement de la lunette est égal à 6.

128. *Une lunette astronomique est disposée de façon à voir nettement un objet situé à l'infini. On regarde ensuite avec cette lunette un objet placé à 4^m de l'objectif, et, pour le voir nettement, on est obligé de faire varier de 8^{cm} la distance de l'oculaire à l'objectif. Quelle est la distance focale de l'objectif?*

(Paris, 17 juillet 1890)

Quand on regarde l'objet situé à l'infini, l'image se forme au foyer principal de l'objectif à une distance F. Quand on regarde un objet placé à une distance d, l'image se forme à une distance de l'oculaire égale à F + a. On a donc

$$\frac{1}{d} + \frac{1}{F + a} = \frac{1}{F}.$$

De là on tire

$$F^2 + aF - ad = 0.$$

Cette équation a ses racines réelles; la positive convient seule. Si on fait $d = 4^m$ et $a = 0^m,08$, il vient $F = 0^m,52$.

129. *Un objet est vu distinctement à la distance de 500^m à l'aide d'une lunette astronomique. La distance focale de l'objectif est 1^m; celle de l'oculaire est 4^{cm}. D'après cela,* *quelle doil être la distance* x *des deux lentilles pour un œil qui voit distinctement à* 20ᶜᵐ. *De combien faudra-t-il changer le tirage pour observer une planète ?*

(Nancy, 19 juillet 1890.)

Quand on regarde un objet situé à 500ᵐ, l'image de cet objet se forme à une distance p' de l'objectif, déterminée par la formule

$$\frac{1}{500} + \frac{1}{p'} = \frac{1}{1}.$$

La distance de cette image à l'oculaire est $x - p'$; et cette image doit donner, dans l'oculaire, une image virtuelle déterminée par l'équation

$$\frac{1}{x - p'} - \frac{1}{0,20} = \frac{1}{0,04}.$$

De ces deux équations on tire $x = 1^m,035$.

Quand on regarde une planète, située sensiblement à l'infini, on a $p' = 1^m$, et la valeur de x devient $1^m,033$: on a dû diminuer le tirage d'à peu près 2ᵐᵐ.

129 bis. *Une lunette astronomique est disposée en face d'un miroir sphérique concave, dont l'axe coïncide avec l'axe optique de la lunette. Soient* F *la distance focale de l'objectif de la lunette,* f *celle de l'oculaire,* R *le rayon de courbure du miroir,* d *la distance de l'objectif de la lunette au miroir. Un point* P *est situé sur l'axe commun à une distance* a *du miroir.*

On demande quelle doit être la distance x *entre l'oculaire et l'objectif de la lunette pour qu'un observateur dont la vue est infiniment presbyte voie distinctement à travers la lunette l'image du point* P *dans le miroir.*

Application numérique :

$$F = 50^{cm} \qquad R = 1^m \qquad a = 1^m,50$$
$$f = 5^{cm} \qquad d = 1^m,75$$

(Grenoble, 26 juillet 1889.)

Le point lumineux situé sur l'axe donne dans le miroir concave une image, réelle ou virtuelle, dont la distance a' au miroir est donnée par l'équation

$$\frac{1}{a} + \frac{1}{a'} = \frac{2}{R}.$$

Cette image se comporte, dans tous les cas, vis-à-vis de la lunette, comme un objet lumineux qui serait à une distance $d - a'$ de cette lunette. L'image donnée par l'objectif devant se former à une distance f de l'oculaire, on a

$$\frac{1}{d - a'} + \frac{1}{x - f} = \frac{1}{F}.$$

Entre ces deux équations on peut éliminer a' et déterminer x. L'élimination ne conduit à aucune expression simple.

En remplaçant les lettres par les valeurs numériques fournies par l'énoncé on trouve $x = 1^m,05$.

130. *Un myope doit-il tirer l'oculaire d'une lunette de Galilée plus ou moins qu'un presbyte ? Le rechercher : 1° à l'aide de la construction géométrique des rayons ; 2° à l'aide des formules des lentilles.*

(Nancy, 30 juillet 1886.)

1° Soit M l'objectif de la lunette de Galilée. Si cet objectif était seul il donnerait, d'un objet AB très éloigné (et non représenté dans la figure), une image réelle, très petite, et renversée A'B'; cette image se formerait très près du foyer principal F de l'objectif.

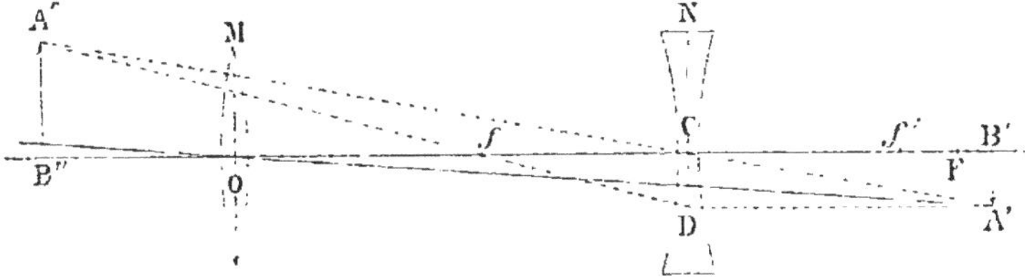

Nous savons qu'en interposant un oculaire divergent sur le trajet des rayons qui vont former l'image A'B', on les dévie de telle manière qu'ils donnent une image A″B″ qui, dans la lunette de Galilée, est droite et virtuelle. Pour qu'on soit placé dans les meilleures conditions pour l'observation, il faut que la distance CB″ à laquelle se forme cette image virtuelle soit égale à la plus courte distance de la vision distincte de l'observateur. Quand l'appareil est réglé pour la vision d'un myope, il faut, si un presbyte doit l'employer, faire en sorte que l'image A″B″ s'éloigne.

On réalisera cette condition en rapprochant l'objectif CN du point fixe B', car alors la longueur DA' diminuera, et le point de rencontre A″ des deux lignes A'C et Df ira en s'éloignant. Donc un presbyte doit tirer l'oculaire davantage qu'un myope.

Si l'observateur était infiniment presbyte, il devrait allonger la lunette jusqu'à ce que le foyer f' vienne coïncider avec le point B'. Si, à partir de ce moment, on continuait à tirer l'oculaire, la lunette donnerait une image réelle et renversée, d'abord très éloignée, mais qu'on pourrait bientôt recevoir sur un écran dans la chambre noire, quand la distance OC serait devenue assez grande.

2° Nous savons que, dans la lunette de Galilée, l'oculaire *divergent* se comporte comme une lentille *convergente* en face de laquelle on placerait un objet réel A'B'. C'est-à-dire que les images A'B' et A″B″ ont entre elles les rapports de position qui résultent de la formule des lentilles convergentes

$$\frac{1}{CB'} + \frac{1}{CB''} = \frac{1}{f}$$

On voit que si CB″ augmente, c'est-à-dire si un observateur myope est remplacé par un presbyte, il faut que CB' diminue, c'est-à-dire que l'on tire l'oculaire.

131. *Une lentille convergente* L *projette sur un écran l'image* AB *d'un objet. Entre la lentille* L *et l'écran, on introduit une lentille divergente* L', *dont la distance focale est de* 30^cm. *A quelle distance* O'A *de l'écran* AB *doit-on placer cette lentille pour que la nouvelle image se fasse à* 15^cm *de cette lentille* L'? — *Trouver le rapport de la nouvelle image à l'ancienne.*

(Marseille, 4 novembre 1885.)

1° Soient O' la position cherchée de la lentille divergente, F et F' ses foyers principaux. Cherchons l'effet que son interposition va produire sur les rayons lumineux.

Parmi les rayons qui, provenant de la lentille L, allaient converger en B, il en est un, MO'B, qui passe par le point O', centre de L': ce rayon ne sera pas dévié par son passage à travers la lentille L'. La nouvelle image cherchée B₁ sera donc sur la ligne O'B.

Parmi les rayons qui allaient converger en B, il en est un aussi, NDB, parallèle à l'axe principal. Ce rayon, en arrivant en D,

est dévié dans une direction DP telle que son prolongement
géométrique aille passer par le foyer F de la lentille divergente.

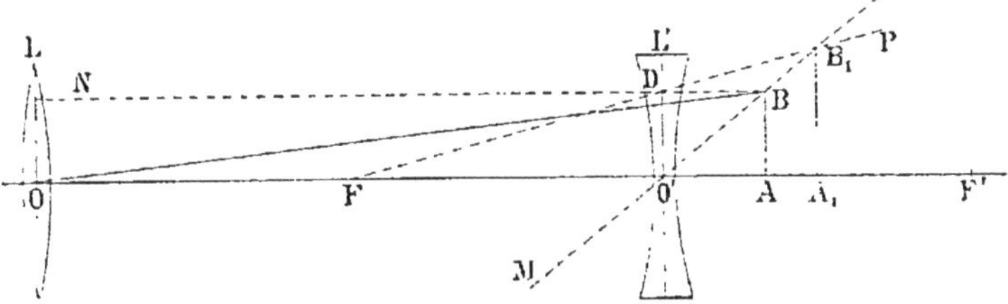

La nouvelle image cherchée B_1 sera sur ce rayon dévié. Elle
sera au point d'intersection B_1 des lignes O'B et DP. On aura
ainsi construit la nouvelle image B_1A_1.

Pour avoir la position de l'image, remarquons que l'on a

$$\frac{B_1A_1}{BA} = \frac{O'A_1}{O'A}$$

(à cause de la similitude des triangles $B_1O'A_1$ et BO'A)

et
$$\frac{B_1A_1}{DO' \text{ ou } BA} = \frac{A_1F}{O'F}$$

(à cause de la similitude des triangles B_1FA_1 et DFO')

d'où
$$\frac{O'A_1}{O'A} = \frac{A_1F}{O'F}.$$

Remplaçons les lignes par leur valeur numérique; il vient

$$\frac{15}{x} = \frac{15 + 30}{30}, \quad \text{d'où} \quad x = \frac{30 \times 15}{15 + 30} = 10^{\text{m}}.$$

La lentille L' doit être placée à 10^{cm} de l'image BA.

2° On a dès lors

$$\frac{A_1B_1}{AB} = \frac{15}{10} = \frac{3}{2}.$$

Le rapport de grandeur de la nouvelle image à l'ancienne est
celui de 3 à 2.

CHALEUR

1° Thermomètres. — Dilatation des solides.

132. *Deux thermomètres gradués, l'un selon l'échelle centigrade et l'autre selon l'échelle de Fahrenheit, placés dans l'air l'un à côté de l'autre, peuvent-ils, si la température de l'air au milieu duquel ils se trouvent vient à varier, marquer, à un certain moment, le même nombre de degrés affecté du même signe? Quel serait ce nombre et ce signe?*

(Nice, 6 juillet 1885.)

Traçons les deux graduations l'une près de l'autre. La seule inspection de la figure montre que, au-dessus de la ligne NN', les

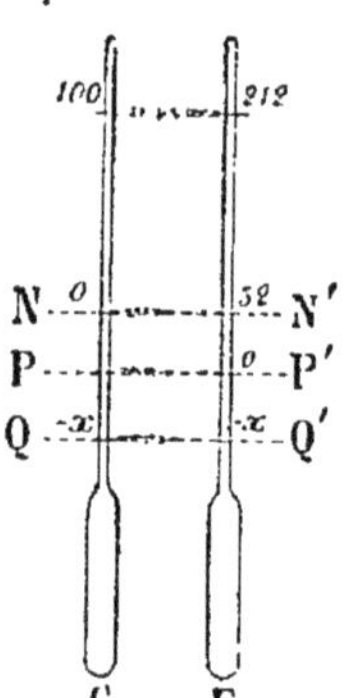

températures Fahrenheit comptent un nombre de degrés constamment plus grand que les températures centigrades. Entre la ligne NN' et la ligne PP' les températures centigrades sont indiquées par des nombres négatifs et les températures Fahrenheit par des nombres positifs.

Au-dessous de la ligne PP', les nombres deviennent négatifs sur les deux graduations. Les nombres de degrés du thermomètre Fahrenheit sont d'abord plus petits que ceux du thermomètre centigrade. Mais comme ils croissent plus rapidement, il y a forcément un point des deux tiges pour lequel le nombre négatif $-x$ des degrés est le même dans les deux instruments.

Pour trouver x remarquons que 100 degrés centigrades valent $212 - 32 = 180$ degrés Fahrenheit, ou que 1 degré centigrade vaut $\frac{180}{100} = \frac{9}{5}$ degrés Fahrenheit. De N à Q il y a x degrés centigrades;

de N' à Q' il y a $32 + x$ degrés Fahrenheit; on doit donc avoir

$$a \cdot \frac{9}{5} = 32 + x, \qquad \text{d'où} \qquad x = 40.$$

La température commune aux deux instruments est $-40°$.

133. *Deux barres, l'une de cuivre, l'autre de platine, mises l'une au bout de l'autre, ont une longueur totale de 4^m à $0°$ et de $4^m,0057$ si on les porte à la température de $100°$. On demande leurs longueurs.*

Coefficient de dilatation linéaire du cuivre 0,000017, du platine 0,0000085.

(Rennes, 24 avril 1884.)

Soient x la longueur de la barre de cuivre, y celle de la barre de platine, à la température de $0°$. On a

$$x + y = 4,$$

$$x(1 + 0,000017 \times 100) + y(1 + 0,0000085 \times 100) = 4,0057.$$

De ces deux équations on tire

$$x = 1^m,5294,$$
$$y = 2^m,4706.$$

134. *Une règle de fer et une règle de zinc ont une longueur commune égale à 2^m à la température de 80 centigrades. A quelle température faudrait-il les porter simultanément pour qu'elles présentent une différence de 1^{mm} et $\frac{5}{10}$?*

Le coefficient de dilatation linéaire du fer est 0,0000118.

—   —   — du zinc est 0,000031.

(Dijon, 28 octob. 1885; Nancy, 3 mai 1889; Caen. 9 novemb. 1888.)

A la température x cherchée, la longueur de la règle de fer est

$$2 \times \frac{1 + 0,0000118 \times x}{1 + 0,0000118 \times 80}.$$

A cette même température, la longueur de la règle de zinc est

$$2 \times \frac{1 + 0,000\,031 \times x}{1 + 0,000\,031 \times 80}.$$

La différence de ces deux longueurs doit être égale à $1^{mm},5$. On a donc

$$2 \times \frac{1 + 0,000\,031 \times x}{1 + 0,000\,031 \times 80} - 2 \times \frac{1 + 0,000\,0118 \times x}{1 + 0,000\,0118 \times 80} = 0,0015.$$

Remarquons que, pour faire ce calcul, on peut remplacer sans erreur sensible le quotient $\dfrac{1 + 0,000\,031\,x}{1 + 0,000\,031 \times 80}$ par $1 + 0,000\,031(x - 80)$, et de même le quotient $\dfrac{1 + 0,000\,0118\,x}{1 + 0,000\,0118 \times 80}$ par $1 + 0,000\,0118(x - 80)$. L'équation devient alors

$$2 \times 0,000\,031(x - 80) - 2 \times 0,000\,0118(x - 80) = 0,0015.$$

On en tire

$$x = 119^\circ.$$

A cette température, la barre de zinc sera la plus longue. Si l'on écrit au contraire

$$2 \times 0,000\,0118(x - 80) - 2 \times 0,000\,031(x - 80) = 0,0015,$$

on trouve

$$x = 41^\circ;$$

c'est la température à laquelle la barre de fer surpassait celle de zinc de $1^{mm},5$.

2° Dilatation des liquides.

135. *Un tube de verre est intérieurement de forme cylindrique; à $0°$ sa longueur est de 1^m, sa base est égale à 1^{cq}. Il est maintenu dans une position verticale ; on y verse une colonne de mercure dont la longueur doit être telle que la distance de l'extrémité supérieure du tube au centre de gravité de la colonne mercurielle reste invariable quand la température s'élève ; trouver cette longueur.*

Coefficient de dilatation cubique du verre $\dfrac{1}{38700}$, *du mercure* $\dfrac{1}{5550}$.

(Paris, 20 novembre 1885.)

Soit x la hauteur, mesurée à 0°, que le mercure doit occuper dans le tube. Désignons par s la section du tube, par l sa longueur, également à 0°, par Δ le coefficient de dilatation absolue du mercure et par k le coefficient de dilatation cubique du verre.

A zéro degré le volume du mercure est xs; à $t°$ il devient $xs(1 + \Delta t)$.

La section du tube est alors devenue $s(1 + k't)$, k' étant le coefficient de dilatation superficielle du verre, égal à $\frac{2}{3}k$; le liquide occupe dans le tube une hauteur y, de sorte que la capacité remplie a pour expression $ys\left(1 + \frac{2}{3}kt\right)$. On a donc

$$xs(1 + \Delta t) = ys\left(1 + \frac{2}{3}kt\right).$$

De là on tire

$$y = x\frac{1 + \Delta t}{1 + \frac{2}{3}kt} = x\left[1 + \left(\Delta - \frac{2}{3}k\right)t\right] \text{ (approximativement)}.$$

De cette valeur de y on conclut la distance du centre de gravité du mercure au niveau du tube :

$$l\left(1 + \frac{k}{3}t\right) - \frac{x}{2}\left[1 + \left(\Delta - \frac{2}{3}k\right)t\right].$$

Cette distance doit être la même pour deux températures quelconques t et t'; on a donc

$$l\left(1 + \frac{k}{2}t\right) - \frac{x}{2}\left[1 + \left(\Delta - \frac{2}{3}k\right)t\right] = l\left(1 + \frac{k}{2}t'\right) - \frac{x}{2}\left[1 + \left(\Delta - \frac{2}{3}k\right)t'\right]$$

équation qui donne

$$x = \frac{2}{3}l\frac{k}{\Delta - \frac{2}{3}k}.$$

La valeur de x étant indépendante de t et de t', on voit que le centre de gravité restera dans une position invariable quelle que soit la variation de la température.

Avec les nombres indiqués ci-dessus on trouve $x = 0^m,105$.

Cette question renferme le principe du pendule compensateur de Graham.

136. *Un thermomètre complètement enveloppé de vapeur d'eau bouillante marque 100°. Quelle température marquerait-il si la tige était, à partir de 35°, maintenue à la température de 10°, le réservoir et le reste de la tige étant toujours à 100° ?*

Le coefficient de dilatation absolue du mercure est $\dfrac{1}{5550}$

et le coefficient de dilatation cubique du verre $\dfrac{1}{38\,700}$.

(Tournon, 20 juillet 1882.)

Nous n'avons pas à nous occuper de la portion du mercure qui remplit le réservoir et les 35 premiers degrés, puisqu'elle est toujours dans les mêmes conditions de température. Il n'en est pas de même du liquide situé au-dessus du degré 35.

Soient v le volume, mesuré à zéro, compris entre deux traits consécutifs de la graduation, k le coefficient de dilatation cubique du verre, λ le coefficient de dilatation absolue du mercure. Quand le tube est entièrement plongé dans la vapeur d'eau bouillante. le volume qu'occupe le mercure au-dessus de la division 35 est

$$(100 - 35)v(1 + 100k) ;$$

refroidi à 0°, ce volume serait

$$\frac{(100 - 35)v(1 + 100k)}{1 + 100\lambda}.$$

Si on le chauffe ensuite à 10°, il deviendra

$$\frac{100 - 35)v(1 + 100k)(1 + 10\lambda)}{1 + 100\lambda},$$

et il occupera dans le tube un espace égal à $xv(1 + 10k)$ (x étant le nombre de degrés occupés au-dessus de 35). On a donc

$$\frac{(100 - 35)v(1 + 100k)(1 + 10\lambda)}{1 + 100\lambda} = xv(1 + 10k).$$

Le volume v disparaît comme facteur commun, et x prend la forme

$$x = 65 \cdot \frac{1 + 100k}{1 + 100\delta} \cdot \frac{1 + 10\delta}{1 + 10k},$$

qu'on peut écrire sans erreur sensible

$$x = 65 \cdot \frac{1 + 10(\delta - k)}{1 + 100(\delta - k)}.$$

On voit qu'il ne serait pas nécessaire, pour résoudre la question, de connaître séparément δ et k; il suffit que l'on ait la différence $\delta - k$, c'est-à-dire le coefficient de dilatation apparente du mercure dans le verre du thermomètre.

En remplaçant δ et k par leur valeur on trouve

$$x = 64^\circ,1,$$

c'est-à-dire que la température marquée dans cette circonstance sera $35 + 64,1 = 99^\circ,1$. On voit que la correction à faire est loin d'être négligeable.

137. *Un vase conique contient une certaine quantité de mercure à 0°. A quelle température faut-il porter le vase pour que la hauteur du niveau du mercure augmente de $\dfrac{1}{185}$ de sa hauteur primitive ?*

(Besançon. avril 1883.)

Remarquons d'abord que nous n'avons pas à tenir compte ici de la dilatation du verre. Le vase, en se dilatant, reste semblable à lui-même; au point de vue du liquide qu'il renferme tout se passe donc comme si sa hauteur devenait plus grande, ce qui n'importe pas au problème puisqu'il n'est pas plein.

Soient $AB = a$ la hauteur occupée par le mercure quand il est à 0°, et $AC = r$ le rayon de la surface terminale à ce moment. Appelons de même $A'B = a'$ et $A'C' = r'$ la hauteur et le rayon terminal quand le mercure est porté à la température cherchée x.

On a

$$\frac{1}{3} \pi r^2 a(1 + \delta x) = \frac{1}{3} \pi r'^2 a'.$$

Mais on a, d'autre part,

$$\frac{a}{r} = \frac{a'}{r'},$$

et

$$a' = a \left(1 + \frac{1}{185}\right).$$

En tirant les valeurs de a' et de r' de ces deux dernières équations et les portant dans la première, on voit que r et a s'en vont comme facteurs communs, et il reste

$$1 + \Delta x = \left(\frac{186}{185}\right)^3.$$

Mais Δ, le coefficient de dilatation absolue de mercure, est égal à $\frac{1}{5550}$. En portant cette valeur dans l'équation et résolvant, on trouve

$$x = 99°.$$

138. *Une hauteur barométrique observée à la température de* $-15°$ *est égale à* $0^m,752$. *On demande de la réduire à la température de* $0°$, *sachant que le coefficient de dilatation cubique du mercure est égal à* $\frac{1}{5550}$ *et négligeant d'ailleurs la variation de longueur de l'échelle.*

(Marseille, 3 novembre 1884.)

Soit t la température à laquelle l'observation a été faite, et admettons que le mercure du thermomètre et l'échelle de la graduation aient été l'un et l'autre à cette température. Désignons par Δ le coefficient de dilatation absolue du mercure, et par k le coefficient de dilatation linéaire de la règle sur laquelle sont tracées les divisions. Dans ces conditions on a mesuré une pression H; nous nous proposons de calculer la pression H_0 qui aurait été observée si le mercure et l'échelle avaient été à la température de $0°$, la pression atmosphérique étant restée la même.

Supposons d'abord qu'on refroidisse seulement l'échelle : on lira sur la graduation la longueur H', dont chacune des divisions a réellement, alors, 1^{mm} de longueur, tandis que chacune des divisions premières de H avait pour longueur $1 \times (1 + kt)$. On aura donc

$$H' = H(1 + kt).$$

H' est la hauteur vraie de mercure à t^o qui fait équilibre à la pression atmosphérique. Si nous remplaçons cette colonne de mercure par une autre, à 0°, qui soit capable d'équilibrer la même pression, il faudra que le produit de la hauteur par la densité soit le même dans les deux colonnes, conformément au principe des vases communiquants. On aura donc

$$H'.D_t = H_0.D_0.$$

Mais on a, d'autre part, $D_0 = D_t(1 + \lambda t)$. L'équation devient donc

$$H'.D_t = H_0.D_t(1 + \lambda t),$$

et donne

$$H_0 = \frac{H'}{1 + \lambda t} = H\frac{1 + kt}{1 + \lambda t},$$

ou, approximativement,

$$H_0 = H[1 - (\lambda - k)t].$$

k étant très petit par rapport à λ, on néglige souvent la correction relative à l'échelle. C'est ce que nous ferons ici. En remplaçant, dans l'équation, H par $0^m,752$, t par $- 15^o$, λ par $\frac{1}{5550}$ et négligeant k, il vient $H_0 = 0^m,754$.

139. *Un thermomètre à poids contient* 3^{kg} *de mercure à* 0°. *On le chauffe; il sort* 50^{gr} *de mercure. A quelle température l'a-t-on chauffé?*

Densité du mercure . . . . $13,6$

Coefficient de dilatation absolue du mercure. $\dfrac{1}{5550}$

   —   —   *cubique du verre.* . $\dfrac{1}{38700}$.

(Lyon, 14 août 1880; Caen, 16 juillet 1890; Rennes, 14 avril 1890.)

Ecrivons qu'à la température x cherchée le contenant est égal au contenu.

Le thermomètre renferme à cette température un poids de 2950^{gr} de mercure, dont la valeur est $\dfrac{2950}{13,6}\left(1 + \dfrac{x}{5550}\right)$ centimètres cubes. Tel est le volume du contenu.

Le contenant, c'est-à-dire le thermomètre lui-même, avait à $0°$ une capacité égale à $\dfrac{3000}{13,6}$ centimètres cubes. A la température x, sa capacité est devenue

$$\frac{3000}{13,6}\left(1 + \frac{x}{38\,700}\right).$$

On a donc

$$\frac{2950}{13,6}\left(1 + \frac{x}{5550}\right) = \frac{3000}{13,6}\left(1 + \frac{x}{38\,700}\right).$$

On en tire

$$x = 110°,$$

Cette température représente des degrés centigrades, car les coefficients de dilatation donnés, qui ont servi à faire le calcul, sont des coefficients correspondant à des degrés centigrades.

140. *Un thermomètre à poids contient à zéro* $1^{kg},352$ *de mercure.*

Calculer le poids du mercure qui s'écoulera pour chaque degré d'élévation de température.

Coefficient de dilatation absolue du mercure $0,000\,181.$

Coefficient de dilatation linéaire du verre dont est formé le réservoir $0,000\,007\,9.$

(Montpellier, 12 novembre 1884; Lyon, 26 juillet 1888.)

Soient P le poids du mercure qui remplit le thermomètre à $0°$; p le poids qui s'écoule quand on élève la température de $t°$; d_0 la densité du mercure à $0°$; Δ le coefficient de dilatation absolue du mercure; k le coefficient de dilatation cubique du verre.

En écrivant que le contenant est égal au contenu, à la température de $t°$, on obtient l'équation générale des thermomètres à poids :

$$\frac{P}{d_0}\,(1 + kt) = \frac{P - p}{d_0}\,(1 + \Delta t).$$

De là on tire

$$p = t\,\frac{P(\Delta - k)}{1 + \Delta t}.$$

Cette équation nous montre que p est proportionnel à t. Par conséquent, pour toute élévation de température de $1°$, le poids de mercure qui sortira sera le même. On aura ce poids en faisant, dans l'équation, $t = 1$; $P = 1352^{gr}$; $\lambda = 0,000\,181$; $k = 3 \times 0,000\,007\,9$. On trouve

$$p = 0^{gr},212.$$

141. *Un thermomètre à poids, plein de mercure à* 0°, *pèse* P *grammes. On en fait sortir une certaine quantité* 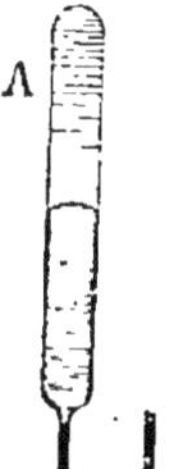 *de mercure, de manière que son poids soit réduit à* P'. *On remplace alors le mercure sorti par de l'eau à* 0°, *et on renverse l'appareil, de manière à faire monter l'eau en* A. *A l'aide d'un mélange réfrigérant on détermine la congélation de cette eau, puis on ramène le tout à* 0° ; *on constate alors qu'il est sorti un poids* p *de mercure. On demande de calculer :* 1° *l'augmentation de volume que subit un centimètre cube d'eau en se congelant ;* 2° *la densité de la glace, sachant que la densité de l'eau à* 0° *est* 0,999.

On donne $P = 500^{gr},45$; $P' = 228^{gr},53$; $p = 24^{gr},272.$

(Amiens, 15 juillet 1886.)

1° Le volume de mercure sorti par suite de la congélation de l'eau est égal à $\dfrac{p}{D}$, D étant la densité du mercure à 0°. Ce quotient mesure l'augmentation de volume qui résulte de la congélation. D'autre part, le volume de l'eau introduite dans l'appareil était $\dfrac{P - P'}{D}$. L'augmentation de volume, rapportée à un centimètre cube d'eau, est donc égale à

$$\frac{p}{D} : \frac{P - P'}{D} = \frac{p}{P - P'}.$$

En remplaçant les lettres par leur valeur numérique, on trouve

$$\frac{p}{P - P'} = \frac{24,273}{500,45 - 228,53} = 0,089.$$

2° Un centimètre cube d'eau à 0° donne un volume de glace 0° égal à 1,089. Les volumes des poids égaux étant en raison inverse des densités, nous aurons

$$\frac{x}{0,999} = \frac{1}{1,089},$$

d'où l'on tire la densité de la glace:

$$x = \frac{0,999}{1,089} = 0,918.$$

142. *Un vase de verre contient à 0° une tige de platine pesant 200ᵍʳ, et 148ᵍʳ de mercure. Il est plein. On chauffe à 100°, et on demande le poids de mercure qui sort.*

La densité du platine à 0° est 21,4; son coefficient de dilatation $\frac{1}{37700}$; la densité du mercure à 0° est 13,59; son coefficient de dilatation $\frac{1}{5550}$; le coefficient de dilatation du verre est $\frac{1}{38700}$.

(Montpellier, 8 août 1878; Alger, 12 août 1888.)

Écrivons que, à la température de 100°, le contenant est égal au contenu.

Quand le vase était plein à 0°, il renfermait un volume de platine égal à $\frac{200}{21,4}$, et un volume de mercure égal à $\frac{148}{13,59}$. La somme de ces deux quantités représentait la capacité du vase. À la température de 100°, cette capacité devient

$$\left(\frac{200}{21,4} + \frac{148}{13,59}\right)\left(1 + \frac{100}{38700}\right): \text{c'est le contenant.}$$

À cette température de 100°, il y a dans le vase un volume de platine qui est $\frac{200}{21,4}\left(1 + \frac{100}{37700}\right)$, et un volume de mercure qui est $\frac{148 - x}{13,59}\left(1 + \frac{100}{5550}\right)$: c'est le contenu.

Et l'on a

$$\left(\frac{200}{21,4} + \frac{148}{13,59}\right)\left(1 + \frac{100}{38700}\right) = \frac{200}{21,4}\left(1 + \frac{100}{37700}\right) + \frac{148 - x}{13,59}\left(1 + \frac{100}{5550}\right).$$

De là on tire

$$x = 2^{\text{gr}},226.$$

143. *Un réservoir cylindrique ABCD, ayant pour volume à 0° V^{cc} est terminé par un tube également cylindrique ayant pour volume à 0° v^{cc}. Le réservoir étant plein de mercure à 0°, on demande à quelle température il faudra porter tout l'appareil pour qu'il soit plein de mercure. On connaît le coefficient de dilatation cubique de l'enveloppe, k, ainsi que le coefficient de dilatation absolue du mercure, m.*

Application : $k = \dfrac{1}{38\,700}$, $m = \dfrac{1}{5550}$, $V = 555^{cc}$, $v = 8^{cc}$.

(Nancy, 21 juillet et 10 novembre 1887.)

Le volume du mercure qui remplit le réservoir à 0° est V ; chauffé à la température x, il deviendra $V(1 + mx)$; à cette même température, la capacité totale du réservoir et de son tube sera $(V + v)(1 + kx)$. On veut que le réservoir et le tube soient exactement pleins de liquide ; pour cela il faut que l'on ait

$$V(1 + mx) = (V + v)(1 + kx) ;$$

on en tire

$$x = \frac{v}{Vm - Vk - vk}.$$

En remplaçant les lettres par leur valeur numérique, on a

$$x = 93°.$$

144. *Un réservoir thermométrique est surmonté d'un tube gradué en parties d'égale capacité. P est le poids de mercure qui s'élève, à la température t, jusqu'à la division N. Déduire de ces nombres le rapport du volume du réservoir à celui d'une division du tube. Que faudrait-il connaître pour obtenir la valeur absolue de ces volumes ?*

(Paris, 19 juillet 1880.)

Soient V la capacité du réservoir jusqu'au zéro, et v le volume de chacune des divisions de la tige, à la température de zéro degré.

Le volume occupé par le mercure est $(V + Nv)(1 + kt)$, k étant le coefficient de dilatation cubique du verre. On a une autre expression de ce volume en divisant le poids P du liquide par sa densité à $t°$, qui est $\dfrac{D_0}{1 + \Delta t}$, D_0 étant la densité du mercure à $0°$, et Δ son coefficient de dilatation absolue. On a donc

$$(1) \qquad (V + Nv)(1 + kt) = P\,\frac{1 + \Delta t}{D_0}.$$

Cette équation ne permet de déterminer ni V, ni v, ni le rapport $\dfrac{V}{v}$. Le problème proposé est donc impossible.

Si l'on veut avoir V et v, il faut faire une nouvelle expérience, avec un autre poids P' de mercure, à la même température, ou à une autre température t'. On obtient ainsi une seconde équation :

$$(2) \qquad (V + N'v)(1 + kt') = P'\,\frac{1 + \Delta t'}{D_0},$$

et on peut calculer V et v.

Le mieux est d'opérer à $0°$, car alors on n'a pas besoin de connaître le coefficient de dilatation du mercure, ni celui du verre dont est fait l'appareil.

Dans ce cas, les équations deviennent

$$V + Nv = \frac{P}{D_0} \qquad \text{et} \qquad V + N'v = \frac{P'}{D_0}.$$

On en tire immédiatement V et v.

145. *Après avoir fixé les points 0 et 100 d'un thermomètre et gradué la tige, on remplace le mercure par un liquide dont le coefficient de dilatation absolue est $\dfrac{1}{2400}$ et qui, à $0°$, remplit le réservoir et la tige jusqu'au 0 de la graduation. A quelle division s'arrêtera le niveau du liquide à $20°$?*

Le coefficient de dilatation apparente du mercure dans le verre est $\dfrac{1}{6480}$ et le coefficient de dilatation du verre est $\dfrac{1}{38\,700}$.

(Paris, 11 novembre 1885 ; Besançon, 25 juillet 1888.)

Appelons V le volume du réservoir thermométrique jusqu'au zéro de la division, et v le volume d'une division.

Le volume V de mercure qui remplissait le réservoir à 0° prend, lorsqu'on le chauffe à 100°, un volume apparent égal à $V\left(1 + \dfrac{100}{6480}\right)$, et ce volume est justement égal à la capacité apparente $V + 100v$ de l'appareil jusqu'à la division 100. On a donc

$$V\left(1 + \frac{100}{6480}\right) = V + 100v,$$

d'où l'on tire

$$v = \frac{V}{6480},$$

relation qu'on aurait pu poser immédiatement, car elle est la traduction de la définition même du *degré*.

Quand on placera dans l'appareil un autre liquide, ayant un volume V à la température de 0°, le volume vrai de ce liquide deviendra $V\left(1 + \dfrac{20}{2400}\right)$ quand on le chauffera à 20°. Il s'élèvera alors jusqu'à une division x, et dès lors il occupera un volume réel égal à $(V + xv)\left(1 + \dfrac{20}{38\,700}\right)$. En égalant ces deux expressions du volume du liquide à la température de 20°, on arrive à l'équation

$$V\left(1 + \frac{20}{2400}\right) = (V + xv)\left(1 + \frac{20}{38\,700}\right).$$

En y remplaçant v par sa valeur $\dfrac{V}{6480}$, on voit que V disparaît à son tour comme facteur commun, et on trouve

$$x = \frac{2420}{2400} \times \frac{38\,700}{38\,720} \times 6480 - 6480 = 50.$$

A la température de 20°, le liquide s'élèvera jusqu'à la division 50.

146. *On introduit un kilogramme de mercure dans un ballon de verre qu'on ferme ensuite à la lampe. On demande quelle est la capacité de ce ballon à la température de 0°, sachant que le volume qui reste occupé par l'air au-dessus du mercure est le même à toutes les températures.*

On donne :

Le coefficient de dilatation cubique du verre : 0,000 025 ;

Le coefficient de dilatation absolue du mercure : 0,000 180 ;
La densité du mercure à 0° par rapport à l'eau : 13,59.

(Dijon, 21 avril 1884.)

Soient V la capacité du ballon à 0°, p le poids de mercure qu'on y introduit, d la densité du mercure à 0°, k et m les coefficients de dilatation du verre et du mercure. L'espace vide laissé au-dessus du liquide doit être le même à la température de 0° et à une température t quelconque, ce qui donne l'équation

$$V - \frac{p}{d} = V(1 + kt) - \frac{p}{d}(1 + mt),$$

qui, simplifiée, devient

$$\frac{p}{d}mt = Vkt.$$

La température t disparait comme facteur commun, ce qui prouve que le problème est possible, et l'on a

$$V = \frac{p}{d} \cdot \frac{m}{k}.$$

En remplaçant les lettres par leur valeur numérique, on trouve

$$V = 529^{cc}.$$

147. *Une sphère de platine pèse* P^{kg} *dans le vide. Elle est plongée dans le mercure à* t°. *Connaissant les densités* D *et* d *de ces deux corps à* 0° *ainsi que leurs coefficients de dilatation* k *et* α, *chercher le poids de la sphère quand elle est plongée dans le mercure.*

Application : $P = 20^{kg}$, $t = 30°$.

mercure : $d = 13,59$; $α = 0,000 180 2$.

platine : $D = 22$; $k = 0,000 025 8$.

(Lille, 4 avril 1881 et 29 juillet 1887.)

La sphère de platine a pour volume $\frac{P}{D}(1 + kt)$, à la température de t°. Le poids de mercure qu'elle déplace est $\frac{P}{D}(1 + kt)\frac{d}{1 + αt}$.

En remplaçant P, D, d, k, α et t par leur valeur numérique, on trouve que le poids du mercure déplacé est 12^{kg},29. La sphère ne pèsera donc plus dans le mercure que

$$20 - 12,29 = 7^{kg},71.$$

148. *Une balance supposée parfaite porte aux extrémités de son fléau des poids égaux chacun à un kilogramme, l'un en fer, l'autre en platine. On plonge simultanément chacun de ces poids dans du mercure à 10°. On demande : 1° dans quel sens la balance s'inclinera ; 2° quel poids il faudra ajouter pour rétablir l'équilibre. — On donne les coefficients de dilatation : du mercure $\frac{1}{5550}$; du platine 0,0000265 ; du fer 0,0000355 ; et les densités : du mercure 13,6 ; du platine 21 ; du fer 7.*

(Grenoble, 20 avril 1891.)

La densité du fer étant inférieure à celle du mercure, le fer flottera, et le plateau sous lequel est attaché le lingot de ce métal sera comme s'il ne portait rien. C'est de ce côté qu'on devra ajouter une surcharge, égale au poids du platine, diminué de la poussée qu'exerce sur lui le mercure.

Le poids du platine est 1000^{gr}. La poussée du mercure est égale à 1000^{gr} $\times \frac{\delta}{d}$, δ étant la densité $\dfrac{13.6}{1 + \dfrac{10}{5550}}$ du mercure à 10°, et d la densité $\dfrac{21}{1 + 0,0000265 \times 10}$ du platine à 10°.

La surcharge à ajouter est donc égale à

$$1000^{gr}\left[1 - \frac{13,6}{21} \times \frac{(1 + 0,0000265 \times 10)5550}{5550 + 10}\right] = 353^{gr}.$$

149. *Quel est, à 20°, le volume de mercure qu'il faut placer dans un ballon de verre sphérique pesant 500^{gr}, ayant 40^{cm} de diamètre, pour que ce ballon flotte dans l'eau à 4° et y plonge entièrement ?*

Le coefficient de dilatation du mercure est $\frac{1}{5550}$; sa densité, 13,6.

(Lyon, 26 juillet 1886.)

Je suppose que le diamètre donné de la sphère, R, est celui qu'elle a lorsqu'elle possède la température de l'eau qui l'entoure. Quand elle est vide son poids est P ; on y introduit un poids P' de mercure. Son poids total P + P' à ce moment doit être égal au poids de l'eau déplacée quand elle est entièrement plongée, c'est-à-dire à $\frac{4}{3}\pi R^3$ grammes, puisque, à 4°, le nombre qui représente le poids de l'eau est le même que celui qui indique son volume.

On a donc

$$P + P' = \frac{4}{3}\pi R^3,$$

d'où

$$P' = \frac{4}{3}\pi R^3 - P.$$

Si le mercure est à la température de 20° au moment où on le verse dans la sphère, le volume de ce liquide s'obtient en divisant son poids P' par sa densité à 20°, c'est-à-dire par $\dfrac{13,6}{1+\dfrac{20}{5550}}$. On a par suite

$$V = \left(\frac{4}{3}\pi R^3 - P\right)\frac{1+\dfrac{20}{5550}}{13,6},$$

ou, en remplaçant R par 20^{cm}, P par 500^{gr},

$$V = 2436^{cc}.$$

150. *Un cylindre droit en fer, d'un rayon quelconque, flotte verticalement à la surface d'un bain de mercure. On demande quelle épaisseur sort du mercure : 1° à 0° ; 2° à 300°.*

Données : *Hauteur du cylindre à zéro, 0^m,50 — Densité du mercure à zéro, 13,6 — Densité du fer à zéro, 7,6 — Coefficient de dilatation du mercure, 0,000 180 — Coefficient de dilatation linéaire du fer, 0,000 012.*

(Alger, 17 avril 1885 ; Poitiers, juillet 1890.)

1° Soient *r* le rayon du cylindre, *h* sa hauteur à 0°, *x* la longueur d'arête qui sort du mercure à 0°, D la densité du mercure à 0°, Δ son coefficient de dilatation absolue, *d* la densité du fer à 0°, *k* son coefficient de dilatation linéaire.

Le poids du cylindre de fer est $\pi r^2 h d$; le poids du mercure déplacé est $\pi r^2 (h - x)\mathrm{D}$. Ces deux quantités devant être égales, on a

$$\pi r^2 h d = \pi r^2 (h - x)\mathrm{D},$$

d'où

$$x = h \frac{\mathrm{D} - d}{\mathrm{D}}.$$

En remplaçant les lettres par leur valeur numérique, on trouve

$$x = 0^{\mathrm{m}},183.$$

2° Si la température est t°, le poids du cylindre de fer ne change pas : il reste $\pi r^2 h d$. Le poids du mercure déplacé devient

$$\pi r^2 (1 + kt)^2 [h(1 + kt) - x'] \frac{\mathrm{D}}{1 + \lambda t},$$

et l'on a l'équation

$$\pi r^2 h d = \pi r^2 (1 + kt)^2 [h(1 + kt) - x'] \frac{\mathrm{D}}{1 + \lambda t},$$

qui donne

$$x' = h\left[1 + kt - \frac{d}{\mathrm{D}} \cdot \frac{1 + \lambda t}{(1 + kt)^2}\right].$$

En remplaçant les lettres par leur valeur numérique, on trouve

$$x' = 0^{\mathrm{m}},209.$$

3° Dilatation et densité des gaz.

151. *Trouver le poids de 158^{cc} d'acide carbonique sec à la température de $32°$ et sous la pression de 752^{mm}. On donne le coefficient de dilatation de l'acide carbonique $0,00366$, sa densité $1,529$ et le poids du litre d'air $1^{\mathrm{gr}},293$.*

(Rennes, 12 avril; Caen, 22 avril 1891.)

Le poids d'un gaz s'obtient en multipliant son volume, ramené à $0°$ et à la pression de 760^{mm}, par sa densité et par le poids d'un litre d'air dans les conditions normales :

$$\mathrm{P} = \mathrm{V} \frac{\mathrm{H}}{760} \cdot \frac{1}{1 + \alpha t} d \times 1,293.$$

Le volume doit être exprimé en prenant le litre pour unité, et on obtient le poids en grammes.

Pour le cas actuel, on a

$$P = 0{,}158 \times \frac{752}{760} \times \frac{1}{1 + 52 \times 0{,}00366} \times 1{,}529 \times 1{,}293.$$

Le calcul effectué donne

$$P = 0^{gr}{,}276.$$

152. *On demande la température à laquelle il faut élever l'air intérieur d'un ballon à air chaud, d'un poids de 30^{kg}, et dont le volume est de 200^{mc}, pour que ce ballon reste en équilibre dans un air supposé sec à la température de 10°. Le coefficient de dilatation de l'air est* $\dfrac{11}{3000}$, *et la densité de l'air à 0° et 760^{mm} de pression est* $\dfrac{1}{770}$.

(Lyon, 7 avril 1876.)

Le poids de l'air déplacé, exprimé en kilogrammes, est

$$200\,000 \times \frac{1}{770} \times \frac{1}{1 + \dfrac{11 \times 10}{3000}}.$$

Le poids total de l'appareil, porté à la température x, est

$$130 + 200\,000 \times \frac{1}{770} \times \frac{1}{1 + \dfrac{11x}{3000}}.$$

La différence de ces deux quantités, qui mesure la force ascensionnelle du ballon, doit être nulle pour qu'il y ait équilibre :

$$200\,000 \times \frac{1}{770} \times \frac{3000}{3110} - 130 - 200\,000 \times \frac{1}{770} \times \frac{3000}{3000 + 11x} = 0.$$

De là on tire

$$x = 314°.$$

153. *Quelle pression se produirait, à l'intérieur d'un vase plein d'oxygène liquide à la température de $-130°$, si l'on élevait la température à $+500°$?*

Dans ces conditions, la totalité de l'oxygène passe à l'état gazeux. La densité de l'oxygène liquide à $-130°$, par *rapport à l'eau, est 1,031. La densité de l'oxygène gazeux par rapport à l'air est 1,1056. Le coefficient de dilatation des gaz est $\dfrac{1}{273}$. On négligera la dilatation du vase.*

(Paris, 16 juillet 1885.)

Le poids de l'oxygène renfermé dans le vase est égal à 1000 V × 1,031 grammes, V étant le volume du vase exprimé en litres.

Si H est la pression cherchée, on aura

$$1000\ V \times 1,031 = V \times 1,1056 \times 1,293 \times \frac{H}{760} \times \frac{1}{1 + \dfrac{500}{273}},$$

d'où l'on tire

$$H = \frac{1031 \times 760 \times 773}{1,1056 \times 1,293 \times 273} = 1\,582\,000^{mm}.$$

La pression finale serait de 1 582 000 ^{mm}, ou $\dfrac{1582000}{760} = 2081$ atmosphères.

154. *On donne une pompe entourée d'un manchon contenant un liquide à la température T ; par le tuyau E, on introduit de l'air. Quelle quantité d'air faut-il introduire pour que le piston s'élève de h^{cm} ?*

On donne la section S et le poids P du piston, le coefficient α de dilatation de l'air, la densité D du mercure et la pression atmosphérique H. On néglige l'air contenu dans le tube E.

(Grenoble, 24 juillet 1882.)

Le poids P du piston, réparti sur une section S, équivaut à une augmentation de la colonne de mercure qui mesure la pression atmosphérique. Cette augmentation est $\dfrac{P}{SD}$. Nous pouvons raisonner comme si le piston était sans poids et que la pression fût $H + \dfrac{P}{SD}$.

Pour que le piston se soulève de la hauteur h, il faut introduire un poids x d'air, qui remplisse une hauteur h du corps de pompe à la température T et sous la pression $H + \dfrac{P}{SD}$.

Ce poids est

$$x = hS.1,293\frac{H + \dfrac{P}{SD}}{760}\cdot\frac{1}{1 + \alpha T}\cdot$$

155. *Quel volume de mercure serait nécessaire pour faire équilibre, dans le vide, à un ballon dont l'enveloppe pèse* 100^{gr} *et qui est rempli de* 5 *décimètres cubes d'air sec à* 30°, *à la pression de 4 atmosphères, sachant que la densité du mercure à* 30° *est* 13,5. *Le mercure et le ballon sont dans les plateaux d'une balance suspendus aux extrémités d'un fléau dont les bras sont* 15^{cm} *(côté du mercure) et* 55^{cm} *(côté du ballon).*

(Lyon, 13 novembre 1883.)

Le poids total du ballon, avec l'air qu'il renferme, est

$$100 + 5 \times 1,293 \times \frac{1}{1 + 30\alpha} \times 4,$$

et il est suspendu à l'extrémité d'un bras de levier dont la longueur est 55^{cm}.

Le poids du mercure, dont le volume est V, est V $\times$ 13,5 ; et il est suspendu à l'extrémité d'un bras de levier dont la longueur est 15^{cm}.

Pour l'équilibre, il faut que le produit de la force par le bras de levier soit le même des deux côtés, ce qui conduit à l'équation

$$\left(100 + 5 \times 1,293 \times \frac{1}{1 + 30\alpha} \times 4\right)55 = V \times 13,5 \times 15.$$

On en tire

$$V = \left(100 + \frac{5 \times 1,293 \times 4 \times 273}{303}\right)\frac{55}{15 \times 13,5} = 33^{cc}.$$

Le volume de mercure nécessaire pour établir l'équilibre est 33^{cc}.

156. *Dalton donne, au sujet de la dilatation de l'air, les indications suivantes :* « *J'ai trouvé à plusieurs reprises que* 1000 *parties d'air atmosphérique, sous la pression ordinaire de l'atmosphère, se dilatent depuis* 55° *Fahrenheit jusqu'à* 212° *Fahrenheit, de manière à former un volume de*

1325 parties. » Quelle serait, d'après cela, la dilatation de l'air pour un degré centigrade ?

(Bordeaux, 20 avril 1891.)

La température de 55° Fahrenheit correspond, comme on le voit, en faisant la conversion par la méthode habituelle, à 12°,8 centigrades. La température de 212° Fahrenheit correspond à 100° centigrades.

On aura dès lors, en appelant x le coefficient de dilatation cherché et appliquant la formule générale de dilatation des gaz,

$$\frac{1000}{1 + 12,8 \times x} = \frac{1325}{1 + 100° \times x}.$$

De là, on tire $\qquad x = 0,00390,$

valeur notablement supérieure à celle admise aujourd'hui.

157. *On admet que l'eau de mer a une densité de 0,076 par rapport au mercure qui a, à 0°, une densité de 13,59 et dont le coefficient de dilatation est* $\dfrac{1}{5550}$. *On suppose que la loi de Mariotte appliquée à l'air soit indéfiniment vraie, et on demande de déterminer à quelle profondeur sous la mer l'air aura une densité égale à celle de l'eau qui l'environne, sans tenir compte de la compressibilité de l'eau ni des variations de température de la colonne liquide que l'on suppose partout à 10°.*

Le poids du litre d'air est 1ᵍʳ,29.

(Nancy, 30 juillet 1884.)

La densité du mercure est 13,59 à 0° ; à 10° elle est $\dfrac{13,59}{1 + \dfrac{10}{5550}}$

ou $\dfrac{13,59 \times 5550}{5560}$. Si nous admettons que le rapport entre la densité de l'eau et celle du mercure soit le même à 10° qu'à 0°, le poids d'un litre d'eau de mer sera donné en kilogrammes par l'expression $\dfrac{13,59 \times 5550}{5560} \times 0,076$.

Sous la pression de 760^{mm} et à la température de 0°, le poids d'un litre d'air est égal à 0^{kg},00129. Pour que son poids devienne, à 10°, égal à celui d'un litre d'eau, on doit le soumettre à une pression x donnée par la proportion

$$\frac{x}{760} = \frac{13.59 \times 5550}{5560} \times 0,076 : \frac{0,00129}{1 + \frac{10}{273}},$$

de laquelle on tire

$$x = \frac{13,59 \times 5550}{5560} \times 0,076 \times \frac{760 \times 283}{0,00129 \times 273}.$$

Pour obtenir cette pression x, il faut enfoncer le vase rempli d'air à une profondeur capable de donner une pression égale à $x - 760$, c'est-à-dire à une profondeur

$$\frac{x - 760}{0,076}.$$

En effectuant le calcul, on trouve pour profondeur 8260108^{mm}. Il faudrait enfoncer l'air à une profondeur de 8260^{m}.

158. *Deux ballons A et B, reliés par un tube à robinet dont le volume est négligeable, renferment : l'un, A, de l'air à la pression* 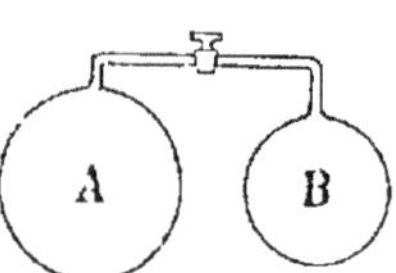 *de 750^{mm} et à la température de 10°, l'autre, B, le vide. On établit la communication entre les deux ballons. On demande quelle sera la pression du gaz occupant le volume total, la température étant devenue 0°.*

On donne le volume de A = 10^{lit} et le volume de B = 6^{lit}.

(Caen, 7 novembre 1883.)

Quand une masse gazeuse éprouve à la fois des variations de volume, de température et de pression, le produit du volume ramené à 0° par la pression demeure constant. On a donc

$$\frac{10}{1 + 10 \times 0,00366} \times 750 = (10 + 6)\, x.$$

On en tire pour la pression finale la valeur

$$x = 452^{mm}.$$

159. *Un litre d'air, qui est renfermé dans un vase à parois inextensibles, a une température de 10° et une pression de 0^m,760. On le chauffe de manière à doubler sa pression et on demande de trouver la nouvelle température à laquelle il a été porté.*

(Ajaccio, 24 juin 1885.)

Nous n'avons qu'à appliquer l'équation générale sur la dilatation des gaz:

$$\frac{VH}{1 + \alpha t} = \frac{V'H'}{1 + \alpha t'}.$$

Ici, on a $V = V' = 1^{lit}$; $H = 0^m,760$; $H' = 2H$; $t = 10°$. L'équation devient

$$\frac{1}{1 + 10x} = \frac{2}{1 + x'x},$$

On voit que la température cherchée x ne dépend ni du volume initial, ni de la pression primitive. Le calcul donne, pour $\alpha = 0,00367$,

$$x = 292°.$$

Toute masse gazeuse à 10°, enfermée en vase clos, double de pression quand on la chauffe jusqu'à 292°.

160. *Dans un vase en platine on enferme de l'air à la température de 0° et sous la pression de 760^{mm}. On chauffe; on mesure la pression qui s'exerce sur les parois; on trouve qu'elle est de 3^{kg},1008 par centimètre carré. On demande de calculer : 1° la température de l'air à ce moment; 2° la température à laquelle il faudrait chauffer l'appareil pour que la pression devienne double, c'est-à-dire atteigne 6^{kg},2016 par centimètre carré. On négligera la dilatation de l'enveloppe.*

Densité du mercure 13,6 ; coefficient de dilatation de l'air $\frac{1}{273}$.

(Nancy, 24 juillet 1886.)

Une pression de 3^{kg},1008 par centimètre carré correspond, en colonne de mercure, à une pression de $\dfrac{3100,8}{13,6} = 228$ centimètres de hauteur; c'est une pression de 3 atmosphères. Soit x la température à laquelle il faut chauffer l'air en vase clos pour que sa pression devienne de 3 atmosphères. Nous obtiendrons cette valeur de x en écrivant l'équation qui traduit la loi de Mariotte :

$$V \times 76 = \frac{V'}{1 + \dfrac{x}{273}} \times 228.$$

Ici, $V = V'$, puisqu'on néglige la dilatation de l'enveloppe. On a donc

$$V \times 76 = \frac{V}{1 + \dfrac{x}{273}} \times 228,$$

équation qui donne

$$x = 2 \times 273 = 546°.$$

Si l'on veut que la pression devienne double, il faut chauffer à une température y, donnée par l'équation

$$V \times 76 = \frac{V}{1 + \dfrac{y}{273}} \times 2 \times 228;$$

on en tire

$$y = 5 \times 273 = 1365°.$$

161. *Deux boules de verre, pleines d'air à 0° et à la force élastique de 0^m,760, sont réunies par un tube cylindrique horizontal ; la section droite du tube a une aire de 10 millimètres carrés. Un index de liquide occupe le milieu du tube, et sépare les deux masses d'air. Les volumes de ces masses limitées à l'index sont* $A = 125^{cc}$, $B = 190^{cc}$. *On chauffe* B *à* 80° *et on refroidit* A *à* — 20° ; *l'équilibre s'établit. On demande la valeur du déplacement de l'index, celui-ci ne sortant pas du tube.*

On ne tient pas compte de la dilatation du verre. Le coefficient de dilatation de l'air est $\dfrac{1}{273}$.

(Rennes, 16 juillet 1886.)

Soit x le déplacement de l'index dans la direction de B vers A. Appelons s la section du tube de communication, t la température à laquelle on porte la boule A, et H la valeur que prend la pression dans cette boule au moment du nouvel équilibre.

D'après la loi de Mariotte, nous devons écrire que le produit du volume ramené à 0° par la pression reste constant dans cette boule A, ce qui donne l'équation

$$\frac{A - sx}{1 + \alpha t} H = A \times 76.$$

De même pour l'autre boule, portée à la température t', la pression prend une valeur H' donnée par l'équation

$$\frac{B + sx}{1 + \alpha t'} H' = B \times 76.$$

Les deux pressions H et H' doivent être égales entre elles, puisque le tube de communication est horizontal et que la position d'équilibre de l'index liquide est justement déterminée par cette condition, qu'il soit également pressé sur ses deux faces. Égalons donc les valeurs de H et de H' tirées des équations précédentes ; nous aurons

$$\frac{A \times 76(1 + \alpha t)}{A - sx} = \frac{B \times 76(1 + \alpha t')}{B + sx},$$

équation de laquelle on tire

$$x = \frac{ABx(t' - t)}{s[A(1 + \alpha t) + B(1 + \alpha t')]}.$$

En faisant $A = 125$; $B = 190$; $t = -20$; $t' = +80$; $s = 0.4$; $\alpha = \frac{1}{273}$, il vient

$$x = 240^{cm}.$$

162. *Un ballon en porcelaine* B *communique avec un tube vertical en verre plongeant dans une cuvette très large contenant du mercure. Tout l'appareil étant à 0° et la pression extérieure étant de* 0^m,75, *le mercure s'élève dans la branche verticale* AC *à* 0^m,35 *de hauteur .On chauffe le ballon à 273° et on maintient le reste de l'appareil* ACD *à* 0° : *le mercure descend de* 0^m,30 *en* CA. *On demande de calculer le volume du ballon jusqu'en* D. *La pression exté-*

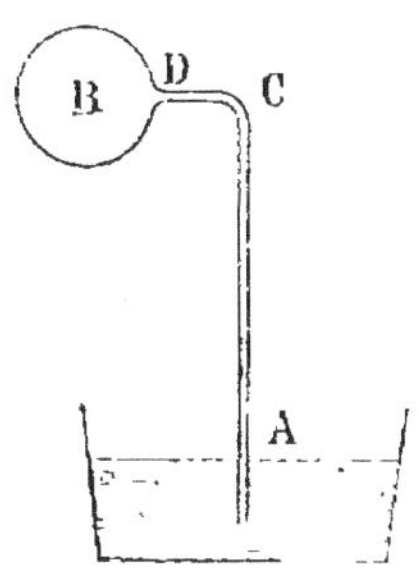

rieure reste constante et égale à $0^m,75$ pendant toute l'expérience. Le tube DCA *a $1^m,20$ de longueur et sa section est de 1^{cq}. Le coefficient de dilatation de la porcelaine est* $\dfrac{1}{54600}$ *et le coefficient de dilatation du gaz contenu dans l'appareil est* $\dfrac{1}{273}$.

(Nancy, 29 juillet 1886.)

Soit x le volume du ballon à $0°$, jusqu'en D; nous exprimerons les longueurs en centimètres, de telle manière que x représente des centimètres cubes.

Au début de l'expérience, le gaz occupe un volume total qui est de $[x + (120 - 35) \times 1]^{cc}$; sa température est de $0°$, et sa pression de $(75 - 35)^{cm}$.

Quand on chauffe, il y a un volume de $x\left(1 + \dfrac{273}{54600}\right)$ à la température de $273°$ et un volume de $(120 - 5) \times 1$ à la température de $0°$; le tout étant à la pression de $(75 - 5)^{cm}$.

En vertu du principe du mélange des gaz, nous pouvons écrire que le produit de la pression primitive par le volume primitif, est égale à la somme des produits analogues de la pression finale par les volumes correspondants, ramenés à 0. On a donc l'équation

$$(x + 120 - 35)(75 - 35) = \dfrac{x\left(1 + \dfrac{273}{54600}\right)}{1 + 273 \cdot \dfrac{1}{273}}(75 - 5) + (120 - 5)(75 - 5).$$

De cette équation on tire le volume du ballon :

$$x = 964^{cc}.$$

163. *Un ballon dont la capacité est de 250^{cc} termine l'une des branches d'un tube recourbé servant de manomètre à air libre. On a placé dans le ballon un corps* A *dont le poids est de 195^{gr}. Lorsque le mercure est de même niveau dans les deux branches du manomètre, le ballon est plein d'air à la température $0°$ et sous la pression $0^m,760$. On élève la température à $25°$ et, en même temps, on verse dans le tube manométrique assez de mercure*

*pour réduire à 200ᶜᶜ le volume occupé par l'air et le corps
A. La différence des niveaux est a'ors de 1ᵐ. Calculer le
volume et le poids spécifique du corps A.*

Coefficient de dilatation des gaz 0,00366.

(Rennes, 18 juillet 1885.)

Soit V le volume cherché du corps A. Nous supposerons que
ce volume, ainsi que la capacité du ballon,
n'éprouvent que des variations insensibles
quand la température passe de 0° à 25°.

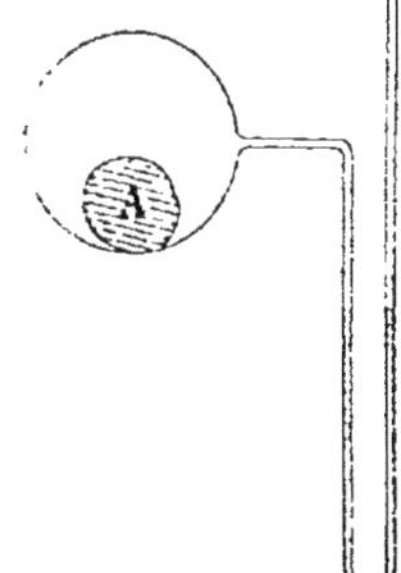

A l'origine le volume de l'air est 250 — V,
sa température est 0° et sa pression 760ᵐᵐ.
A la fin le volume de l'air est devenu
250 — V; sa température est alors 25° et sa
pression 760 + 1000. Et l'on a, d'après la
loi de Mariotte,

$$(250 - V)760 = \frac{(200 - V)1760}{1 + 0,00366 \times 25}.$$

De là on tire le volume du corps A :

$$V = 48^{cc}.$$

Sa densité est dès lors

$$D = \frac{P}{V} = \frac{195}{45} = 4,06.$$

Ce problème est basé sur le principe du voluménomètre.

164. *Un tube barométrique AB, renversé sur une cuve
a mercure, renferme une quantité d'air BC = 50ᶜᶜ; la
hauteur AC = 247ᵐᵐ. Le baromètre marque 745ᵐᵐ. On
suppose que la température, d'abord à 0°, s'élève à 30°;
on enfonce le tube jusqu'à ce que le volume de l'air soit le
même qu'auparavant. On demande quelle est la hauteur du
mercure soulevé dans le tube.*

Coefficient de dilatation de l'air 0,00367, du mercure
$\frac{1}{5550}$.

(Lille, 14 juillet 1879.)

La relation générale qui lie les variations de volume d'une
masse gazeuse à ses variations de température et de pression

est la suivante :

$$\frac{VH}{1 + \alpha t} = \frac{V'H'}{1 + \alpha t'}.$$

Dans le cas qui nous occupe le volume initial est 50^{cc}, la pression initiale de l'air renfermé dans le tube barométrique est $745 - 247 = 498^{mm}$, et la température est $0°$.

A la fin de l'expérience le volume est resté 50^{cc}, mais la température est devenue $30°$. Si nous appelons x la hauteur du mercure qui reste alors soulevé, et si nous ramenons cette hauteur à la valeur $\frac{x}{1 + \alpha t}$ qu'elle aurait si la température du liquide était $0°$, la pression nouvelle du gaz a pour valeur $745 - \frac{x}{1 + \alpha t} = 745 - \frac{x}{1 + \dfrac{30}{5550}}$. La formule générale devient alors

$$50(745 - 247) = \frac{50\left(745 - \dfrac{x \times 5550}{5580}\right)}{1 + 0,00367 \times 30}.$$

Nous voyons que le volume du gaz, 50^{cc}, disparaît comme facteur commun. La solution dépend uniquement de la pression et de la température de la masse gazeuse enfermée dans la chambre barométrique.

En résolvant, on trouve

$$x = 193^{mm}.$$

165. *On a un baromètre où il est entré un peu d'air, de sorte qu'à la température de 15°, quand un baromètre en bon état marque 762^{mm}, il marque seulement 704^{mm}. Le tube est cylindrique et l'espace qui reste au-dessus du mercure est de 143^{mm}. Les circonstances venant à changer, le même instrument marque 692^{mm} à la température de 30°. Quelle est alors la vraie valeur de la pression atmosphérique ?*

(Grenoble, 30 juillet 1880.)

Nous n'avons qu'à employer, comme dans le problème précédent, la formule générale

$$\frac{VH}{1 + \alpha t} = \frac{V'H'}{1 + \alpha t'}.$$

Au début, la masse d'air renfermée dans le tube barométrique, dont nous désignerons la section par s, occupe un volume égal à $143s$, à la pression (762-704) et à la température de 15°.

Quand la température a changé, le niveau du liquide s'est abaissé de 12^{mm}; le volume du gaz est donc devenu $(143 + 12)s$, sa pression $X - 692$, et sa température 30°.

On a dès lors

$$\frac{143s(742 - 704)}{1 + 0,00367 \times 15} = \frac{(143 + 12)s(X - 692)}{1 + 0,00367 \times 30}.$$

On tire de là la valeur X de la pression atmosphérique au moment où l'instrument marque 692^{mm}. On trouve

$$X = 748^{mm}.$$

166. *Un appareil en verre ayant la forme d'un thermomètre contient à 0° du mercure jusqu'au point A. A cette même température la tige AB contient de l'air à la pression H. On chauffe tout l'appareil à une température t et l'on constate que le volume apparent de l'air est réduit de moitié. Évaluer la pression de cet air. On connaît le coefficient de dilatation cubique du verre, k, et celui de l'air, α.*

Application : $t = 273°$; $H = 760$; $k = 0,000024$;

$$\alpha = \frac{1}{273}.$$

(Nancy, 3 avril 1878.)

Soit V le volume occupé par l'air de A en B, alors que la température est 0° et la pression H.

Quand on chauffe à la température t, le volume apparent devient $\frac{V}{2}$, mais le volume réel est $\frac{V}{2}(1 + kt)$; la pression est alors X, et l'on doit avoir, d'après la loi de Mariotte,

$$VH = \frac{V}{2} \cdot \frac{1 + kt}{1 + \alpha t} X.$$

On en tire

$$X = 2H \frac{1 + \alpha t}{1 + kt}.$$

En remplaçant les lettres par leur valeur, on trouve

$$X = 3020^{mm}.$$

167. *Un mélange gazeux renferme des poids égaux d'oxygène et d'hydrogène. Calculer : 1° le volume occupé par 10ᵍʳ de ce mélange à 0° et sous la pression 760ᵐᵐ ; 2° la pression que devraient supporter ces 10ᵍʳ de mélange pour qu'à 100° leur volume soit 10ˡⁱᵗ.*

La densité de l'oxygène est 1,106 ; celle de l'hydrogène, 0,069 ; le coefficient de dilatation de ces gaz est $\dfrac{1}{273}$; le poids du centimètre cube d'air est 0ᵍʳ,001 293.

(Paris, 28 juillet 1885.)

1° Le poids de l'oxygène étant égal à celui de l'hydrogène, 10ᵍʳ du mélange renfermeront 5ᵍʳ de chacun des deux gaz. On aura donc, en désignant par V le volume de l'oxygène et par V′ celui de l'hydrogène :

$$5 = V.1,104 \times 1,293, \quad \text{d'où} \quad V = \frac{5}{1,106 \times 1,293} = 3^{\text{lit}},566.$$

et

$$5 = V'.0,069 \times 1,293, \quad \text{d'où} \quad V' = \frac{5}{0,069 \times 1,293} = 56^{\text{lit}},044.$$

Le volume occupé par 10ᵍʳ du mélange à 0° et sous la pression de 760ᵐᵐ sera

$$V + V' = 59^{\text{lit}},610.$$

2° La pression P à laquelle il faut soumettre le mélange pour que ce volume soit réduit à 10 litres, à la température de 100°, sera donnée par la loi de Mariotte (le produit du volume ramené à 0° par la pression est constant) :

$$59,610 \times 760 = \frac{10}{1 + \dfrac{100}{273}}\, P,$$

d'où

$$P = \frac{59,610 \times 760 \times 373}{2730} = 6189^{\text{mm}}.$$

168. *Dans une cloche, graduée en divisions d'une capacité de 1ᶜᶜ, et qui repose sur une cuve à mercure, on fait entrer 75ᶜᶜ d'oxygène à 25° et à 745ᵐᵐ de pression, puis 100ᶜᶜ d'azote à 25° et à 745ᵐᵐ de pression. On élève la* cloche de façon que le mélange des deux gaz occupe 225 divisions. On demande la hauteur du mercure dans la cloche, sachant que la pression extérieure est de 760ᵐᵐ et la température 17° :

(Lyon, 2 août 1876; Paris, 7 juillet 1890.)

La loi du mélange des gaz est exprimée par la formule générale

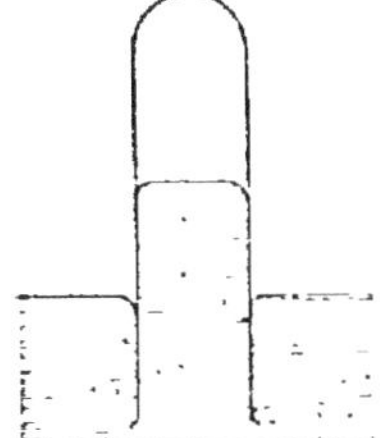

$$\frac{v_1 h_1}{1 + \alpha t_1} + \frac{v_2 h_2}{1 + \alpha t_2} = \frac{VH}{1 + \alpha T}.$$

Dans le cas actuel on a : $v_1 = 75^{cc}$; $h_1 = 715^{mm}$; $t_1 = 25°$; $v_2 = 100^{cc}$; $h_2 = 745^{mm}$; $t_2 = 25°$: $V = 225^{mm}$; $H = 760 - x$; $T = 17°$; $\alpha = 0,00367$.

En substituant et résolvant par rapport à x, on trouve

$$x = 760 - \frac{(75 \times 715 + 100 \times 745)(1 + 17\alpha)}{(1 + 25\alpha)225} = 206^{mm}.$$

169. *Un réservoir, vide d'air, maintenu à la température de 0°, a pour volume intérieur* 1^{mc}. *On y refoule* 800^{lit} *d'air, pris à 0°, et dont la force élastique est* $0^m,840$, *et* 700^{lit} *d'acide carbonique mesurés lorsque le gaz a une température de 100° et une force élastique de* $0^m,760$.

On demande : 1° quelle sera la force élastique du mélange lorsqu'il aura pris la température du réservoir; 2° quel sera le poids de 1 litre du mélange.

On donne :

le poids normal de 1 litre d'air : $1^{gr},293$;

le coefficient de dilatation des gaz : $0,00367$,

la densité de l'acide carbonique : $1,529$.

(Rennes, 4 novembre 1885, et Lille, 3 octobre 1888.)

1° D'après la loi du mélange des gaz, la pression totale sera la somme F des pressions individuelles f de l'air et f' de l'acide carbonique. Chacune de ces pressions sera donnée par la loi de Mariotte.

Pour l'air, on a :

$$f.1000 = 0,840 \times 800,$$

d'où

$$f = \frac{0,840 \times 800}{1000} = 0^m,672;$$

Pour l'acide carbonique, on a

$$f'.1000 = 0,760 \times \frac{700}{1 + 0,00367 \times 100},$$

d'où

$$f' = \frac{0,760 \times 700}{1000(1 + 0,00367 \times 100)} = 0^m,389.$$

Par conséquent :

$$F = f + f' = 1^m,061.$$

2° Le poids P d'un litre du mélange sera égal à la somme des poids de l'air et de l'acide carbonique qui s'y trouvent contenus, chacun d'eux étant calculé à la température de 0° qui est celle du réservoir, et sous sa pression individuelle.

$$P = 1 \times \frac{0,672}{0,760} \times 1,293 + 1 \times \frac{0,389}{0,760} \times 1,529 \times 1,293$$

$$= \frac{1,293}{760}(672 + 389 \times 1,529) = 2^{gr},155.$$

170. — *Un corps subit de la part de l'air une poussée égale à $2^{gr},25$ lorsque la pression atmosphérique est 760 et la température 10°. Cette poussée devient $2^{gr},50$ pour la même température et pour une pression x que l'on demande de déterminer.*

(Caen, 14 avril 1886.)

La poussée est égale au poids de l'air déplacé. Le volume de cet air étant toujours le même, puisque la température ne varie pas, les pressions doivent être proportionnelles au poids de l'air déplacé, c'est-à-dire aux poussées. On a, par suite,

$$\frac{H}{760} = \frac{2,50}{2,25}.$$

On tire de cette équation la valeur de la pression cherchée .

$$H = 844^{mir}.$$

171. *Un ballon à air chaud a un volume de 15000 litres et pèse 3ᵏᵍ. A quelle température faut-il porter l'air intérieur pour qu'il s'élève avec une force ascensionnelle de 5ᵏᵍ?*

On suppose l'air atmosphérique à 0° et 0ᵐ,76. Le coefficient de dilatation de l'air est $\dfrac{11}{3000}$ (pour 1°) et sa densité $\dfrac{1}{770}$.

(Lyon, 21 juillet 1886.)

La force ascensionnelle est égale à la différence entre le poids de l'air déplacé et le poids total de l'appareil.

Le poids de l'air déplacé, celui-ci étant à 0° et sous la pression normale, est

$$V \frac{1}{770};$$

comme $\dfrac{1}{770}$ représente la densité de l'air par rapport à l'eau, le poids sera exprimé en kilogrammes si le volume V est exprimé en litres.

Le poids de l'appareil est égal à p, poids du ballon vide, plus p', poids de l'air chaud qui s'y trouve contenu. Et l'on a

$$p' = V \frac{1}{770} \cdot \frac{1}{1 + \alpha t},$$

car le ballon est largement ouvert, ce qui fait que son volume V reste invariable pendant qu'on chauffe, et que la pression intérieure demeure toujours égale à la pression atmosphérique.

On a donc

$$F = V \frac{1}{770} - p - V \frac{1}{770} \cdot \frac{1}{1 + \alpha t}.$$

Ici, on a

$$5 = \frac{15000}{770}\left(1 - \frac{1}{1 + \dfrac{x \times 11}{3000}}\right) - 3.$$

On en tire

$$x = 200°.$$

172. *Un ballon de volume extérieur V est plongé dans l'air sec à $t°$ sous la pression H. Calculer la perte de poids qu'il éprouve. Évaluer la variation de cette perte de poids quand H varie de $0ᵐ,76$ à $0ᵐ,78$ et t de $15°$ à $10°$.*

Coefficient de dilatation de l'air $\alpha = \dfrac{1}{273}$;

Coefficient de dilatation du verre $\dfrac{1}{40\,000}$.

On donne $V = 10^{lit}$ *à* 0°.

(Nancy, 20 avril 1885.)

Quand la température est t° et la pression H, le poids de l'air déplacé par le ballon est

$$V(1 + kt)1,293\,\frac{H}{76} \cdot \frac{1}{1 + \alpha t}.$$

Quand la température devient t'° et la pression H', le poids de l'air déplacé devient

$$V(1 + kt')1,293\,\frac{H'}{76} \cdot \frac{1}{1 + \alpha t'}.$$

Si à l'origine la température est 10° et la pression 78^{cm}, la perte de poids du ballon est

$$V \cdot 1,281,$$

c'est-à-dire de $1^{gr},281$ pour chaque litre de la capacité du ballon à 0°.

Quand la température s'élève à 15° et que la pression s'abaisse à 76^{cm}, la perte de poids n'est plus que

$$V \cdot 1,224,$$

c'est-à-dire de $1^{gr},224$ pour chaque litre de capacité du ballon.

La variation de la poussée a été de $0^{gr},057$ par litre, ou de $0^{gr},57$ pour le ballon qui a 10^{lit} de capacité.

173. *Aux deux extrémités du fléau d'une balance sont suspendus deux corps* A *et* B. *Le premier a un poids* p *et un volume* v; *le second un poids* p' *et un volume* v'. *L'équilibre existe dans une atmosphère à la température* 0° *et à la pression* 760^{mm}. *La température devenant* t *et la pression* H, *on demande :* 1° *la relation qui doit exister entre* H *et* t *pour que l'équilibre subsiste;* 2° *dans le cas où cette relation n'est pas satisfaite, de quel côté il faut ajouter des poids pour rétablir l'équilibre;* 3° *quelle est la* *valeur de ces poids. On négligera la dilatation des corps A et B, et la poussée exercée sur les poids ajoutés.*

(Grenoble, 30 juillet 1890.)

1° Le poids de A, dans l'air, est d'abord $p - v \times 1{,}293$; puis il devient $p - v \times 1{,}293 \times \dfrac{1}{1 + \alpha t} \times \dfrac{H}{760}$. Celui de B est d'abord $p - v \times 1{,}293$; puis il devient $p - v \times 1{,}293 \times \dfrac{1}{1 + \alpha t} \times \dfrac{H}{760}$. Pour que l'équilibre ait lieu dans les deux cas, il faut que

$$p - v \times 1{,}293 = p' - v' \times 1{,}293$$

$$p - v \times 1{,}293 \times \frac{1}{1 + \alpha t} \times \frac{H}{760} = p' - v' \times \frac{1}{1{,}293} \times \frac{1}{1 + \alpha t} \times \frac{H}{760}.$$

On en tire, par soustraction :

$$(v - v')\left(1 - \frac{1}{1 + \alpha t} \times \frac{H}{760}\right) = 0.$$

Pour que l'équilibre subsiste, on doit avoir soit $v = v'$; soit

$$\frac{1}{1 + \alpha t} \times \frac{H}{760} = 1,$$

conditions qu'il était facile d'indiquer *a priori*.

2° Si la densité de l'air diminue, la surcharge doit être ajoutée du côté du volume le plus petit; si la densité de l'air augmente, la surcharge doit être ajoutée de l'autre côté.

3° La surcharge à ajouter est

$$(v - v') \times 1{,}293 \times \left(1 - \frac{1}{1 + \alpha t} \times \frac{H}{760}\right).$$

On voit qu'elle dépend des *volumes*, mais pas des *poids* des corps A et B, ce qu'on pouvait prévoir.

174. *Un gaz a un poids P sous le volume V, à la température t et sous la pression H. On demande d'exprimer sa densité en la rapportant à celle de l'air prise pour unité. Le poids du litre d'air à 0° et à 760ᵐᵐ de pression est égal à 1ᵍʳ,293. On admet d'ailleurs, pour simplifier, les lois de Mariotte et de Gay-Lussac et l'identité des coefficients de dilatation du gaz et de l'air.*

(Marseille, 7 novembre 1884.)

La densité d'un gaz s'obtient en divisant le poids d'un certain volume de ce gaz par le poids d'un égal volume d'air pris dans les mêmes conditions de température et de pression.

Le poids du gaz est ici P; le poids P' du même volume d'air est $V.1,293 \frac{H}{760} \cdot \frac{1}{1 + \alpha t}$. La densité est donc

$$d = \frac{P}{V.1,293\frac{H}{760} \cdot \frac{1}{1 + \alpha t}}.$$

Nous voyons que pour résoudre la question, il n'était en aucune façon nécessaire de supposer que l'air et le gaz considéré ont la même loi de compressibilité et le même coefficient de dilatation.

Il semble que cette densité dépende de la température et de la pression. Il n'en est rien. Supposons en effet qu'on veuille rechercher la densité d' du gaz à la température de 0° et sous la pression de 760^{mm}, au lieu de la température t et de la pression H. Il faudra diviser le poids P par le poids d'un volume d'air à 0° et sous la pression de 760^{mm}, égal au volume qu'occuperait le gaz dans ces conditions normales de température et de pression. Mais ce volume serait alors $V\frac{H}{760} \cdot \frac{1}{1 + \alpha t}$ en admettant que le gaz suive la loi de Mariotte et que son coefficient de dilatation soit le même que celui de l'air; et le poids d'un égal volume d'air serait $V\frac{H}{760} \cdot \frac{1}{1 + \alpha t} \cdot 1,293$, ce qui donne la même densité que précédemment. La densité du gaz est donc la même quelles que soient la température et la pression.

175. *Dans les expériences de Regnault pour la détermination de la densité de l'acide carbonique, on avait les données suivantes :*

	PRESSION	POIDS AJOUTÉ
	mm	gr
Ballon plein de gaz. . .	756,34	0,808
Ballon vide	4,71	20,2085
Ballon plein d'air . . .	747,21	1,699
Ballon vide	7,56	14,1345

Calculer la densité de l'acide carbonique.

(Clermont, 5 juillet 1886.)

Nous savons que Regnault opérait à la température de 0°.

Dans la première partie de l'opération, on a enlevé du ballon, à l'aide de la machine pneumatique, un poids d'acide carbonique égal à (20,2085 — 0,808), représentant un volume de gaz égal à

celui du ballon, à la température de 0° et sous la pression de
(756,34 — 1.71). Si l'on avait opéré sous la pression de 760^{mm}, le
poids de gaz obtenu aurait été

$$p = (20,2085 — 0,808)\frac{760}{756,34 — 1,71}.$$

De même, le poids de l'air qui remplit le même ballon, à la
température de 0° et sous la pression de 760^{mm}, est

$$p' = (14,1345 — 1,699)\frac{760}{747,21 — 7,56}.$$

La densité de l'acide carbonique est égale au quotient $\frac{p}{p'}$:

$$d = \frac{20.2085 — 0,808}{14,1345 — 1,699} \cdot \frac{747,21 — 7,56}{756,34 — 1,71} = 1,529.$$

176. *On a taré un ballon de* 6325^{cc} *de capacité, plein
d'air à la pression de* 748^{mm} *et à la température de* 0°.
*On y fait le vide et on y laisse rentrer un gaz sec et pur
à la température de* 0° *et sous la pression de* 780^{mm}. *Pour
rétablir l'équilibre, il faut ajouter dans la balance, du côté
du ballon,* 1^{gr},328. *Quel est le poids spécifique du gaz par
rapport à l'air.*

Le poids normal du litre d'air est 1^{gr},293.

(Paris, 27 juillet 1886 ; Montpellier, 28 mars 1887.)

Le poids d'air renfermé dans le ballon est

$$p = 6,325 \times \frac{748}{760} \times 1.293 = 8^{gr},049.$$

Le poids de gaz à la pression de 780^{mm}, est 8,049 — 1,328
= 6^{gr},721. Ramené à la pression de 748^{mm}, qui est celle de l'air,
ce poids serait

$$6,721 \times \frac{748}{780} = 6^{gr},445.$$

On aura la densité du gaz en divisant son poids par celui de
l'air, puisque le volume, la température et la pression sont les
mêmes pour l'un et l'autre :

$$d = \frac{6,445}{8,049} = 0,801.$$

177. *Un flacon bouché à l'émeri,*
plein d'air à zéro et à 760 pèse. . . . . 100ᵉʳ.
plein de chlore à zéro et à 760 pèse. . . . . 103ᵉʳ,64.
plein d'eau distillée à zéro pèse. . . . . 2094ᵉʳ,4.

On demande de trouver :

1° Le volume du flacon à zéro ;

2° La densité du chlore.

On admettra :

1° Que le litre d'air à 0 et à 760 pèse 1ᵉʳ,3 ;

2° Que la densité de l'eau à zéro par rapport à l'eau
à 4° est 0,9998.

(Nancy, 29 juillet 1885.)

Appelons p le poids du flacon, v son volume et d la densité du chlore. Le poids de l'eau renfermée dans le flacon est $2094,4 - p$, et par conséquent la capacité du flacon est $\dfrac{2094,4 - p}{0,9998}$ centimètres cubes. Le poids de l'air est $100 - p$, et la capacité du flacon est $\dfrac{100 - p}{0,0013}$ centimètres cubes. On a donc

$$\frac{2094,4 - p}{0,9998} = \frac{100 - p}{0,0013}.$$

De là on tire le poids du flacon,

$$p = 97^{\text{gr}},43,$$

et sa capacité à 0°

$$v = \frac{100 - 97.43}{0,0013} = 1977^{\text{cc}}.$$

La densité du chlore s'obtiendra en divisant le poids de ce gaz par celui de l'air

$$d = \frac{103,64 - 97,43}{100 - 97,43} = 2,42.$$

4° **Vapeurs. — Hygrométrie.**

178. *On a mesuré 150ᶜᶜ d'air saturé d'humidité à 15°*
et à 760ᵐᵐ, puis on a desséché ce gaz. On demande ce
qu'est devenu son volume, la température et la pression ne

*changeant pas. La tension maxima de la vapeur d'eau à
15° est 12ᵐᵐ,7.*

(Clermont, 8 avril 1879; Lyon, 6 novembre 1888.)

La pression individuelle de l'air dans le mélange est $(760-12,7)^{mm}$,
alors que le volume est 150^{cc} et la température de 15°. Quand
le gaz a été desséché, il fait équilibre à lui seul à la pression
atmosphérique de 760ᵐᵐ, et son volume devient V. On aura V
en appliquant la loi de Mariotte, dans le cas où il n'y a pas
de variation de température :

$$150(760 - 12,7) = V \times 760.$$

De là on tire

$$V = 147^{cc}.$$

179. *On donne 5ˡⁱᵗ,793 de gaz saturé d'humidité à 10°
sous la pression 0ᵐ,764. On demande quel sera le volume
du gaz sec à 25° et sous une pression de 0ᵐ,756. On
donne la tension de la vapeur d'eau à 10° = 9ᵐᵐ,17.*

(Besançon, 29 octobre 1884; Bastia, 4 juillet 1888.)

Dans le mélange d'air sec et d'humidité, à la température de
10°, la pression individuelle de l'air est $(764 - 9,17)^{mm}$. Nous
avons donc, à l'origine, 5ˡⁱᵗ,793 d'air sec à la température de 10°
et sous la pression de 764 — 9,17. Puis la température devenant
25° et la pression 756ᵐᵐ, le volume de cet air prend une valeur
V, qu'il s'agit de calculer.

Elle sera donnée par l'application de la loi de Mariotte :

$$\frac{5,793(764 - 9.17)}{1 + 0,00366 \times 10} = \frac{V \cdot 756}{1 + 0,00366 \times 25}.$$

On en tire

$$V = 6^{lit},090.$$

180. *Étant donnés 20ˡⁱᵗ d'air saturé d'humidité, à la
température de 15°, sous la pression de 538ᵐᵐ, on demande
quel serait le volume occupé par la même masse de gaz à
la température de 30°, sous la pression de 606ᵐᵐ.*

La tension maximum de la vapeur d'eau à 15° est de 12^{mm},7, et le coefficient de dilatation de l'air est de $\dfrac{1}{273}$.

(Grenoble, 28 juillet 1880; Ajaccio, 27 juin 1858; Dijon, 12 nov. 1888.)

Par suite de l'augmentation de la pression finale, qui passe de 588^{mm} à 606^{mm}, la pression individuelle de l'air sec et la pression de l'humidité vont éprouver chacune une augmentation. Supposons que cette augmentation de la tension de la vapeur d'eau soit assez faible pour que, à la nouvelle température, qui est 30°, cette vapeur ne soit pas saturante. Le mélange se comportera alors absolument comme s'il était constitué par un gaz unique, suivant la loi de Mariotte, et le volume cherché V sera donné par l'équation

$$\frac{20}{1+15\alpha}\,588 = \frac{V}{1+30\alpha}\,606,$$

d'où l'on tire

$$x = 20^{lit},416.$$

Pour vérifier si l'hypothèse que nous avons faite est exacte, calculons ce qu'est devenue la tension de la vapeur d'eau dans ce mélange.

Pour une pression totale de 588^{mm}, la pression individuelle de la vapeur était 12^{mm},7; quand la pression devient 606, la pression individuelle de la vapeur d'eau devient $\dfrac{12,57 \times 606}{588} = 13^{mm},09.$

Or ce nombre est certainement inférieur à la tension maxima qui correspond à la température de 30°; le calcul que nous avons fait est donc exact.

Remarque. — L'énoncé devrait renfermer la tension maxima de la vapeur d'eau à 30°, pour qu'on puisse constater qu'elle est bien en réalité supérieure à 13^{mm},09.

181. *On a un ballon renfermant un litre d'azote saturé d'humidité à la température de 25° et sous la pression de 759^{mm}. On demande le poids d'azote sec.*

On donne :

La densité de l'azote par rapport à l'air .   10,97
Le poids d'un litre d'air à 0° et 760^{mm} . .   1^{gr},293
Le coefficient de dilatation des gaz   0,00366
La tension maximum de la vapeur d'eau à 25°.   23^{mm}.

(Alger, 3 juillet 1886; Marseille, 25 avril 1888.)

La pression de la vapeur d'eau dans le mélange est de 23^{mm} ;
la pression individuelle de l'azote sec est donc

$$759 - 23 = 736^{mm}.$$

Par suite le poids de ce gaz est

$$p = 1 \times \frac{1}{1 + 0,00366 \times 23} \times \frac{736}{760} \times 0,971 \times 1,293 = 1^{gr},114.$$

182. *Quel est le poids de* v *litres d'un gaz de densité*
d, *sous la pression* H, *à la température* t, *l'état hygro-*
métrique étant e ?
(Besançon, 3 nov. 1885; Rennes, 26 oct. 1888; Dijon, 7 nov. 1888.)

Le poids cherché se compose du poids du gaz sec, augmenté
du poids de l'humidité. Désignons par h la tension maxima de
la vapeur d'eau à la température t; la tension de l'humidité dans
l'air est eh, et la tension de l'air sec $H - eh$.
Le gaz sec pèsera donc :

$$p = V \frac{1}{1 + \alpha t} \cdot \frac{H - eh}{760} \, 1,293d.$$

Le poids de l'humidité sera

$$p' = V \frac{1}{1 + \alpha t} \cdot \frac{eh}{760} \, 1,293d',$$

d' étant la densité de la vapeur d'eau.
On aura le poids total P en faisant la somme $p + p'$:

$$P = V \frac{1}{1 + \alpha t} \cdot \frac{1}{760} \, 1,293[(H - eh)d + ehd'].$$

183. *Quel est le poids de vapeur d'eau contenue dans*
une chambre cubique de 5^m *de côté, renfermant de l'air à*
28° *sous la pression de* 80^{cm} *et dont l'état hygrométrique*
est 0,50 ?
La tension maxima de la vapeur d'eau à 28° *est* $28^{mm},1$;
le poids du litre d'air à zéro et à la pression de 760^{mm} *est*
$1^{gr},29.$

Le coefficient de dilatation des gaz est 0,00367.
La densité de la vapeur d'eau est 0,622.

(Grenoble, 15 juill. 1886; Rennes, 28 mars 1887; Paris, 10 juill. 1887.)

Le volume de la vapeur d'eau est égal à la capacité de la chambre; sa température est de 28° et sa pression est de $0,50 \times 28^{mm},1$. On a donc, en appliquant la formule générale qui permet de calculer le poids d'un gaz ou d'une vapeur :

$$p = 53 \times \frac{1}{1 + 28 \times 0,00367} \times \frac{0,50 \times 28,1}{760} \times 0,622 \times 1,29,$$

d'où, en effectuant les calculs :

$$p = 1^{kg},682.$$

Le poids est donné en kilogrammes, puisque nous avons exprimé le volume de la chambre en mètres cubes, et qu'alors le nombre 1,29 représente, en kilogrammes, le poids d'un mètre cube d'air.

184. *On donne* 1^{lit} *d'air saturé de vapeur d'eau à la pression de* 765^{mm} *et à la température de* 0°. *On fait le vide de manière que la pression devienne* 10^{mm}, *la température restant* 0°. *On demande de calculer la proportion relative d'air sec et de vapeur d'eau contenus dans ce mélange gazeux ainsi raréfié.*

(Nancy, novembre 1879.)

Quand on fera le vide, la proportion relative d'air sec et de vapeur d'eau contenu dans le mélange restera invariable. La pression de l'humidité restera toujours $\frac{h}{765}$ de la pression totale (h étant la tension maxima de la vapeur d'eau à la température de l'expérience), et la pression de l'air sec restera toujours $\frac{765 - h}{765}$ de la pression totale.

A chaque instant, et quel que soit le degré de vide, le rapport des poids d'air sec et d'humidité aura donc la même valeur qu'au début.

Au début le poids d'air sec est

$$p = V \frac{1}{1 + \alpha t} \cdot \frac{H - h}{760} \times 1,293,$$

et le poids de la vapeur d'eau

$$p' = V \frac{1}{1 + at} \cdot \frac{h}{760} \times 1{,}293 \times 0{,}622.$$

On en tire le rapport cherché :

$$\frac{p}{p'} = \frac{H - h}{h} \cdot \frac{1}{0{,}622}.$$

Ici la pression totale est 765, la tension maxima de la vapeur d'eau, à 0°, est 4,7. Le rapport des poids est

$$\frac{p}{p'} = \frac{765 - 4{,}7}{4{,}7} \cdot \frac{1}{0{,}622} = 260.$$

Le poids de l'air sec est toujours 260 fois plus grand que celui de l'humidité.

185. *La cloche d'une machine pneumatique a une capacité de trois litres ; elle est remplie d'air humide à la pression de 750^{mm}, la tension de la vapeur d'eau dans cet air étant de 20^{mm}. On demande :*

1° La tension de la vapeur d'eau dans la cloche lorsque la pression y sera réduite à 100^{mm} ;

2° Le poids de l'air humide enlevé

La température reste constante et égale à 27°.

On admettra pour coefficient de dilatation de l'air le nombre $\frac{1}{273}$.

(Nancy, 31 juillet 1885.)

La pression totale a été diminuée, par le jeu de la machine, dans le rapport de $\frac{750}{100}$; la pression de la vapeur sera diminuée dans le même rapport ; elle sera donc devenue $20 \times \frac{100}{750} = 2^{mm}{,}66.$

Le poids primitif de la vapeur contenue dans la cloche était

$$p = 3 \times \frac{1}{1 + \alpha \times 27} \times \frac{20}{760} \times 1{,}293 \times 0{,}622.$$

Le poids restant sera

$$p' = 3 \times \frac{1}{1 + \alpha \times 27} \times \frac{2{,}66}{760} \times 1{,}293 \times 0{,}622.$$

Le poids de vapeur enlevé est donc

$$\pi = p - p' = 3 \times \frac{1}{1 + \alpha \times 27} \times 1{,}293 \times 0{,}622 \times \frac{20 - 2{,}66}{760}.$$

On trouverait de même que le poids d'air sec enlevé est

$$\pi' = 3 \times \frac{1}{1 + \alpha \times 27} \times 1{,}293 \times \frac{(750 - 20) - (100 - 2{,}66)}{760}.$$

Ce qui donne pour poids total de l'air humide enlevé:

$$P = \pi + \pi' = \frac{3}{1 + \alpha \times 27} \times \frac{1{.}293}{760} [632{,}66 + 17{,}34 \times 0{,}622]$$
$$= 2^{gr}{,}990.$$

186. *A quelle température le poids d'un litre d'air sec mesuré sous la pression de 0,674 sera-t-il égal au poids d'un litre d'air saturé de vapeur d'alcool à 20°,5 et sous la pression 0,769 ?*

La force élastique de la vapeur d'alcool à 20°,5 est de 49^{mm},05; la densité de la vapeur d'alcool est 1,613.

(Paris, 4 mai 1883.)

Le poids d'un litre d'air sec, à la température cherchée t, est

$$1 \times \frac{1}{1 + \alpha t} \times \frac{674}{760} \times 1{,}293.$$

Le poids d'un litre d'air saturé de vapeur d'alcool à 20°,5 et sous la pression de 769^{mm} est

$$1 \cdot \frac{1}{1 + 20{,}5\alpha} \cdot \frac{769 - 49{,}05}{760} \cdot 1{,}293 + 1 \cdot \frac{1}{1 + 20{,}5\alpha} \cdot \frac{49{,}05}{760} \cdot 1{,}613 \cdot 1{,}293.$$

Ces deux poids doivent être égaux, ce qui donne l'équation

$$\frac{1}{1 + \alpha t} \times 674 = \frac{769 - 49{,}05}{1 + 20{,}5\alpha} + \frac{49{,}05}{1 + 20{,}5\alpha} \times 1{,}613.$$

On en tire

$$\frac{1}{1 + \alpha t} = 0{,}993 + 0{,}108 = 1{,}101$$
$$t = -25°.$$

C'est à la température de −25° que l'air sec aura le même poids que l'air saturé de vapeurs d'alcool dans les conditions indiquées.

187. *Dans une éprouvette, placée sur la cuve à eau, on introduit 150ᶜᵐᶜ d'air sec à 0° et à la pression de 760ᵐᵐ. L'air y prend la température de 30°, et l'eau s'élève dans l'éprouvette à 10ᶜᵐ au-dessus du niveau de la cuve. Quel est le nouveau volume occupé par l'air ? — On prendra l'unité pour densité de l'eau, et 0ᵐ,0315 pour tension maximum de la vapeur d'eau à 30°.*

(Nancy, 20 avril 1891.)

La pression atmosphérique, exprimée en colonne d'eau, est 1033ᶜᵐ; de même la tension maximum de la vapeur est 43ᶜᵐ. La pression de l'air, qui était de 1033ᶜᵐ au début, est donc ensuite 1033 — 10 — 43 = 980ᶜᵐ. Par suite on a, en appliquant la loi de dilatation des gaz,

$$150 \times 1033 = \frac{x}{1 + 30\alpha} \times 980.$$

De là, on tire

$$x = \frac{150 \times 1033 \times (1 + 30 \times 0,00367)}{980},$$

et, en résolvant les calculs numériques,

$$x = 176^{\text{cmc}}.$$

188. *Déterminer la composition centésimale en volumes d'un mélange d'air et de vapeur d'eau dont la température est 80° et la pression totale 760ᵐᵐ, sachant que cet air serait saturé si l'on abaissait la température à 50°. La force élastique maxima de la vapeur d'eau est 81ᵐᵐ à 50°; le coefficient de dilatation des gaz et des vapeurs est* $\dfrac{1}{273}$.

(Paris, 24 juillet 1886.)

A 50°, la pression individuelle de la vapeur d'eau dans le mélange est de 81ᵐᵐ. A 80° la quantité de vapeur d'eau est toujours la même, mais sa pression a augmenté par suite de la dilatation (si nous admettons que le volume total est resté invariable); cette pression est alors égale à

$$\frac{81(1 + 80\alpha)}{1 + 50\alpha}.$$

Comme la pression totale est de 760^{mm}, la pression individuelle de l'air sec est

$$760 - \frac{81(1 + 80\alpha)}{1 + 50\alpha}.$$

Le rapport de ces pressions est le même que le rapport des volumes des gaz mélangés, supposés mesurés chacun sous la pression normale.

La composition volumétrique est donc de $\dfrac{81(1 + 80\alpha)}{1 + 50\alpha}$ volumes de vapeur d'eau pour $\left[760 - \dfrac{81(1 + 80\alpha)}{1 + 50\alpha}\right]$ volumes d'air.

Cette composition, ramenée à 100 volumes, donne

$$\frac{81(1 + 80\alpha)}{1 + 50\alpha} \times \frac{100}{760} = 11,64 \text{ pour la vapeur d'eau,}$$

$$\left[760 - \frac{81(1 + 80\alpha)}{1 + 50\alpha}\right]\frac{100}{760} = 88,36 \text{ pour l'air.}$$

Comme vérification, on voit que l'on a bien

$$11,64 + 88,36 = 100.$$

189. *Dans un récipient d'un volume* V $= 350^{lit}$ *à la température de* 20° *et contenant de l'air sec, on introduit* 4^{gr} *d'eau distillée qui s'évaporent complètement.*

On demande quel est l'état hygrométrique qui s'établit dans le récipient.

On chauffe ensuite ce récipient à 50° ; *de la vapeur d'eau s'échappe. Quel est le nouvel état hygrométrique, sachant qu'à* 20° *la tension maxima est de* 17^{mm}, *et de* 92^{mm} *à* 50°.

La densité de la vapeur d'eau $= 0,622$, *et* $\alpha = 0,00367$.

(Lyon. 8 novembre 1878; Dijon, 20 avril 1889.)

1° Le poids d'un gaz ou d'une vapeur s'obtient en multipliant son volume, ramené à 0° et à la pression de 760^{mm}, par sa densité et par le poids d'un litre d'air dans les conditions normales de température et de pression. Si nous appelons f la tension de la vapeur d'eau dans le récipient, après l'évaporation complète du liquide, nous aurons donc

$$4 = 350 \times \frac{f}{760} \times \frac{1}{1 + 0,00367 \times 20} \times 0,622 \times 1,293,$$

d'où

$$f = \frac{4 \times 760(1 + 0,00367 \times 20)}{350 \times 0,622 \times 1,293}.$$

' On aura l'état hygrométrique en divisant cette valeur de f par 17^{mm}, tension maxima de la vapeur d'eau à la température de 20° :

$$e = \frac{f}{17} = \frac{4 \times 760(1 + 0,00367 \times 20)}{350 \times 0,622 \times 1,293 \times 17} = 0,68.$$

2° Si l'on chauffe ensuite à 50° le récipient supposé librement ouvert, cette élévation de température n'apportera aucun changement dans la pression intérieure, qui restera égale à la pression atmosphérique. La pression totale de l'air sec et de la vapeur d'eau demeurant constante, chacune des pressions individuelles le restera aussi, c'est-à-dire que la pression de la vapeur d'eau sera égale à f avant comme après l'échauffement. Le nouvel état hygrométrique e' sera donc égal à f divisé par 92, tension maxima de la vapeur d'eau à la température de 50°.

$$e' = \frac{f}{29} = 0,12.$$

190. *On fait l'expérience de Torricelli avec de l'éther (au lieu de mercure) en employant un tube suffisamment long. Quelle sera la hauteur de ce liquide dans le tube, la pression atmosphérique étant de 750^{mm}?*

Densité de l'éther 0,715, du mercure, 13,6. Pression de la vapeur à la température de l'expérience 30^{cm} (mercure).

(Lyon, 11 novembre 1885 ; Grenoble, 29 avril 1889.)

La tension de vapeur d'éther qui se répand dans le vide barométrique équivaut à une colonne de mercure de 300^{mm}. La hauteur du liquide dans le tube doit donc seulement être celle qui fait équilibre à une hauteur de mercure égale à $750 - 300 = 450^{mm}$. Si nous désignons par x cette hauteur, elle nous sera donnée en appliquant le principe des vases communiquants :

$$\frac{x}{450} = \frac{13,6}{0,715}.$$

On tire de cette proportion

$$x = 8559^{mm}.$$

191. *Un ballon de verre de 5ˡⁱᵗ, fermé à la lampe, renferme de l'air et 5ᶜᶜ d'eau. Le ballon étant enveloppé de glace, la tension du gaz qu'il renferme est de 768ᵐᵐ,6. Quelle sera la tension dans le ballon, lorsque celui-ci sera plongé dans l'eau à 100° ?*

On sait que le coefficient de dilatation de l'air est 0,00366, et que la tension de la vapeur d'eau à zéro est 4ᵐᵐ,6 (on négligera la dilatation du verre et de l'eau).

(Grenoble, 25 juillet 1885.)

Cherchons d'abord si les 5ᶜᶜ d'eau se volatiliseront entièrement quand on portera la température à 100°. A la température de 100°, la tension maxima de la vapeur d'eau est 760ᵐᵐ ; dans ces conditions le poids d'un litre de vapeur est égal à

$$\frac{1,293}{1 + 0,00366 \times 100} \times 0,622 = 0^{gr},588.$$

Les cinq litres de vapeur nécessaires pour saturer l'atmosphère du ballon pèseront donc moins de 5ᵍʳ ; il y aura un excès d'eau à la fin de l'expérience, comme au commencement.

Au début, la pression totale est constituée par une pression de 4ᵐᵐ,6 de vapeur d'eau, et une pression 764ᵐᵐ,0 d'air sec. Quand la température s'élève à 100°, la pression de la vapeur d'eau devient 760ᵐᵐ ; la pression de l'air sec h est donnée par la loi de Mariotte :

$$5 \times 764 = \frac{5 \times h}{1 + 0,00366 \times 100}.$$

On tire de là

$$h = 1043^{mm},6,$$

La pression totale, dans le ballon, sera à ce moment

$$1043,6 + 760 = 1803^{mm},6.$$

192. *Dans une enceinte de 20ˡⁱᵗ maintenue à 60°, on introduit 30ˡⁱᵗ d'air sec à 750ᵐᵐ et à 25°, puis 8ᵍʳ d'eau distillée. Dire si toute cette eau s'évaporera.*

Si oui, quel est l'état hygrométrique ?

Si non, quel est le poids d'eau évaporée ?

*La tension maxima de la vapeur d'eau à 60° égale 149*mm.

La densité de la vapeur d'eau égale 0,622.

Donner, dans tous les cas, la pression totale dans l'enceinte.

(Lyon, 6 avril 1879; Alger, 8 novembre 1838.)

1° Appelons f la tension de la vapeur d'eau qui résulterait de l'évaporation complète du liquide. Cette tension sera donnée par l'équation

$$S = 20 \times \frac{f}{760} \times \frac{1}{1 + 0,00367 \times 60} \times 0,622 \times 1,293,$$

de laquelle on tire

$$f = \frac{S \times 760(1 + 0,00367 \times 60)}{20 \times 0,622 \times 1,293} = 461^{mm}.$$

Cette tension étant supérieure à la tension maxima de la vapeur d'eau à la température de 60°, il en faut conclure que l'évaporation ne sera pas complète. Le poids p d'eau qui s'évaporera sera donné par la proportion

$$\frac{p}{S} = \frac{149}{461}, \qquad \text{d'où} \qquad p = 2^{gr},563.$$

2° La pression totale dans l'enceinte sera la somme des pressions individuelles de la vapeur d'eau (149mm) et de l'air sec (F). La pression de l'air nous sera donnée par la loi de Mariotte (le produit du volume ramené à 0° par la pression est constant) :

$$\frac{30}{1 + 0,00367 \times 25} \times 750 = \frac{20}{1 + 0,00367 \times 60} \times F,$$

d'où

$$F = \frac{30 \times 750(1 + 0,00367 \times 60)}{20(1 + 0,00367 \times 25)} = 1257^{mm}.$$

La pression totale dans l'enceinte sera $1257 + 149 = 1406^{mm}$.

193. *On mélange 100*lit *d'air saturé d'humidité à la température de 15° avec un égal volume d'air saturé à la température de 0°. On admettra que le volume du mélange est 200*lit *et sa température 7°,5. Calculer le poids d'eau qui se déposera à l'état liquide.*

Tension maxima de la vapeur d'eau à 15° . . . $12^{mm},7$

—   —   —   à 7°,5 . .   7 ,8

—   —   —   à 0° . . .   4 ,6

Densité de la vapeur d'eau 0,622 ; $a = 0,00367$.

(Montpellier, 28 juillet 1884.)

L'air à 15° renfermait un poids p de vapeur d'eau, donné par la formule

$$p = 100 \times \frac{1}{1 + 0,00367 \times 15} \times \frac{12,7}{760} \times 1,293 \times 0,622.$$

L'air à 0° renfermait un poids p' de vapeur d'eau :

$$p' = 100 \times \frac{4,6}{760} \times 1,293 \times 0,622.$$

Ce qui donne un poids total $p + p'$.

Le mélange, saturé, ne peut contenir qu'un poids π de vapeur :

$$\pi = 200 \times \frac{1}{1 + 0,00367 \times 7,5} \times \frac{7,8}{760} \times 1,293 \times 0,622.$$

Le poids d'eau condensée sera

$$(p+p') - \pi = \frac{100 \times 1,293 \times 0,622}{760} - \left(\frac{12,7}{1+0,00367 \times 15} + 4,6 - \frac{2 \times 7,8}{1+0,00367 \times 75} \right)$$

$$= 0^{gr},053.$$

194. *Un ballon de verre fermé contient de l'air saturé d'humidité à 20° et à la pression totale de 750^{mm}. On demande :*

1° La densité de l'air humide ;

2° Quelle est la pression intérieure dans ce ballon quand on le refroidit à 10°.

La densité de l'air sec à 0° et 760^{mm} est $\dfrac{1}{770}$ par rapport à l'eau ; son coefficient de dilatation est $\dfrac{11}{3000}$.

Densité de la vapeur d'eau par rapport à l'air, 0,622.

Pression de la vapeur d'eau saturée à 20°, 17^{mm} ; à 10°, 9^{mm}.

(Lyon, 26 juillet 1884.)

1° Puisqu'on donne la densité de l'air sec par rapport à l'eau, c'est aussi par rapport à l'eau qu'il nous faut calculer la densité de l'air humide. Elle est égale au poids d'un litre de cet air humide, dans les conditions de température où il se trouve, divisé par 1 kilogramme qui représente le poids du litre d'eau au maximum de densité.

Or ce litre d'air humide se compose :

a) de vapeur d'eau, dont la pression individuelle est 17^{mm} et dont le poids p, exprimé en kilogrammes, est

$$p = \frac{1}{770} \times \frac{17}{760} \times \frac{1}{1 + \frac{11}{3000} \times 20} \times 0{,}622 :$$

b) d'air sec, dont la pression individuelle est $760 - 17 = 733^{mm}$ et dont le poids p' est

$$p' = \frac{1}{770} \times \frac{733}{760} \times \frac{1}{1 + \frac{11}{3000} \times 20} \cdot$$

La densité $\dfrac{p + p'}{1}$ sera donc donnée par l'équation

$$d = \frac{p + p'}{1} = \frac{1}{770} \times \frac{1}{760} \times \frac{1}{1 + \frac{11}{3000} \times 20} (733 + 17 \times 0{,}622)$$

$$= 0{,}001184.$$

La densité cherchée, par rapport à l'eau, est 0,001 184 ou $\dfrac{1}{845} \cdot$

2° Si l'on refroidit jusqu'à 10°, une partie de l'humidité se condense, et la pression individuelle de la vapeur d'eau n'est plus que de 9^{mm}. Quant à la pression individuelle h de l'air sec elle est donnée par la loi de Mariotte (le produit du volume ramené à 0° par la pression demeure constant) :

$$\frac{V}{1 + \frac{11}{3000} \times 20} \times 733 = \frac{V}{1 + \frac{11}{3000} \times 10} \times h.$$

d'où

$$h = 733 \times \frac{1 + \frac{11}{3000} \times 10}{1 + \frac{11}{3000} \times 20} = 708.$$

La pression intérieure sera donc devenue $708 + 9 = 717^{mm}$

195. *Quelle est la perte de poids subie dans l'air par un ballon de cuivre de 1^{lit} de capacité à 0°? La pression actuelle est de 759^{mm}, la température 27°3, la tension de la vapeur d'eau 24^{mm}. On admettra pour coefficient de dilatation de l'air, $\alpha = \dfrac{1}{273}$, pour coefficient de dilatation linéaire du cuivre $k = 0,0000172$. Le poids du litre d'air sec à 0° sous la pression 760^{mm} est $1^{gr},293$; la densité de la vapeur d'eau par rapport à l'air est $d = \dfrac{5}{8}$.*

(Marseille, 24 juillet 1885.)

Le volume du ballon à la température de 27°,3 est $1(1+3k\times27,3)$. Il déplace un égal volume d'air sec qui pèse

$$p = 1\,(1 + 3k \times 27,3)\ \frac{1}{1+27,3\alpha} \times \frac{759-24}{760} \times 1,293.$$

et un même volume d'humidité dont le poids est

$$p' = 1 \times (1 + 3k \times 27,3)\ \frac{1}{1+27,3\alpha} \times \frac{24}{760} \times 1,293 \times \frac{5}{8}.$$

La somme de ces deux poids représente la perte qu'éprouve le ballon dans l'air. En remplaçant les lettres par leur valeur, on trouve :

$$p = 1^{gr}, 139,$$
$$p' = 0^{gr}, 023.$$

La perte de poids subie par le ballon est $p + p' = 1^{gr},162.$

5° Calorimétrie.

196. *Une masse de platine pesant 100^{gr} est chauffée dans un fourneau dont on veut connaître la température. On la place ensuite dans un vase en laiton pesant 200^{gr} et contenant 600^{gr} d'eau à 10°. La température du calorimètre s'élève à 14°. On demande la température du fourneau. On*

prendra 0,03 *pour la chaleur spécifique du platine et* 0,09
pour celle du laiton.

(Clermont, 12 novembre 1884.)

La chaleur perdue par le platine $100 \times 0,03$ (T — 14), est égale
à la chaleur gagnée par le vase en laiton $200 \times 0,09$ (14 — 10),
plus la chaleur gagnée par l'eau 600 (14 — 10).

On a donc

$$100 \times 0,03 \ (T — 14) = (200 \times 0,09 + 600)4,$$

équation de laquelle on tire T, la température cherchée du fourneau :

$$T = 838°.$$

197. *Le poids d'un calorimètre en laiton, vide, est de*
100ᵍʳ. *Il contient* 400ᵍʳ *d'eau à la température initiale de*
40°. *On y fait tomber un panier en laiton du poids de*
10ᵍʳ, *contenant* 400ᵍʳ *de plomb, le tout porté à la température de* 100°. *Connaissant les chaleurs spécifiques, du
laiton* 0,092, *du plomb* 0,033, *on demande quelle sera la
température finale du mélange.*

(Marseille, 5 juillet 1886, Lyon, 20 juillet 1889.)

Nous n'avons, pour trouver la température finale θ, qu'à écrire
l'équation générale des mélanges indiquant que : la quantité de
chaleur perdue par le plomb et la corbeille est égale à la quantité de chaleur gagnée par l'eau et le calorimètre :

$$10 \times 0,092 \ (100 — \theta) + 400 \times 0,033 \ (100 — \theta) = 100$$
$$\times 0,092 \ (\theta — 10) + 400 \times 1 \times (\theta — 10).$$

De là on tire

$$\theta = \frac{5780}{146,08} = 13°,56 \cdot$$

198. *Deux calorimètres A et B renferment à leur intérieur
deux spirales de platine C et D parfaitement identiques et
qui peuvent être traversées par un même courant électrique.
Le premier calorimètre, A, contient* 948ᵍʳ,40 *d'eau et le
second* 818ᵍʳ,34 *d'essence de térébenthine ; le poids, réduit en*

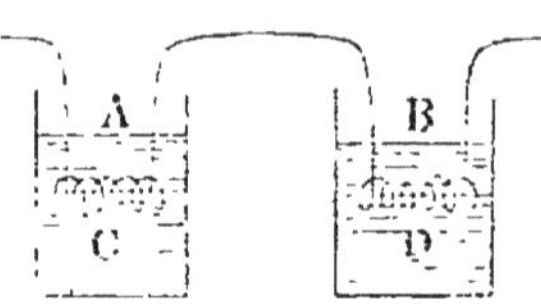

eau, du calorimètre, de la spirale et des accessoires, est pour le calorimètre A de $2^{gr},21$, et pour le calorimètre B également de $2,^{gr}21$. Après avoir fait passer le courant électrique pendant un certain temps, on constate que la tempé.ature s'est élevée de $3°,17$ dans le calorimètre A et de $8°,36$ dans le calorimètre B. On demande quelle est la chaleur s,écifique de l'essence de térébenthine.

(Grenoble, 22 avril 1884.)

Soit x la chaleur spécifique cherchée de l'essence de térébenthine. Dans e premier calorimètre, la chaleur gagnée par l'eau et l'appare l a pour expression

$$(94,40 + 2,21)\,3,17.$$

Dans le second, la chaleur gagnée par l'essence et l'appareil a pour expression

$$81,31 \times x \times 8,36 + 2,21 \times 8,36.$$

Ces deux quantités devant être égales, on a

$$(94,40 + 2,21)\,3,17 = 81,31 \times x \times 8,36 + 2,21 \times 8,36,$$

équation qui donne

$$x = 0,423.$$

199. Un vase fermé, d'une capacité de 1^{lit} et dont les parois sont complètement imperméables à la chaleur, est rempli d'air à la température de $0°$ et à la pression de 76^{cm} de mercure. On y introduit 5^{gr} de mercure à la température de $18°$, puis on laisse l'équilibre de température s'établir. On demande la pression finale dans le vase. On admet que la chaleur spécifique de l'air est constante et égale à $0,16$. Celle du mercure est $0,03$. On négligera la dilatation du vase et le volume occupé par le mercure.

(Nancy, 27 juillet 1885.)

Soit t la température finale qui résultera de l'échauffement de l'air par suite du refroidissement du mercure. Cette température sera donnée par l'équation des mélanges:

$$1{,}293 \times 0{,}16\,t = 5 \times 0{,}03(18 - t),$$

de laquelle on tire $\qquad t = \dfrac{2{,}7}{0{,}35688}.$

La pression intérieure deviendra par suite

$$H = 760 \left(1 + \dfrac{2{,}7}{0{,}35688} \times 0{,}00367 \right) = 781^{mm}.$$

200. *Un vase en cuivre, dont le poids est de 320^{gr} et la chaleur spécifique $0{,}095$, contient 250^{gr} d'eau ; leur température commune est 52°. On demande quel poids de glace fondante il faudra pour amener la température de l'ensemble à 12°.*

Bordeaux, 10 novembre 1885 ; Lyon, 28 mars 1887.)

La quantité x de glace cherchée sera donnée immédiatement par l'équation générale de la méthode des mélanges :

$$x \times 79 + x \times 12 = 320(52 - 12)0{,}095 + 250(52 - 12).$$

On en tire

$$x = 123^{gr}.$$

201. *On verse trois kilogrammes de plomb fondu, dont la température est 400°, dans deux litres d'eau à 15°. Déterminer la température du mélange, sachant que la température de fusion du plomb est 376°, que la chaleur spécifique du plomb liquide est $0{,}04$, celle du plomb solide $0{,}031$ et que la chaleur latente de fusion du plomb est $5^{cal},37$.*

(Rennes, 20 avril 1891.)

Nous supposerons que la chaleur absorbée par le calorimètre soit négligeable.

Soit x la température finale du mélange. Nous pouvons écrire que la quantité de chaleur gagnée par l'eau $2 \times 1 \times (x - 15)$, est égale à la quantité de chaleur perdue par le plomb en se refroidissant à l'état liquide $3 \times 0{,}04 \times (400 - 376)$, puis en se solidifiant $3 \times 5{,}37$, puis en se refroidissant à l'état solide $3 \times 0{,}031 \times (376 - x)$.

$$2 \times 1 \times (x - 15) = 3 \times 0{,}04 \times (400 - 376) + 3 \times 5{,}37$$
$$+ 3 \times 0{,}031 \times (376 - x).$$

De là, on tire $\qquad\qquad x = 40°{,}1.$

202. *On maintient du phosphore en surfusion et on demande de combien de degrés au-dessous de son point de fusion il faut refroidir le liquide pour que par sa solidi-fication brusque et complète il remonte au point de fusion.*

La chaleur latente de fusion du phosphore est 5,4, et sa chaleur spécifique dans le voisinage de son point de fusion est 0,20.

(Dijon, 27 juillet 1885.)

Soit p le poids de phosphore sur lequel on opère. Au moment de sa solidification brusque il dégage une quantité de chaleur égale à $p \times 5{,}4$. Si cette quantité de chaleur est employée à élever sa température, l'élévation x sera donnée par l'équation

$$p \times x \times 0{,}20 = p \times 5{,}4,$$

qui exprime que la chaleur dégagée par la solidification est égale à la chaleur absorbée pendant l'échauffement. On en tire $x = 27°$.

Supposons que la température, au moment de la solidification brusque, soit inférieure de plus de $27°$ à celle de la fusion : non seulement la solidification sera complète quand cessera la sur-fusion, mais encore il ne se dégagera pas assez de chaleur pour élever la température jusqu'au point normal de solidification. Si au contraire la température est inférieure de moins de $27°$ à celle de la fusion, le phosphore s'échauffera jusqu'à son point de fusion par suite d'une solidification brusque qui sera seule-ment partielle; puis la solidification se terminera lentement, au fur et à mesure que le corps perdra par rayonnement l'excès de sa chaleur latente.

203. *Un vase en cuivre pesant* 30^{kg} *contient* 60^{kg} *d'eau sur laquelle nagent* 25^{kg} *de glace à zéro. Calculer le nombre de litres de vapeur d'eau à* $100°$ *et sous la pression de*

*760ᵐᵐ qu'il faudrait y faire condenser pour fondre la glace
et porter la température du tout à 15°.*

Chaleur de fusion de la glace . . . 79 *calories.*
Chaleur de vaporisation de l'eau. . . 540 *calories.*
Chaleur spécifique du cuivre 0,1
Poids d'un litre d'air. . . . . . . 1ᵍʳ,293.

Densité de la vapeur d'eau $\dfrac{5}{8}$*;* α = 0,003 67.

(Montpellier, 21 avril 1884; Poitiers, 28 octobre 1889.)

Soient p le poids de la vapeur qu'il faut faire passer dans le
calorimètre, et V le volume de cette vapeur, mesuré à 100° et
sous la pression de 760ᵐᵐ.

Le poids sera donné par l'équation de la méthode des mélanges,
en écrivant que la quantité de chaleur perdue par la vapeur qui
se condense, puis par l'eau qui résulte de la condensation, est
égale à la quantité de chaleur gagnée par le calorimètre, par la
glace et par l'eau qu'il renferme :

$$p\,(540 + 85) = 30 \times 0,1 \times 15 + 25 \times 79 + (60 + 25) \times 15.$$

De là on tire

$$p = \left(\frac{3315}{625}\right)^{\mathrm{kg}}.$$

On aura le volume V de cette vapeur à l'aide de la formule
générale qui permet de calculer le poids d'un gaz :

$$\frac{3315000}{625} = \mathrm{V}\,\frac{1}{1 + 100\alpha} \times 1,293 \times \frac{5}{8}$$

$$\mathrm{V} = \frac{3315000 \times 1,367 \times 8}{625 \times 1,293 \times 5} = 8972^{\mathrm{lit}}.$$

204. *25ᵍʳ d'eau, contenus dans un vase métallique à parois
minces et dont la surface extérieure est bien polie, sont à la
température de 20° d'une salle où l'état hygrométrique est* $\dfrac{1}{2}$*.*

*On refroidit le liquide en y projetant de la glace, et la
rosée apparaît quand la température de l'eau est descendue
à 10°.*

Le poids du vase métallique est 10gr,5 ; la chaleur spé-cifique du métal est $\frac{1}{12}$; la tension maxima de la vapeur est, à 10°, de 9mm; et la chaleur de fusion de la glace est 79,25.

On demande: 1° la tension maxima de la vapeur d'eau à 20°; 2° le poids de glace qu'il a fallu projeter dans l'eau pour atteindre le point de rosée.

(Paris, 23 juillet 1880.)

1° Puisque la rosée apparaît quand le vase est à 10°, c'est que la tension de la vapeur d'eau dans l'air est égale à 9mm, tension maxima qui correspond à la température de 10°. L'état hygro-métrique à ce moment étant $\frac{1}{2}$, il en faut conclure que la tension maxima à la température actuelle de l'air, 20°, est $9 \times 2 = 18$mm.

2° Pour obtenir le poids de glace qui a produit le refroidisse-ment de l'eau, écrivons que la chaleur perdue par le vase $10{,}5 \times \frac{1}{12}(20 - 10)$, plus la chaleur perdue par l'eau $25(20 - 10)$, est égale à la chaleur gagnée par la glace $p \times 79{,}25 + p \times 10$. De là l'équation

$$\frac{105}{12} + 250 = p \times 89{,}25,$$

qui donne $\qquad\qquad p = 2^{gr}{,}9.$

205. *Calculer le nombre de litres de vapeur d'eau à 100° et 760mm de pression qu'il faudrait faire condenser dans une cuve en fer pesant 320kg, contenant 2mc d'eau à 15°, pour élever sa température à 70°.*

Chaleur spécifique du fer, 0,11.

Chaleur de condensation de la vapeur d'eau à 100°, 537 calories.

Densité de la vapeur d'eau par rapport à l'air, 0,622.

Poids du litre d'air à 0° et à 760mm, 1gr,293.

α = 0,00367.

(Montpellier, 6 juillet 1885.)

Soit p le poids de vapeur que l'on doit condenser. La quantité de chaleur abandonnée par cette vapeur sera égale à la chaleur gagnée par le métal de la cuve, plus la chaleur gagnée par l'eau de la cuve :

$$p \times 537 + p(100 - 70) = 320 \times 0,11(70 - 15) + 2000(70 - 15).$$

De là on tire

$$p = \left(\frac{111\,936}{567}\right)^{kg}.$$

Pour avoir le volume de cette vapeur, il suffit d'employer la formule générale qui permet de calculer le poids d'un gaz :

$$\frac{111\,936}{567} = V\,\frac{1}{1 + 100\alpha} \times 1{,}293 \times 0{,}622,$$

formule qui donne

$$V = \frac{111\,936 \times 1.367}{567 \times 1.293 \times 0,622} = 335^{mc}{,}557.$$

Le volume de vapeur à condenser est de 335557 litres.

206. *Un mélange d'eau et d'alcool renferme les $\dfrac{85}{100}$ de son poids d'alcool pur. Sa température d'ébullition est 89°. On le distille et on recueille les vapeurs dans un serpentin entouré d'eau qui arrive dans le réfrigérant à la température de 10° et en sort à 40°, température de l'alcool condensé. Combien doit-on faire passer d'eau dans le réfrigérant pour recueillir 20^{kg} d'alcool ?*

La chaleur latente de vaporisation de l'eau est de 540 calories, celle de l'alcool est de 508 calories ; la chaleur spécifique de l'alcool est de 0,66.

(Nantes, 7 août 1877.)

Puisque la distillation donne un mélange renfermant $\dfrac{85}{100}$ d'alcool et $\dfrac{15}{100}$ d'eau, quand il aura passé 20^{kg} d'alcool, il aura passé en même temps $20 \times \dfrac{15}{100} = 3^{kg}$ d'eau.

L'alcool est arrivé dans le serpentin à 89°. Il s'est condensé, abandonnant une quantité de chaleur égale à 508×20 ; puis il s'est refroidi de 89° à 40°, abandonnant encore $20 \times 0,66(89 - 40)$ calories. De même l'eau a abandonné au réfrigérant une quantité de chaleur égale à $540 \times 3 + 3 \times 1 \times (89 - 40)$ calories. Le réfrigérant a donc reçu une quantité totale de chaleur représentée par l'expression

$$508 \times 20 + 20 \times 0{,}66(89 - 40) + 540 \times 3 + 3 \times 1 \times (89 - 40)$$
$$= 12573^{cal},8.$$

Pour absorber cette quantité de chaleur, il faut faire passer dans le réfrigérant un poids d'eau P donné par l'équation

$$P (40 - 10) = 12573{,}8$$
$$P = 419^{kg},13.$$

207. *Une capsule en laiton pesant* 25^{gr} *contient* 30^{gr} *d'eau à* 15°; *on la place dans le vide au-dessus de l'acide sulfurique jusqu'à ce que le froid produit par son évaporation l'ait réduite à un résidu de glace à* 0°. *Calculer le poids de glace qui restera dans la capsule. On négligera la chaleur communiquée par l'air extérieur.*

Chaleur latente de la vapeur d'eau 600 calories.
Chaleur de fusion de la glace . . . 80 calories.
Chaleur spécifique du laiton . . . . 0,1.

(Carcassonne, 23 juillet 1883.)

Soit p le poids de glace à 0° qui se forme; il s'est volatilisé un poids d'eau égal à $30 - p$. Nous pouvons écrire que la quantité de chaleur nécessaire pour la volatilisation de cette eau, $(30 - p)$ 600, est égale à la quantité de chaleur fournie par le refroidissement de la capsule, $25 \times 15 \times 0{,}1$, par le refroidissement de l'eau non volatilisée, $p \times 15$, et par la formation de la glace $p \times 80$. On a donc

$$(30 - p)600 = 25 \times 15 \times 0{,}1 + p \times 15 + p \times 80.$$

On en tire $\qquad\qquad p = 26^{gr}.$

208. *On a une masse d'eau de* 1^{kg} *à la température de* 60°; *on demande de partager cette masse en deux parties telles que la chaleur qu'abandonnerait une de ces parties en se congelant à la température de* 0° *fût suffisante pour vaporiser l'autre partie à la température de* 100°, *la hauteur barométrique étant* 76^{cm}.

La chaleur de fusion de la glace est 79,25; *celle de vaporisation de l'eau est* 537.

(Nancy, 11 novembre 1884.)

Soient x le poids de l'eau qui doit se congeler, et y le poids de celle qui doit se vaporiser.

On a d'abord

$$x + y = 1.$$

Écrivons de plus que la chaleur perdue par l'eau qui se refroidit de 60° à 0°, puis qui se congèle ensuite, est égale à la chaleur nécessaire pour échauffer l'autre partie de 60° à 100°, puis pour en déterminer la vaporisation :

$$x \times 60 + x \times 79,25 = y \times 40 + y \times 537.$$

De ces deux équations on tire

$$x = 0^{kg},799. \qquad y = 0^{kg},201.$$

6° Machines à vapeur.

209. *La pression dans la chaudière d'une machine à vapeur sans détente est* 3,5 *atmosphères. Le piston a* 25^{cm} *de diamètre et parcourt* 1^{m},20 *par seconde. On demande le travail accompli en une heure par la machine et sa force en chevaux-vapeur.*

(Nancy, 20 juillet 1885.)

Le poids que le piston est capable de soulever est égal au poids d'une colonne de mercure ayant pour base sa propre surface πr^2 et pour hauteur la différence $H - h$ des pressions sur ses deux faces :

$$\pi r^2 (H - h)13,59.$$

Le travail effectué en une seconde s'obtiendra en multipliant ce poids (exprimé en kilogrammes, ce qui exige que r, H et h soient exprimés en décimètres) par le chemin parcouru par le piston en une seconde (ce chemin étant exprimé en mètres) :

$$\pi r^2 (H - h)13,59 l.$$

Ici, on a

$$3,1416 \times \frac{25}{4} (3 \times 7,6 - 7,6)13,59 \times 1,20 = 1521.$$

Le travail effectué en une seconde est de 1521 kilogrammètres. Celui effectué en une heure sera 3600 fois plus considérable, ou 5475600 kilogrammètres.

La force de la machine en chevaux-vapeur est $\dfrac{1521}{75} = 20{,}28$, un peu plus de 20 chevaux-vapeur.

7ᵉ Chaleur rayonnante.

210. *Une surface plane couverte de noir de fumée envoie une quantité Q de chaleur à un corps éloigné. Dans une première expérience, la surface rayonnante était à 10ᵐ de ce corps et l'on avait Q = 1. Dans une seconde expérience, la distance est de 25ᵐ et la surface est inclinée à 45° sur la direction des rayons. Quelle est la quantité de chaleur reçue par le corps ?*

(Lyon, 7 novembre 1883; Dijon, 25 juillet 1887.)

Lorsque les rayons arrivent dans une direction oblique, la quantité de chaleur reçue par AB est la même que celle reçue par la section droite AC = AB sin 45° du cylindre constitué par les rayons incidents.

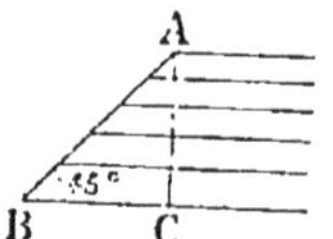

D'autre part, les quantités de chaleur qui arrivent sur la surface varient en raison inverse du carré des distances. On aura donc, si Q' est la quantité de chaleur cherchée,

$$\frac{Q}{Q'} = \frac{\overline{10}^2}{\overline{25}^2}\sin 45°,$$

et comme Q' = 1, il vient

$$Q = \frac{\overline{10}^2}{\overline{25}^2} \cdot \frac{\sqrt{2}}{2} = 0{,}113$$

211. *Deux sources calorifiques très petites, S et S₁, sont placées à des distances SA = a, S₁B = b des deux faces d'une pile thermo-électrique AB, réunie à un galvanomètre, et l'on constate que l'aiguille de cet appareil reste au zéro. On place alors la source S₁ en S'₁, sur une perpendiculaire*

OS'_1 *à la droite* BS_1; *on dispose en* O *un miroir* OM *incliné à* 45° *sur la droite* OS'. *et dont le pouvoir réflecteur, pour cette incidence, est* R. *Des écrans protègent la face* B *de la pile contre le rayonnement direct de* S'_1. *On demande à quelle distance* x *de la face* A *on doit placer la source* S *pour ramener au zéro l'aiguille du galvanomètre, sachant que la somme des distances* BO *et* S'_1O *est égale à* 2b.

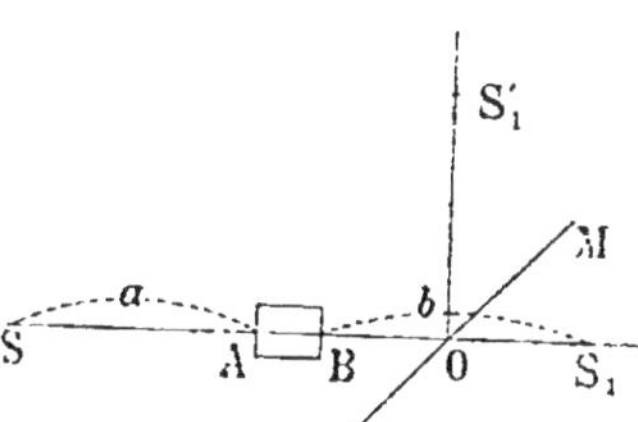

(Grenoble, 5 novembre 1884.)

Si nous appelons I l'intensité de la source S et I' l'intensité de la source S_1, nous aurons d'abord

$$\frac{I}{a^2} = \frac{I'}{b^2},$$

puisque la pile reçoit sur ses deux faces la même quantité de chaleur.

Quand la seconde source passe de S_1 en S'_1, la quantité de chaleur qu'elle fait arriver à la pile devient

$$\frac{I'}{4b^2}\,R,$$

quantité qui doit être égale à $\dfrac{I}{x^2}$ si l'on veut que l'aiguille du galvanomètre demeure au zéro. On a donc

$$\frac{I'}{4b^2}R = \frac{I}{x^2},$$

ou, en tenant compte de l'équation précédente,

$$\frac{R}{4} = \frac{a^2}{x^2},$$

d'où

$$x = \frac{2a}{\sqrt{R}}.$$

212. *Deux sources calorifiques constantes sont placées aux points* A *et* B *et agissent sur les deux faces d'une pile thermo-électrique* P. *L'aiguille du galvanomètre, en* *relation avec la pi'e, reste au zéro quand les distances dés deux sources A et B aux deux faces de la pile sont respectivement a et b. On place alors entre B et la pile une lame diathermane et on constate que, pour ramener au zéro l'aiguille du galvanomètre, il faut déplacer la pile d'une quantité h le long de la ligne AB et dans le sens AB. On demande quel est le pouvoir diathermane de la lame.*

(Grenoble, 6 novembre 1885 : Clermont, 14 novembre 1890.)

Si nous appelons I l'intensité de la source A et I' l'intensité de la source B, nous avons d'abord

$$\frac{I}{a^2} = \frac{I'}{b^2},\qquad (1)$$

puisque la pile reçoit sur ses deux faces la même quantité de chaleur.

Lorsque la lame diathermane a été interposée entre B et P, on est obligé, pour conserver l'aiguille au 0, de déplacer la pile vers B. La quantité de chaleur reçue sur la face tournée vers A devient alors égale à $\dfrac{I}{(a+h)^2}$; la quantité de chaleur reçue sur l'autre face a la même valeur, tandis qu'elle serait égale à $\dfrac{I'}{(b-h)^2}$ si la lame transparente n'était pas là.

L'expression $\dfrac{I'}{(b-h)^2}$ mesure donc la quantité totale de chaleur envoyée, et le rapport $\dfrac{I}{(a+h)^2}$ la quantité de chaleur qui passe. Le pouvoir diathermane a pour mesure le rapport de ces deux quantités :

$$\frac{I}{(a+h)^2} : \frac{I'}{(b-h)^2} = \frac{(b-h)^2}{(a+h)^2} \cdot \frac{I}{I'}.$$

Mais, d'après l'équation (1), on a $\dfrac{I}{I'} = \dfrac{a^2}{b^2}$, ce qui donne pour valeur du pouvoir diathermane

$$\left(\frac{a}{a+h}\right)^2 \left(\frac{b-h}{b}\right)^2,$$

quantité nécessairement plus petite que l'unité, comme on devait s'y attendre.

ÉLECTRICITÉ ET MAGNÉTISME

213. *Un pendule vertical, ayant une longueur* $AB = 28^{cm}$, *est composé d'une sphère* B *suspendue par un fil de soie et électrisée positivement. Une autre sphère* C, *isolée, dont le centre est sur la verticale* AB, *est électrisée négativement et attire* B *avec une force mesurée par* 1^{gr}. *On fait osciller le pendule* AB, *et la durée d'une oscillation est de une demi-seconde. On demande le poids de la boule* B. *On suppose que* B *et* C *sont assez éloignées pour que les lignes qui joignent leurs centres soient sensiblement parallèles dans tous les cas.*

(Lyon, 6 août 1877.)

Puisque la ligne BC peut être considérée comme toujours verticale à tous les moments de l'oscillation du pendule, tout se passe comme si, par suite de l'attraction électrique, le poids x de la boule B était augmenté de 1^{gr}, la masse $\dfrac{x}{g}$ de cette boule restant invariable.

L'oscillation se fera donc sous l'action d'une accélération γ, qu'on obtiendra en écrivant que les forces x et $x + 1$ qui agissent sur le pendule quand il n'y a pas d'action électrique et quand il y en a une, sont proportionnelles aux accélérations g et γ qu'elles impriment à la masse constante $\dfrac{p}{g}$:

$$\frac{x}{x+1} = \frac{g}{\gamma}, \qquad \text{d'où} \qquad \gamma = g\frac{x+1}{x}.$$

La durée t de l'oscillation du pendule sera dès lors donnée par la formule

$$t = \pi \sqrt{\dfrac{l}{g\dfrac{x+1}{x}}}.$$

De là on tire

$$x = \dfrac{l^2 g}{\pi^2 l - l^2 g}.$$

En portant dans cette équation $t = \dfrac{1}{2}$; $g = 9,8$; $l = 0,28$ et $\pi = 3,14$, on trouve $x = 4^{gr},15$.

Le poids de la boule B est de $1^{gr}.15$.

214. *Deux sphères identiques, électrisées d'un fluide de même nom, sont placées à une certaine distance l'une de l'autre et donnent lieu à une répulsion égale à 1. On les rapproche jusqu'à ce qu'elles se touchent, puis on les éloigne à une distance égale à la moitié de la précédente et l'on a une répulsion égale à 4,5. On demande le rapport des charges électriques primitives des deux sphères.*

(Lyon, 24 juillet 1876 et 7 juillet 1889.)

Soient a la charge électrique de la première sphère, et b celle de la seconde ; d leur distance au moment où la force répulsive est égale à 1.

La force répulsive étant proportionnelle au produit des charges en présence, et inversement proportionnelle au carré de la distance, on a

$$\frac{ab}{d^2} = 1.$$

Après le contact, les deux sphères ont pris la même charge, égale pour chacune d'elles à $\dfrac{a+b}{2}$, et la distance est devenue $\dfrac{d}{2}$. On a alors

$$\frac{\left(\dfrac{a+b}{2}\right)\left(\dfrac{a+b}{2}\right)}{\left(\dfrac{d}{2}\right)^2} = 4,5.$$

De ces deux équations on tire

$$a^2 - 2,5\,ab + b^2 = 0.$$

En désignant par x le rapport cherché $\frac{a}{b}$ des deux charges primitives, l'équation devient

$$x^2 - 2,5\,x + 1 = 0,$$

et donne $\qquad x' = 2, \qquad x'' = \frac{1}{2}.$

Ces deux solutions n'en forment en réalité qu'une seule, les deux valeurs trouvées pour x représentant les charges relatives des deux sphères.

215. *Deux petites boules en cuivre, fixes et égales, A et C, sont sur un plateau isolant, à une distance d l'une de l'autre; l'une, A, est électrisée, l'autre, C, ne l'est pas. On touche A avec une boule de cuivre B égale et isolée, puis on touche C avec B. En quel point de la ligne AC faut-il placer B pour qu'elle soit en équilibre?*

On sait que la répulsion de deux boules ayant même électricité est proportionnelle au produit de leurs quantités respectives d'électricité et en raison inverse du carré des distances.

(Lyon, 7 août 1882.)

Soit a la charge électrique primitive de la boule A. Lorsqu'on la touche avec une boule identique isolée B, la charge se partage également entre les deux, et chacune prend une charge $\frac{a}{2}$. Si ensuite on touche C avec la boule B ainsi chargée, chacune des deux possède, après le contact, la charge $\frac{a}{4}$.

Les trois boules en présence ont alors des charges qui sont : $\frac{a}{2}$ pour A, et $\frac{a}{4}$ pour B, de même que pour C.

Plaçons B à une distance x de A, et par suite à une distance $d - x$ de C.

La répulsion entre A et B sera proportionnelle à $\frac{a^2}{8x^2}$; la répulsion entre B et C sera proportionnelle à $\frac{a^2}{16(d - x)^2}$, et l'on doit avoir

$$\frac{a^2}{8x^2} \cdot \frac{a^2}{16(d - x)^2}.$$

On tire de là

$$x^2 - 4dx + 2d^2 = 0,$$

d'où $\quad x' = d(2 - \sqrt{2}),\quad$ et $\quad x'' = d(2 + \sqrt{2}).$

La valeur x' convient seule: la valeur x'' correspond à une position C′ par laquelle les deux forces répulsives provenant de A et de B agissent dans le même sens, et ne peuvent s'équilibrer.

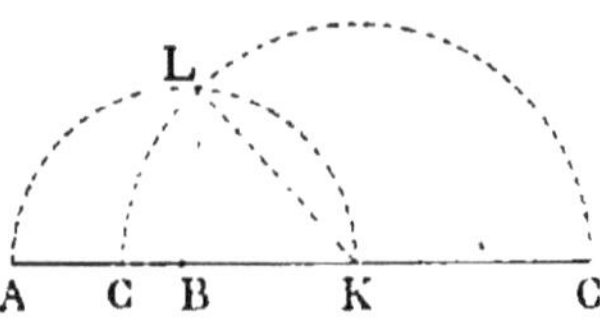

Pour obtenir géométriquement les positions C et C′, décrivons une demi-circonférence avec d pour rayon; inscrivons, à partir de K, le côté du carré, et rabattons-le sur la ligne AB, de part et d'autre de K, nous aurons ainsi les deux positions C et C′ cherchées.

216. *Un courant traverse une boussole des tangentes et un voltamètre; il produit une déviation de $2°,35$ et décompose $0^{gr},003$ d'eau par seconde. Quelle quantité décomposera par seconde un courant qui produit une déviation de $4°,7$ dans la même boussole des tangentes?*

(Dijon, 25 juillet 1883.)

Nous savons que, dans la boussole des tangentes, les tangentes trigonométriques des déviations sont proportionnelles aux intensités des courants.

D'autre part les quantités d'eau décomposées dans un voltamètre sont également proportionnelles aux intensités des courants.

Si donc nous désignons par x la quantité d'eau décomposée en une seconde par le courant qui donne dans la boussole une déviation de $4°,07$, nous aurons la relation

$$\frac{x}{0,003} = \frac{\operatorname{tg} 4°,7}{\operatorname{tg} 2°,35}.$$

Mais dans ce cas particulier les angles de déviation sont assez petits pour que le rapport des tangentes ne diffère pas sensiblement du rapport des arcs. On peut donc écrire, pour n'avoir pas à faire de calcul logarithmique,

$$\frac{x}{0,003} = \frac{4,7}{2,35}$$

$$x = 0^{gr},006.$$

217. *Une cloche de verre, pesant 20^{gr} quand elle est vide, est placée au-dessus des fils de platine d'un voltamètre. On l'attache à l'extrémité A du fléau d'une balance. L'eau du voltamètre recouvre entièrement la cloche, qui repose sur le fond du vase. En E, à une distance du point de suspension telle que*

$$CE = \frac{AC}{2},$$

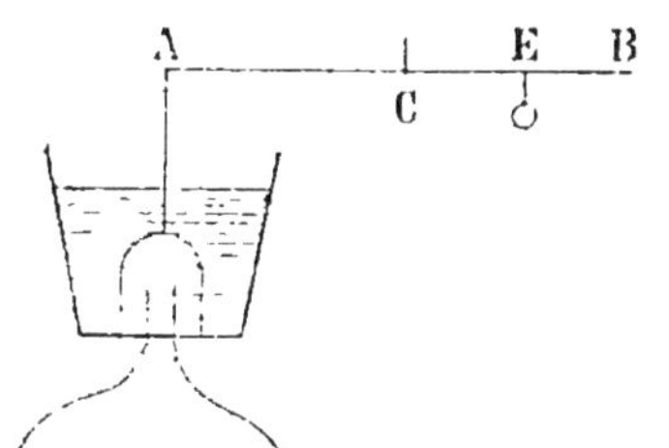

est une boule de 16^{gr} pouvant glisser sans frottement sensible le long de CB quand le fléau cesse d'être horizontal. Quelle est la quantité d'eau à décomposer pour que la cloche se soulève et que la boule E glisse le long de CB ?

Au début de l'expérience, l'eau acidulée a une densité égale à 1, la densité de l'air est $\frac{1}{774}$ par rapport à celle de l'eau. La densité de l'oxygène est 1,1056, celle de l'hydrogène 0,069 par rapport à l'air; la densité du verre est 2,5.

(Lille, 18 juillet 1879.)

La cloche pèse 20^{gr} et la densité du verre est 2,5. Le volume du verre qui constitue la cloche est par suite égal à $\frac{20}{2,5} = 8^{cc}$; dans l'eau le poids apparent de la cloche sera seulement

$$20 - 8 = 12^{gr}.$$

Le poids qui est en E fait équilibre à une partie de ce poids égale à $\frac{16}{2}$ ou 8^{gr}: il faut donc seulement une poussée intérieure de 4^{gr}, due aux gaz dégagés sous l'action de la pile, pour soulever la cloche.

L'eau décomposée donne naissance à un mélange d'oxygène et d'hydrogène dont la densité par rapport à l'air est

$$\frac{1,1056 + 2 \times 0,069}{3},$$

et dont la densité par rapport à l'eau est

$$\frac{1,1056 + 2 \times 0,069}{3} \times \frac{1}{774} = d.$$

Soit x le poids d'eau qu'il faut décomposer pour obtenir la poussée nécessaire de 1^{gr}. Le volume gazeux qui en résultera sera $\dfrac{x}{d}$, qui déplacera un poids d'eau égal à $\left(\dfrac{x}{d}\right)^{gr}$, et produira une poussée $\dfrac{x}{d} - x$. Cette poussée devant être de 1^{gr}, on a

$$\frac{x}{d} - x = 1.$$

En remplaçant d par sa valeur et résolvant, on trouve

$$x = 0^{gr},0021.$$

Il faut décomposer un peu plus de 2 milligrammes d'eau pour que la cloche se soulève.

218. *Un courant électrique constant traverse un voltamètre à eau acidulée et un voltamètre à sulfate de cuivre.*

Dans le voltamètre à eau il se dégage 6^{cc} de gaz par minute. Quel sera le poids en grammes du cuivre déposé au pôle négatif du second voltamètre pendant une heure ?

On donne les équivalents de l'hydrogène 1, de l'oxygène 8, du cuivre **32.**

(Dijon, nov. 1882; Clermont, 5 août 1887; Caen, 22 juillet 1889.)

D'après la loi de Faraday, les quantités d'hydrogène et de cuivre dégagées en un même temps doivent être proportionnelles aux équivalents chimiques de ces éléments.

Le poids de cuivre déposé en une heure sera donc 32 fois plus grand que celui d'hydrogène dégagé dans le même temps.

Or, en une heure, le courant considéré donne $6 \times 60 = 360^{cc}$ d'un mélange d'oxygène et d'hydrogène, renfermant $4 \times 60 = 240^{cc}$ d'hydrogène, dont le poids est

$$p = 0,240 \times 0,0692 \times 1,293.$$

Le poids de cuivre cherché sera 32 fois plus grand, c'est-à-dire

$$P = 0,240 \times 0,0692 \times 1,293 \times 32 = 0^{gr},687.$$

On voit qu'il n'est pas nécessaire, pour résoudre ce problème, de connaître l'équivalent de l'oxygène, donné pourtant dans l'énoncé.

219. *Un circuit de 10 éléments de Bunsen contient un appareil de galvanoplastie à sulfate de cuivre. Quel poids de zinc se dissoudra-t-il dans l'ensemble des 10 éléments quand 30ᵍʳ de cuivre se seront déposés sur le moule métallique ?*

Les équivalents chimiques sont 31,75 pour le cuivre et 33 pour le zinc.

(Paris, 19 juillet 1886 ; Clermont, 5 août 1889.)

D'après la loi de Faraday sur les équivalents électro-chimiques, il y a un équivalent de zinc dissous dans chacun des éléments de la pile quand un équivalent de cuivre est déposé dans l'appareil de galvanoplastie.

Pour obtenir un dépôt de 31ᵍʳ,75 de cuivre dans l'appareil, il faudrait donc qu'il se dissolve $10 \times 33 = 330$ᵍʳ de zinc dans la pile Quand le dépôt de cuivre sera de 30ᵍʳ, le poids de zinc dissous sera

$$p = \frac{300}{31,75} \times 30 = 311\text{ᵍʳ},81.$$

Ceci suppose que les éléments soient associés *en série.* Si les éléments avaient une association différente, par exemple, si la pile était constituée par deux batteries de cinq éléments chacune, le poids p de zinc qui se dissoudrait dans chaque élément serait

$$p = 311\text{ᵍʳ},81 \times \frac{2}{5} = 124\text{ᵍʳ},72.$$

CHIMIE

220. *A quelle température l'oxygène, sous la pression 380ᵐᵐ, aurait-il la même densité que l'hydrogène à 0° et sous la pression 760ᵐᵐ?*

La densité de l'oxygène est normalement 16 fois plus grande que celle de l'hydrogène; le coefficient de dilatation des gaz est 0,00367.

Comment sait-on que la densité vraie de l'oxygène est exactement 16 fois celle de l'hydrogène?

(Lyon, 19 avril 1881.)

1° La densité d'un gaz par rapport à l'air est définie : le rapport qui existe entre le poids d'un certain volume de ce gaz et le poids d'un même volume d'air, pris dans les mêmes conditions de température et de pression. Pour les gaz tels que l'oxygène et l'hydrogène, qu'on peut considérer comme gaz parfaits, suivant aussi bien que l'air la loi de Mariotte et la loi de Gay-Lussac sur la dilatation, la densité ainsi définie est indépendante de la température et de la pression à laquelle on la détermine. Pour aucune température et sous aucune pression, cette densité de l'oxygène ne peut donc devenir égale à celle de l'hydrogène.

Il n'en est pas de même si l'on considère les densités par rapport à l'eau, ou, ce qui revient au même, les poids d'un litre de chacun des deux gaz. Nous avons donc à chercher à quelle température un litre d'oxygène, mesuré sous la pression de 380ᵐᵐ, a le même poids qu'un litre d'hydrogène à 0° et sous la pression de 760ᵐᵐ.

Soit d la densité de l'oxygène par rapport à l'air; le poids p d'un litre de ce gaz, à la température cherchée T et sous la pression 380^{mm}, est

$$p = 1 \times \frac{380}{760} \times \frac{1}{1 + 0,00367 \times T} \times d \times 1,293.$$

De même le poids p' d'un litre d'hydrogène à 0° et sous la pression de 760^{mm} est

$$p' = 1 \times d' \times 1,293.$$

Ces deux poids doivent être égaux, ce qui donne

$$\frac{380}{760} \times \frac{1}{1 + 0,00367 \times T} \times d \times 1,293 = d' \times 1,293,$$

d'où l'on tire

$$T = \frac{d}{d'} \times \frac{380}{760 \times 0,00367} - \frac{1}{0,00367}.$$

Comme on sait que d est 16 fois plus grand que d', il vient

$$T = \frac{16 \times 380}{760 \times 0,00367} - \frac{1}{0,00367} = \frac{8 - 1}{0,00367} = 1907°.$$

Il faut chauffer l'oxygène à 1907°.

Remarque. — On arrive beaucoup plus rapidement au résultat en considérant, dans le cas particulier qui nous occupe, la simplicité des données numériques. La pression 380^{mm} étant la moitié de 760^{mm}, il en résulte que le poids d'un litre d'oxygène, à 0°, sous cette pression, est 8 fois celui du même volume d'hydrogène à la même température et sous la pression normale. Il suffit donc de chauffer l'oxygène, sous pression constante, jusqu'à ce que son volume soit devenu 8 fois plus grand, c'est-à-dire le poids d'un litre 8 fois plus petit. On a dès lors

$$8 = 1 \times (1 + 0,00367 \, T)$$

d'où

$$T = \frac{7}{0,00367} = 1907°.$$

2° Il est aisé de démontrer que la densité de l'oxygène est 16 fois plus grande que celle de l'hydrogène. L'équivalent en poids de l'hydrogène étant pris pour unité, celui de l'oxygène est égal à 8 ; d'un autre côté l'équivalent en volume de l'hydrogène étant pris égal à 2, celui de l'oxygène est égal à 1. Donc 1 volume d'oxygène pèse 8 fois plus que 2 volumes ou 16 fois plus que 1 volume d'hydrogène; autrement dit la densité de l'oxygène est seize fois plus grande que celle de l'hydrogène.

C'est là une remarque générale. La densité d'un gaz simple ou composé, comparée à celle de l'hydrogène, est toujours égale à l'équivalent en poids de ce gaz, divisé par la moitié de son équivalent en volume.

221. *Combien faut-il employer de zinc et d'acide sulfurique pour préparer* 25^{lit} *d'hydrogène, recueilli sur l'eau, à la température de 20° et sous la pression de* 757^{mm}?

On prendra 17^{mm} *pour tension maxima de la vapeur d'eau à la température de 20°. — Équivalent du zinc* Zn = 33.

(Poitiers, juillet 1880.)

Le poids de 25 litres d'hydrogène sec, dans les conditions indiquées, est

$$p = 25 \times 0{,}0692 \times 1{,}293 \times \frac{757 - 17}{760} \times \frac{1}{1 + 0{,}00366 \times 20} = 2^{gr}{,}03.$$

La réaction qui permet de préparer l'hydrogène en traitant l'acide sulfurique par le zinc se traduit par l'équation

$$Zn + SO^3,HO = H + ZnO,SO^3.$$

qui montre qu'on obtient 1^{gr} d'hydrogène avec un équivalent, ou 33^{gr} de zinc, et un équivalent, ou 49^{gr} d'acide sulfurique. Pour obtenir $2^{gr},03$ d'hydrogène il faudra :

$$\begin{aligned}
\text{Zinc} &\quad\ldots\ldots\quad 33 \times 2{,}03 = 66^{gr}{,}99,\\
\text{Acide sulfurique.} &\quad 49 \times 2{,}03 = 99^{gr}{,}47.
\end{aligned}$$

222. *Quel volume occuperait, à la température* T *et à la pression* H, *l'hydrogène dégagé par l'action d'un poids* P *de zinc sur l'acide sulfurique?*

Équivalent du zinc; 32,75.

Application : T = 50°; H = 755^{mm}; P = 100^{gr}. *Densité de l'hydrogène par rapport à l'air,* 0,0692; *coefficient de dilatation des gaz,* 0,00367.

(Lille, 19 avril 1881 ; Nice, 9 juillet 1888.)

L'équation chimique qui rend compte de la préparation de l'hydrogène par le zinc est

$$Zn + SO^3,HO = SO^3,ZnO + H.$$

Elle montre qu'un équivalent, ou $32^{gr},75$ de zinc, donne un équivalent, ou 1^{gr} d'hydrogène. Un poids P de zinc donnera un poids d'hydrogène égal à $\dfrac{P}{32,75}$.

Le volume V, occupé par ce poids d'hydrogène, sera donné par la formule

$$\frac{P}{32,75} = V \times 0,0692 \times 1,293 \times \frac{1}{1 + \alpha T} \times \frac{H}{760};$$

d'où l'on tire

$$V = \frac{P(1 + \alpha T)760}{32,75 \times 0,0692 \times 1,293 \times H}.$$

Application. — En remplaçant les lettres par leur valeur numérique, on trouve

$$V = 40^{lit},65.$$

Remarque. — On admet dans ces calculs que l'hydrogène est sec.

223. *Quelle quantité de chlorate de potasse faut-il décomposer pour que l'oxygène obtenu puisse faire de l'eau avec 60^{lit} d'hydrogène à $0°$ et à la pression 506^{mm}?*

On sait que la densité de l'hydrogène est $0,069$; que le poids d'un litre d'air à $0°$ et 760^{mm} de pression est égal à $1^{gr},293$ et que les équivalents sont

$$K = 39,14; \; Cl = 35,50; \; O = 8; \; H = 1;$$

et que le coefficient de dilatation des gaz est $0,00367$.

(Lyon, 4 août 1882.)

Le poids P de 60^{lit} d'hydrogène à $0°$ et à la pression de 506^{mm} est donné par l'équation

$$P = 60 \times \frac{506}{760} \times 0,069 \times 1,293.$$

Pour former de l'eau, sans résidu gazeux, il nous faut un poids P' d'oxygène 8 fois plus grand :

$$P' = 8 \times 60 \times \frac{506}{760} \times 0,069 \times 1,293.$$

Nous savons, d'autre part, qu'un équivalent ou 122^{gr},44 de chlorate de potasse KO,ClO^5 [39,14 + 8 + 35,5 + 5 $\times$ 8 = 122,64] fournit par sa décomposition complète 6 équivalents ou 48^{gr} d'oxygène. Pour obtenir un poids P' d'oxygène, il nous faudra donc chauffer un poids X de chlorate de potasse égal à $\dfrac{P' \times 122,64}{48}$.

$$X = \frac{8 \times 60 \times 505 \times 0,069 \times 1,293 \times 122,64}{48 \times 760} = 72^{gr}.$$

Il faut décomposer 72^{gr} de chlorate de potasse.

Remarque. — Le volume de l'hydrogène étant mesuré à la température de 0°, il était inutile de donner dans l'énoncé le coefficient de dilatation des gaz, qui n'intervient pas dans les calculs

224. *On fait détoner, dans un eudiomètre, 8 volumes d'un mélange d'oxygène et d'hydrogène. Après l'explosion, il reste un volume d'oxygène. Quel était le rapport des volumes d'oxygène et d'hydrogène du mélange introduit dans l'eudiomètre.*

(Alger, 21 avril 1891.)

Soit x le volume de l'hydrogène. Ce gaz s'est combiné à un volume d'oxygène égal à la moitié de x, ce qui a déterminé une condensation de 7 volumes. On a donc $x + \dfrac{x}{2} = 7$, d'où $x = \dfrac{14}{3}$.

Par suite, le volume de l'oxygène est $8 - \dfrac{14}{3} = \dfrac{10}{3}$, et le rapport cherché est égal au rapport de 10 à 14.

224 bis. *On mêle, dans un vase de 10^{lit} de capacité, de l'hydrogène et de l'oxygène secs à 15°, dans les proportions des gaz de l'eau, et en quantités telles qu'ils correspondent à 25^{gr} d'eau. Quelle sera la pression ?*

(Lyon, 4 novembre 1890).

Le poids d'oxygène introduit dans le vase est égal à $\dfrac{25 \times 8}{9}$. La pression x exercée par ce gaz, évaluée en millimètres de mercure, est donnée par l'équation

$$\frac{25 \times 8}{9} = 10 \times 1,1056 \times 1,293 \times \frac{1}{1 + 15 \times 0,00367} \times \frac{x}{760}.$$

On en tire

$$x = \frac{25 \times 8 \times (1 + 15 \times 0,00367) \times 760}{9 \times 10 \times 1,1056 \times 1,293}.$$

La pression exercée par l'hydrogène est deux fois plus grande. La pression totale X a donc pour valeur

$$X = \frac{3 \times 25 \times 8 \times (1 + 15 \times 0,00367) \times 760}{9 \times 10 \times 1,1056 \times 1,293} = 3692^{mm}.$$

225. *On fait passer un courant d'air sec, dépouillé d'acide carbonique, sur du cuivre chauffé au rouge qui retient l'oxygène. L'azote étant recueilli dans un récipient occupe, à la fin de l'opération, un volume de 1275^{cc}, mesuré à l'état sec, à la température de $25°$ et sous la pression de $0^m,767$. Calculer l'augmentation de poids du cuivre.*

Poids normal d'un litre d'air $1^{gr},293$; densité de l'azote $0,97$, et de l'oxygène $1,1056$; coefficient de dilatation des gaz $0,00367$.

(Rennes, 16 juillet 1886.)

Le poids de l'azote recueilli dans le récipient est, en grammes,

$$p = 1,275 \times 0,97 \times 1,293 \times \frac{1}{1 + 25 \times 0,00367} \times \frac{767}{760}.$$

Or, on sait que 100^{gr} d'air sec contiennent 77^{gr} d'azote et 23^{gr} d'oxygène. Le poids x d'oxygène qui était préalablement mélangé à l'azote est donc

$$x = p \times \frac{23}{77} = 1,275 \times 0,97 \times \frac{1,293}{1 + 25 \times 0,00367} \times \frac{767}{760} \times \frac{23}{77}.$$

En effectuant les calculs, on trouve

$$x = 0^{gr},44.$$

Remarque. — On voit que la densité de l'oxygène, introduite dans l'énoncé, n'intervient pas dans le calcul. On aurait pu par

tir de la composition de l'air en volumes, au lieu de partir de
sa composition en poids : dans ce cas on n'aurait pas eu à faire
intervenir la densité de l'azote. En donnant les deux densités,
on a voulu sans doute fournir à l'élève la possibilité de suivre
l'une ou l'autre marche.

En partant de la composition de l'air en volumes on arrive à
l'expression

$$x = 1,275 \times \frac{20,8}{79,2} \times 1,1056 \times 1,293 \times \frac{1}{1+25 \times 0,00367} \times \frac{767}{760} = 0^{gr}44.$$

226. *Quel volume d'air, mesuré à 25° et sous la pression 768^{mm}, contient la quantité d'oxygène nécessaire à la
combustion complète de 100^{gr} de pyrite de fer dont la composition est représentée par FeS^2, sachant que le fer est
transformé en sesquioxyde et le soufre en acide sulfureux.*

*Densité de l'oxygène 1,1056. Poids normal d'un litre
d'air 1^{gr},293; coefficient de dilatation des gaz 0,00367.
Équivalent de l'oxygène 8, du soufre 16, du fer 28.*

(Rennes, 12 avril 1886 ; Alger, 2 juillet 1888.)

La formule qui exprime la combustion de la pyrite de fer est
la suivante, d'après l'énoncé :

$$2FeS^2 + 11O = Fe^2O^3 + 4SO^2.$$

Pour brûler 2 équivalents, ou 120^{gr} de pyrite, il faut 11 équivalents, ou 88^{gr} d'oxygène. Pour brûler 100^{gr} de pyrite il faudra
donc $\dfrac{88 \times 100}{120}$ d'oxygène. Le volume de cet oxygène, à la température de 25° et sous la pression de 768^{mm}, est donné par
l'équation

$$\frac{88 \times 100}{120} = V \times 1,1056 \times 1,293 \times \frac{768}{760} \times \frac{1}{1 + 0,00367 \times 25},$$

de laquelle on tire

$$V = \frac{88 \times 100 \times 760(1 + 0,00367 \times 25)}{120 \times 1,1056 \times 1,293 \times 768} = 55^{lit}.$$

Le volume d'air, à la même température et sous la même pression,
qui contient 55 litres d'oxygène est égal à $\dfrac{100}{20,8} \times 55 = 264^{lit}.$

Il faudra donc 264 litres d'air pour oxyder complètement 100^{gr}
de pyrite de fer.

227. *Dans une éprouvette cylindrique, dont la section est 1ᶜᵃ, maintenue fixe au-dessus d'une cuve à mercure, on a introduit un certain volume d'air qui occupe dans l'éprouvette une longueur* n. *La hauteur du mercure soulevé est* h, *et la pression atmosphérique* H. *On introduit dans l'éprouvette un petit fragment de phosphore. Quelques jours après, la pression atmosphérique est devenue* H'; *on demande quel est le volume du gaz restant.*

On supposera que la température n'a pas changé; et que le niveau du mercure dans la cuve est resté invariable.

Application : $n = 0^m,1$; $h = 0^m,2$; $H = 0^m,750$; $H' = 0^m,780$.

(Toulouse, 5 juillet 1886.)

L'air renferme, en volumes, 20,8 pour cent d'oxygène et 79,2 pour cent d'azote. Le phosphore absorbera complètement l'oxygène, et ne laissera que l'azote; nous devons donc examiner ce que devient dans le mélange le volume de l'azote considéré comme s'il était seul.

Avant l'introduction du phosphore, nous avions dans l'éprouvette un volume d'azote égal à n, et possédant une pression individuelle égale à $\frac{79,2}{100}$ $(H - h)$. Après l'absorption de l'oxygène le volume de l'azote est devenu x, et sa pression est égale à $H' - h'$ (h' étant la nouvelle colonne de mercure soulevé). La loi de Mariotte, qu'on peut appliquer à cette masse invariable d'azote, donne l'équation

$$(1) \qquad \frac{79,2}{100} (H - h)n = (H' - h')x.$$

Mais d'autre part on a, puisque le niveau est resté invariable dans la cuvette,

$$(2) \qquad h + n = h' + x.$$

De ces deux équations on tire, en éliminant h',

$$x^2 + (H' - h - n)x - 0,792 (H - h)n = 0.$$

Cette équation a toujours ses racines réelles et de signes contraires. La négative ne convient pas; c'est la positive qui répond au problème.

Application : En remplaçant les lettres par leur valeur numérique, on tire de là

$$x = 0,078.$$

La longueur occupée par la colonne d'azote restant est $7^{cm},8$; son volume est $7^{cc},8$.

228. *... tel volume de protoxyde d'azote, mesuré à 0° et sous la pression normale, obtiendra-t-on en chauffant 1^{kg} d'azotate d'ammoniaque? Quel volume d'hydrogène faudra-t-il employer pour qu'en faisant détoner le mélange des deux gaz, il ne reste que de l'azote et de la vapeur d'eau? Quel poids de zinc et d'acide sulfurique monohydraté faudra-t-il pour préparer cet hydrogène?*

L'équivalent du zinc est **33.**

(Lille, 15 juillet 1883 ; Poitiers, 29 avril 1889.)

1° Quand on décompose l'azotate d'ammoniaque par la chaleur, il se produit la réaction

$$AzH^4O, AzO^5 = 4HO + 2AzO.$$

L'équivalent en poids de l'azotate d'ammoniaque est $80 (14 + 4 + 8 + 14 + 40)$; le double de celui du protoxyde d'azote est $44 (2 \times 14 + 2 \times 8)$. On aura donc 44^{gr} de protoxyde d'azote avec 80^{gr} d'azotate d'ammoniaque, ou $\dfrac{44 \times 1000}{80}$ grammes de protoxyde avec 1000^{gr} d'azotate. Dans les conditions normales de température et de pression, le volume V de ce gaz est donné par l'équation

$$\frac{44 \times 1000}{80} = V \times 1,527 \times 1,293,$$

d'où

$$V = \frac{44 \times 1000}{80 \times 1,527 \times 1,293} = 279^{lit}.$$

2° Le mélange de protoxyde d'azote et d'hydrogène détone sans résidu quand les volumes des deux gaz sont ceux qui résultent de la formule

$$AzO + H = Az + HO.$$

L'équivalent volumétrique du protoxyde d'azote étant égal à 2, comme celui de l'hydrogène, il en résulte que le volume d'hydrogène devra être aussi de 279 litres.

3° Le poids de ces 279 litres d'hydrogène est

$$P = 279 \times 0,0692 \times 1,293 = 24^{gr},96,$$

qu'on obtiendra, conformément à la formule

$$Zn + SO^3,HO = SO^3,ZnO + H,$$

en employant un poids de zinc égal à $33 \times 24,96 = 823^{gr},68$ (33 étant l'équivalent du zinc), et un poids d'acide sulfurique monohydraté égal à $49 \times 24,96 = 1343^{gr},04$ (49 étant l'équivalent de l'acide sulfurique monohydraté).

229. *Trouver le volume d'un mélange d'azote et d'hydrogène à la pression de 5 atmosphères et à la température de 500°, sachant que l'hydrogène a été fourni par la décomposition de 10^{lit} de vapeur d'eau à 100° et sous la pression normale, et l'azote par la décomposition de 10^{lit} d'ammoniaque à 0° et à la pression normale.*

(Lyon, 23 juillet 1886.)

L'eau, HO, renferme un volume d'hydrogène égal au sien; nous avons donc 10 litres d'hydrogène, mesurés à 100° et sous la pression normale. Le gaz ammoniac, AzH^3, renferme un volume d'azote égal à la moitié du sien; nous avons donc 5 litres d'azote, mesurés à 0° et sous la pression normale.

La loi du mélange des gaz nous donnera immédiatement le volume du mélange :

$$\frac{V.5}{1 + 500\alpha} = \frac{10 \times 1}{1 + 100\alpha} + 5 \times 1.$$

On en tire

$$V = 6^{lit},98.$$

230 *Dans une chambre de plomb renfermant de l'eau et 100^{mc} d'air, on introduit 1^{mc} de bioxyde d'azote qui se transforme en acide azotique. La pression initiale était de $0^m,76$ dans la chambre. Dire ce qu'elle devient après.*

L'équivalent de l'azote est 14; la densité du bioxyde d'azote 1,03; la densité de l'oxygène 1,105.

(Paris, 3 juillet 1879.)

On ne dit pas à quelle température se produit la réaction. Nous supposerons dès lors que cette température est assez peu élevée pour que l'eau primitive et l'acide azotique produit soient à l'état liquide, et nous négligerons la tension des vapeurs que ces liquides peuvent émettre.

Sous l'action combinée de l'oxygène et de l'eau, le bioxyde d'azote introduit se transforme d'abord en acide hypoazotique, puis en acide azotique. La réaction finale répond à l'équation

$$2AzO^2 + 6O + 2HO = 2AzO^5,HO.$$

L'équivalent volumétrique du bioxyde d'azote est égal à **4**, celui de l'oxygène à 1; la réaction a donc lieu entre 8 volumes de bioxyde d'azote et 6 volumes d'oxygène. L'introduction de

1^{mc} de bioxyde d'azote détermine donc l'absorption de $\left(\dfrac{6}{8}\right)^{ta}$

d'oxygène, qui disparaissent de l'atmosphère, par suite de la formation de l'acide azotique qui se condense.

Si la pression restait invariable, le volume gazeux deviendrait

égal à $100 - \dfrac{6}{8}$. C'est au contraire le volume qui demeure con-

stant; la pression est donc diminuée dans le rapport de 100 à

$100 - \dfrac{6}{8}$.

La nouvelle pression x est par suite donnée par l'équation

$$\frac{x}{760} = \frac{100 - \dfrac{6}{8}}{100}, \text{ d'où } x = 752^{mm}.$$

Remarque. — La solution de cette question n'exige la connaissance d'aucune des données numériques contenues dans l'énoncé.

---

231. *On traite 16^{gr} de cuivre par un excès d'acide azotique étendu; quel volume d'air, pris à 10°, sous la pression de 730^{mm}, faudra-t-il employer pour transformer en acide hypoazotique le gaz qui se dégage?*

(Caen, 9 novembre 1883.)

L'action de l'acide azotique sur le cuivre est symbolisée par l'équation

$$4(AzO^5,HO) + 3Cu = 3(CuO,AzO^5) + AzO^2,$$

de laquelle il résulte que 252^{gr} d'acide azotique réagissent sur 96^{gr} de cuivre pour donner 30^{gr} de bioxyde d'azote.

Avec 16^{gr} de cuivre on aura $\dfrac{30 \times 16}{96} = 5^{gr}$ de bioxyde d'azote.

Le volume V de ce gaz, à la température de 10° et sous la pression de 730^{mm}, est donnée par l'équation

$$5 = V \times 1,039 \times 1,293 \times \frac{730}{760} \times \frac{1}{1 + 0,00366 \times 10},$$

de laquelle on tire

$$V = \frac{5 \times 760(1 + 0,00366 \times 10)}{1,039 \times 1,293 \times 730} = 4^{lit}.$$

Pour transformer en acide hypoazotique 4^{lit} de bioxyde d'azote il faut 2 litres d'oxygène. La quantité d'air nécessaire pour produire l'oxydation sera donc celle qui contient 2^{lit} d'oxygène, c'est-à-dire $\dfrac{100}{20,8} \times 2 = 9^{lit},6$.

232. *On dissout une pièce neuve de* 2^{fr} *dans un excès d'acide azotique étendu de son volume d'eau, et l'on dirige le produit gazeux de la réaction dans une cloche cylindrique placée sur l'eau et remplie d'oxygène pur sous la pression de* 752^{mm}. *La température et la pression atmosphérique restant les mêmes, on demande de combien l'eau s'élèvera dans la cloche.*

Section intérieure de la cloche, 12^{cd}.

Hauteur de la cloche au-dessus du niveau de l'eau, 40^{cm}.

Équivalent de l'argent, 108.

Équivalent du cuivre, 32.

(Caen, 11 juillet 1884.)

La pièce de 2^{fr} pèse 10^{gr} et renferme $8^{gr},35$ d'argent allié à $1^{gr},65$ de cuivre. L'acide azotique, réagissant sur ces métaux, donne du bioxyde d'azote, d'après les réactions :

$$4AzO^5,HO + 3Cu = 3(CuO,AzO^5) + AzO^2$$

$$4AzO^5,HO + 3Ag = 3(CuO.AzO^5) + AzO^2$$

On en conclut que 96^{gr} de cuivre en .ent 30^{gr} de bioxyde d'azote, et que $1^{gr},65$ en donnent $\left(\dfrac{30 \times 1.65}{96}\right)^{gr}$. De même $8^{gr},35$ d'argent donnent $\left(\dfrac{30 \times 8,35}{324}\right)^{gr}$ de bioxyde d'azote.

Le poids total de gaz obtenu est $\dfrac{30 \times 1.65}{96} + \dfrac{30 \times 8,35}{324}$; son volume, la température étant supposée de 0° et la pression étant 752^{mm}, est donné par l'équation

$$\frac{30 \times 1.65}{96} + \frac{30 \times 8.35}{324} = V \times 1,039 \times 1,293 \times \frac{752}{760},$$

de laquelle on tire $\qquad V = 0^{lit},969.$

Ce gaz, arrivant sous la cloche, au contact de l'oxygène et de l'eau, donne d'abord de l'acide hypoazotique, puis de l'acide azotique, dans des proportions qui sont indiquées par les équations suivantes :

$$3AzO^2 + 6O = 3AzO^4,$$

$$3AzO^4 + 2HO = 2AzO^5,HO + AzO^2,$$

qui fournissent par addition la réaction finale :

$$2AzO^2 + 6O + 2HO = 2AzO^5,HO.$$

Traduite en volumes, cette équation montre que 6 volumes d'oxygène s'unissent à 8 volumes de bioxyde d'azote pour donner de l'acide azotique qui se condense. Or nous avons 480^{cc} d'oxygène et 969^{cc} de bioxyde d'azote, les deux gaz étant mesurés à 0° et sous la pression de 752^{mm}. Il y a par suite un excès de bioxyde d'azote; les 480^{cc} d'oxygène s'uniront à $\dfrac{8 \times 480}{6} = 640^{cc}$, et 1 restera $969 - 640 = 329^{cc}$ de bioxyde d'azote, supposés mesurés à la même température et sous la même pression.

En réalité, le volume occupé par le gaz dans l'éprouvette est différent de celui-là, parce que l'eau s'est élevée par suite de l'absorption. Soit x la quantité dont a monté le liquide; le volume gazeux est $(40 - x)12$ et la pression est $\left(75,2 - \dfrac{x}{13,6}\right)$. D'après la loi de Mariotte, le produit de ce volume par cette pression est égal à 329×752. De là l'équation

$$(40 - x)12\left(75,2 - \frac{x}{13,6}\right) = 329 \times 75,2,$$

ou

$$12x^2 - 12\,752,64\,x + 154\,430,72 = 0.$$

On en tire

$$x = 13^{cm},5.$$

La racine correspondant au signe plus est supérieure à 40^{cm}, et ne saurait convenir.

233. *Quels sont les volumes :*

1° D'oxygène;

2° De protoxyde d'azote;

5° De bioxyde d'azote

nécessaires pour brûler complètement 18^{gr} *de charbon pur?*

Dire quel est le volume d'acide carbonique obtenu, tous les gaz étant mesurés à 0° *et à* 760^{mm}.

(Bordeaux, 6 juillet 1885.)

Un poids de 18^{gr} de charbon pur, cela fait 3 équivalents de charbon, qui demandent 6 équivalents, ou 48^{gr} d'oxygène pour se transformer en acide carbonique.

1° Il faut donc 48^{gr} d'oxygène, dont le volume est

$$\frac{48}{1,293 \times 1,1056} = 33^{lit},6.$$

2° Le protoxyde d'azote renferme un volume d'oxygène égal à la moitié du sien; il faudra donc 67^{lit},2 de protoxyde d'azote.

3° Le bioxyde d'azote renferme aussi un volume d'oxygène égal à la moitié du sien; il faudra aussi 67^{lit},2 de bioxyde d'azote.

4° L'acide carbonique renferme un volume d'oxygène égal au sien; il se formera par suite 33^{lit},6 d'acide carbonique.

234. *Comment calculerait-on la densité du gaz ammoniac en supposant connues :* 1° *sa composition en poids;* 2° *sa composition en volumes;* 3° *les équivalents en poids* 1, *en volume* 2, *et la densité* 0,0692 *de l'hydrogène?*

(La Flèche, juillet 1872.)

Le gaz ammoniac a pour formule AzH^3, son équivalent en poids est 17 et son équivalent en volume est 4. Pour l'hydrogène, l'équivalent en poids est 1 et l'équivalent en volume est 2.

Il en faut conclure que 2 volumes d'ammoniaque pèsent $\frac{17}{2}$, tandis que 2 volumes d'hydrogène pèsent 1. La densité du gaz ammoniac est donc $\frac{17}{2}$ fois plus grande que celle de l'hydrogène; elle est

$$\frac{17}{2} \times 0,0692 = 0,5882.$$

Ce raisonnement est général, et permet de calculer la densité de tous les gaz, simples ou composés, dont on connaît l'équivalent en poids et l'équivalent en volume.

235. *Deux litres d'un mélange d'hydrogène et d'acide sulfhydrique ont exigé, pour brûler complètement, 2250^{cc} de protoxyde d'azote. On demande quel est le rapport des volumes d'hydrogène et d'acide sulfhydrique dans le mélange.*

(Bordeaux, 5 novembre 1890.)

Soient x et y les volumes cherchés d'hydrogène et d'acide sulfhydrique, évalués en centimètres cubes. On a d'abord

$$(1) \qquad\qquad x + y = 2000.$$

D'autre part les réactions du protoxyde d'azote sur l'hydrogène et sur l'acide sulfhydrique sont symbolisées par les équations

$$AzO + H = Az + HO \text{ et } 3AzO + HS = 3Az + HO + SO^2.$$

Ces équations montrent que l'hydrogène exige, pour être brûlé, un volume de protoxyde d'azote égal au sien, et que l'acide sulfhydrique exige, pour être brûlé, un volume de protoxyde d'azote égal à trois fois le sien. On a donc la seconde équation

$$(2) \qquad\qquad x + 3y = 2250.$$

De là on tire $x = 1875^{cc}$, et $y = 125^{cc}$.

236. *Combien faut-il brûler de soufre pour obtenir 100^{kg} d'acide sulfurique monohydraté, la transformation étant supposée complète? Et quel serait, à la température de 20° et sous la pression de 750^{m}, le volume d'air sec normal nécessaire pour fournir l'oxygène employé dans cette réaction?*

Les équivalents sont : $H = 1$; $S = 16$; $O = 8$. La densité de l'oxygène est égale à 1,1056.

(Poitiers, 10 juillet 1886.)

1° L'équivalent en poids de l'acide sulfurique monohydraté SO^3, HO, est égal à $16 + 3 \times 8 + 1 + 8 = 49$. Il faut donc brûler

16^{kg} de soufre pour obtenir 49^{kg} d'acide sulfurique monohydraté.

Pour en avoir 100^{kg}, il faut brûler $\dfrac{16 \times 100}{49} = 32^{kg},65$ de soufre.

2° Dans cette oxydation, l'oxygène de l'air transforme d'abord directement, par simple combustion, le soufre en acide sulfureux. Puis l'acide sulfureux passe lui-même à l'état d'acide sulfurique, par fixation indirecte de l'oxygène de l'air, grâce à l'intervention des vapeurs nitreuses introduites dans les chambres de plomb. En définitive, c'est l'air qui fournit les 3 équivalents d'oxygène unis au soufre dans l'acide sulfurique. Pour obtenir 49^{kg} d'acide sulfurique, il faut 24^{kg} d'oxygène empruntés à l'air; il en faut $\dfrac{24 \times 100}{49}$ pour obtenir 100^{kg} d'acide. Le volume V de cet oxygène, mesuré à la température de 20° et sous la pression de 750^{mm}, est donnée par la formule générale

$$\frac{24 \times 100}{49} = V \times \frac{1}{1 + 20x} \times \frac{750}{760} \times 1,1056 \times 1,293.$$

On en tire

$$V = \frac{24 \times 100(1 + 20x)760}{49 \times 750 \times 1,1056 \times 1,293}.$$

Le volume X d'air sec, pris à cette température et sous cette pression, qui renferme cette quantité d'oxygène est

$$X = V \times \frac{100}{20,2} = \frac{24 \times 100(1 + 20x)760}{49 \times 750 \times 1,1056 \times 1,293} \times \frac{100}{20,2}.$$

$$X = 180^{mc}.$$

Ce volume d'air X représente des mètres cubes, car le poids d'oxygène était évalué en kilogrammes, et, pour les gaz, l'unité de volume qui correspond au kilogramme est le mètre cube.

237. *On veut obtenir* 100^{lit} *d'azote à* 10° *et sous la pression de* 750^{mm} *en profitant de l'action du chlore sur l'ammoniaque. Combien faudra-t-il employer de peroxyde de manganèse pour obtenir le chlore nécessaire ?*

Équivalent du manganèse 27,4; *du chlore* 35,5; *de l'azote* 14. *Densité du gaz azote à* 0° *et sous la pression normale* 0,971.

(Lille, 12 avril 1886.)

Les 100 litres d'azote que l'on veut obtenir ont un poids p égal à

$$100 \times \frac{1}{1 + 0,00366 \times 10} \times \frac{750}{760} \times 0,971 \times 1,293.$$

Cet azote doit être obtenu par la réaction du chlore sur l'ammoniaque :

$$4\ AzH^3 + 3Cl = 3\ (AzH^3,\ HCl) + Az,$$

laquelle indique qu'il faut 3 équivalents ou $3 \times 35,5$ grammes de chlore pour avoir 14 grammes d'azote, ou $p \times \dfrac{3 \times 35,5}{14}$ grammes de chlore pour avoir p grammes d'azote.

Ce chlore lui-même résulte de l'action de l'acide chlorhydrique sur le bioxyde de manganèse :

$$MnO^2 + 2HCl = MnCl + 2HO + Cl.$$

L'équivalent du bioxyde de manganèse étant $43,4(27,4 + 16)$, et celui du chlore $35,5$, il faut, pour préparer le poids de chlore dont on a besoin, employer un poids de bioxyde de manganèse égal à

$$p.\frac{3 \times 35,5}{14}.\frac{43,4}{35,5} = 100 \times \frac{1}{1 + 0,00366 \times 10}$$
$$\times \frac{750}{760} \times 0,971 \times 1,293 . \frac{3 \times 43,4}{14}.$$

En effectuant le calcul, on trouve 1114^{gr} pour le poids cherché de peroxyde de manganèse.

238. *On a une dissolution renfermant de l'acide sulfureux et du chlorure de baryum. On y verse 100^{cc} d'eau de chlore, et l'on sait que tout le chlore entre en réaction. Il se forme 1^{gr} de sulfate de baryte. Quelles réactions se produiront? Richesse de la dissolution de chlore? Quantité d'acide chlorhydrique formée dans la réaction?*

Équivalents :

$$Cl = 35,5, \quad S = 16, \quad O = 8, \quad Ba = 68,5.$$

(Nancy, 19 avril 1887.)

L'eau sera décomposée, avec formation d'acide chlorhydrique et d'acide sulfurique,

$$SO^2 + HO + Cl = SO^3, HO + HCl;$$

puis l'acide sulfurique, réagissant sur le chlorure de baryum,

donnera un précipité de sulfate de baryte :
$$SO^3, HO + BaCl = BaO, SO^3 + HCl.$$

Un gramme de sulfate de baryte provient de la réaction d'un poids de chlore égal à $\dfrac{35.5}{116,5} = 0^{gr},3047$, ce qui correspond à un volume de 96^{cc}. La dissolution renferme donc un volume de chlore à peu près égal au sien.

Quant au poids de l'acide chlorhydrique, il est égal à
$$\frac{2 \times 36.5}{116,5} = 0^{gr},627.$$

239. *On introduit dans un récipient de 6^{lit} de capacité, à la température de 22°, tout l'acide carbonique provenant de la décomposition de 20^{gr} de carbonate de potasse par l'acide chlorhydrique. On demande la pression dans le récipient.*

Densité de l'acide carbonique = 1,525.

$$O = 8, \quad C = 6, \quad K = 39,14, \quad \alpha = 0,003\,67.$$

(Lyon, 31 juillet 1878; Montpellier, 11 avril 1889.)

Un équivalent, ou $69^{gr},14$ $(39,14 + 8 + 6 + 16)$ de carbonate de potasse, produit par sa décomposition un équivalent ou 22^{gr} d'acide carbonique. En traitant 20^{gr} de carbonate de potasse, on aura un poids d'acide carbonique égal à $\dfrac{20 \times 22}{69,14}$ grammes.

La pression H de ce gaz sera donné par l'équation

$$\frac{20 \times 22}{69,14} = 6 \times 1,525 \times 1,293 \times \frac{H}{760} \times \frac{1}{1 + 22 \times 0,003\,67},$$

qui donne

$$H = \frac{20 \times 22 \times 760\,(1 + 22 \times 0,003\,67)}{69,14 \times 6 \times 1,525 \times 1,293} = 441^{mm}.$$

240. *On transforme en acide carbonique 600^{gr} de charbon pur en employant la quantité d'oxygène strictement nécessaire. Le gaz formé est recueilli dans un récipient de 30^{lit} chauffé à 25°. On demande quelle est la pression exercée par le gaz sur les parois du récipient.*

On demande aussi quelle pression s'établira dans le récipient quand on y aura introduit 30^{gr} de potasse caus-

tique ayant pour formule KO, HO; dissoute dans une faible quantité d'eau dont on négligera la présence.

$$C = 6, \quad K = 39, \quad H = 1, \quad O = 8,$$

Densité de l'air par rapport à l'eau, 0,0013.

Densité de l'acide carbonique par rapport à l'air, 1,52.

Coefficient de dilatation de l'acide carbonique, $\dfrac{1}{273}$.

(Lyon, 6 novembre 1878.)

1° La formule CO^2 de l'acide carbonique nous montre que 22^{gr} de ce gaz sont produits par la combustion complète de 6^{gr} de charbon pur. Il se formera donc 2200^{gr} d'acide avec nos 600^{gr} de charbon.

D'autre part, le poids d'un gaz s'obtient en multipliant son volume ramené à la température de 0° et à la pression de 760^{mm}, par la densité de ce gaz par rapport à l'air, et par le poids d'un litre d'air dans les mêmes conditions de température et de pression. Nous aurons donc ici, en appelant H la pression cherchée, l'équation

$$2200 = 30 \times \frac{1}{1 + \dfrac{25}{273}} \times \frac{H}{760} \times 1,52 \times 1,3,$$

qui donne

$$H = \frac{2200 \times 298 \times 760}{30 \times 273 \times 1,3 \times 1,52} = 30\,788^{mm}.$$

La pression exercée par le gaz dans le récipient sera de $30\,788^{mm}$, soit environ 40 atmosphères.

2° Un équivalent ou 56^{gr} de potasse caustique KO, HO $(39 + 8 + 1 + 8 = 56)$ absorbe un équivalent ou 22^{gr} d'acide carbonique; 30^{gr} de cet alcali absorberont un poids d'acide égal à $\dfrac{30 \times 22}{56}$ grammes.

Le poids de gaz restant après l'absorption sera par suite égal à

$$2200 - \frac{30 \times 22}{56} = \frac{122540}{56} \text{ grammes,}$$

qui exerceront une pression H′ donnée par une équation semblable à la précédente :

$$H' = \frac{122540 \times 298 \times 760}{56 \times 30 \times 273 \times 1,3 \times 1,52} = 30\,601^{mm}.$$

241. *Trouver le volume, à 50° et à la pression de 45^m de mercure, d'un poids d'acide carbonique égal au poids d'oxygène qui entre dans 100^{gr} d'oxyde de carbone.*

La densité de l'acide carbonique est 1,52, et les équivalents du carbone C = 6 et de l'oxygène O = 8.

(Lyon, 23 avril 1883.)

L'oxyde de carbone CO renferme un équivalent ou 6^{gr} de carbone, combiné à un équivalent ou 8^{gr} d'oxygène, formant 14^{gr} du composé. Dans 100^{gr} d'oxyde de carbone, il y a par conséquent un poids d'oxygène égal à $\dfrac{8 \times 100}{14}$ grammes.

Tel est le poids d'acide carbonique dont nous avons à déterminer le volume.

Le poids d'un gaz s'obtient en multipliant son volume, ramené à la température de 0° et à la pression 760^{mm}, par la densité de ce gaz par rapport à l'air, et par le poids d'un litre d'air dans les mêmes conditions de température et de pression. Nous aurons donc ici, en appelant V le volume cherché, l'équation

$$\frac{8 \times 100}{14} = V \times \frac{1}{1 + \dfrac{50}{273}} \times \frac{45000}{760} \times 1,52 \times 1,3,$$

qui donne

$$V = \frac{8 \times 100 \times 323 \times 760}{14 \times 273 \times 45000 \times 1,52 \times 1,3} = 0^{lit},614.$$

Sous cette pression considérable de 45^m de mercure, l'acide carbonique occupera seulement un volume de 0^{lit},614.

242. *On fait passer, dans un tube de porcelaine contenant du charbon et porté à l'incandescence, 10^{lit} d'acide carbonique dont le volume est devenu après ce passage de 14^{lit},543. Calculer les poids de l'oxyde de carbone et de l'acide carbonique qui composent le mélange ainsi obtenu. Les gaz sont supposés mesurés secs à 0° et sous la pression 760^{mm}.*

Densité de l'acide carbonique 1,523 ; densité de l'oxyde de carbone 0,967.

(Montpellier, 24 avril 1884.)

Par son passage sur le charbon chauffé au rouge, l'acide carbonique se transforme partiellement en oxyde de carbone. Le volume d'oxyde formé est double de celui de l'acide carbonique qui a été réduit.

L'augmentation de volume $4^{lit},543$ indique donc le volume d'acide qui a été transformé en oxyde de carbone.

Il reste par suite dans le mélange un volume d'acide carbonique égal à $10 - 4,543 = 5^{lit},457$, et il y a un volume d'oxyde de carbone qui est $9^{lit},086$.

Le poids p de l'acide carbonique est

$$p = 5,457 \times 1,523 \times 1,293 = 12^{gr},73,$$

et celui p' de l'oxyde de carbone est

$$p' = 9,086 \times 0,967 \times 1,293 = 12^{gr},33.$$

243. *Quel est le poids de bioxyde de manganèse qui, décomposé par la chaleur, fournira l'oxygène nécessaire pour faire passer à l'état d'acide carbonique le gaz qui se dégage dans la décomposition de 21^{gr} d'acide oxalique cristallisé, par un excès d'acide sulfurique ?*

L'équivalent du manganèse est $27,6$.

(La Flèche, juillet 1879.)

L'acide oxalique cristallisé, traité par un excès d'acide sulfurique, donne un mélange d'acide carbonique, d'oxyde de carbone et de vapeur d'eau :

$$C^4O^6, 2HO = 2CO + 2CO^2 + 2HO.$$

Un équivalent, ou 90^{gr} d'acide oxalique, donne deux équivalents, ou 28^{gr} d'oxyde de carbone. Avec 21^{gr} d'acide oxalique on aura $\dfrac{28 \times 21}{90}$ grammes d'oxyde de carbone qui exigeront, pour se transformer en acide carbonique, $\dfrac{28 \times 21}{90} \times \dfrac{6}{14}$ grammes d'oxygène.

D'autre part le bioxyde de manganèse, fortement chauffé, donne de l'oxygène d'après la formule

$$3MnO^2 = Mn^3O^4 + 2O ;$$

c'est-à-dire que trois équivalents, ou $130^{gr},8$ de bioxyde de manganèse fournissent 16^{gr} d'oxygène. Pour en avoir $\dfrac{28 \times 21}{90} \times \dfrac{6}{14}$ grammes, il faudra calciner un poids de bioxyde de manganèse égal à

$$\frac{28 \times 21}{90} \times \frac{6}{14} \times \frac{130,8}{16} = 22^{gr},9.$$

Il faut calciner 22^{gr},9 de bioxyde de manganèse.

244. *On introduit dans un eudiomètre placé sur le mercure 11^{cc},02 d'oxyde de carbone, 22^{cc},25 de protocarbure d'hydrogène et 50^{cc},01 d'oxygène, ces gaz étant pris à zéro, sous la pression de 760^{mm}. On fait passer une étincelle dans l'eudiomètre, puis on y introduit de la potasse. Quel est le volume du résidu ?*

(Caen, 12 avril 1886 ; Montpellier, 19 juillet 1889.)

Sous l'influence de l'étincelle, l'oxyde de carbone se transforme en acide carbonique, d'après la formule

$$CO + O = CO^2,$$

qui, traduite en volumes, indique qu'il faut, pour l'oxydation, un volume d'oxygène égal à la moitié de celui de l'oxyde. Il y aura donc, de ce côté, 5^{cc},51 d'oxygène qui entreront en combinaison.

De même, l'oxygène agira sur le protocarbure pour donner de l'acide carbonique et de l'eau :

$$C^2H^4 + 8O = 2CO^2 + 4HO.$$

Cette équation indique que le volume d'oxygène nécessaire ici est le double de celui du protocarbure, c'est-à-dire 44^{cc},5.

En faisant la somme des quantités d'oxygène ainsi obtenues, on trouve justement 50^{cc},01. La totalité de l'oxygène aura donc été employée à oxyder la totalité des gaz introduits dans l'eudiomètre. Après le passage de l'étincelle, il n'y aura plus que de l'eau, qui se sera à peu près entièrement condensée, et de l'acide carbonique, qui sera absorbé complètement par la potasse. Le volume du résidu sera nul.

245. *Dans quel rapport : 1° de poids ; 2° de volume doit-on mélanger le bioxyde d'azote et la vapeur de sul-*

fure de carbone, pour obtenir un mélange détonant qui brûle sans résidu de l'un ni de l'autre gaz ?

(Poitiers. novembre 1879.)

Quand on met le feu à un mélange de bioxyde d'azote et de vapeur de sulfure de carbone, il se forme évidemment de l'azote, de l'acide sulfureux et de l'acide carbonique. La formule de la réaction est par suite :

$$3AzO^2 + CS^2 = 3Az + 2SO^2 + CO^2.$$

1º En poids, il faut donc, pour que la réaction soit complète, sans résidu de l'un ni de l'autre gaz, 3 équivalents ou 90^{gr} de bioxyde d'azote, et 1 équivalent ou 38^{gr} de sulfure de carbone.

2º En volumes, il faut 3 équivalents ou 12 volumes de bioxyde d'azote et 1 équivalent ou deux volumes de sulfure de carbone. Le volume total du mélange sera égal à 14; les gaz formés seront : 6 volumes d'azote, 4 volumes d'acide sulfureux et 2 volumes d'acide carbonique, supposés mesurés à la température et sous la pression primitives.

---

246. *On sait qu'un gaz inconnu est formé de carbone et d'hydrogène. On introduit dans un eudiomètre 4 volumes de ce gaz et 10 volumes d'oxygène. On constate qu'après le passage de l'étincelle, il reste 8 volumes d'un gaz complètement absorbé par la potasse. On demande de déterminer la composition de ce gaz et d'écrire sa formule en admettant que l'équivalent de ce gaz renferme 2 équivalents d'hydrogène.*

(Grenoble, 21 mars 1881.)

Désignons par C^mH^2 la formule du carbure donné. Sa combustion complète par l'oxygène correspond à l'équation

$$C^mH^2 + (2m + 2)O = mCO^2 + 2HO.$$

Le volume de l'acide carbonique formé étant égal à 8, on en conclut, puisque l'équivalent volumétrique de l'acide carbonique est égal à 2, que l'on a $m = 4$. Le volume d'oxygène nécessaire est bien alors, en effet, égal à 10 ou $(2 \times 4 + 2)$.

On en conclut que 4 volumes des carbures renferment 4 volumes d'hydrogène et 4 volumes de vapeur de carbone.

Sa formule est C^4H^2 (c'est la formule de l'acétylène).

247. *Quel est le poids d'acide oxalique qu'il faut employer pour préparer* 100^{lit} *d'oxyde de carbone à* 0°, *sous la pression de* 760^{mm}? *Quel est le volume et le poids d'acide carbonique produit en même temps et combien devait-on employer de soude caustique pour absorber ce dernier acide?*

> Densité de l'oxyde de carbone 0,968
> Densité de l'acide carbonique 1,524

(Lille, 15 juillet 1885 et 30 mars 1887.)

Traité par l'acide sulfurique, l'acide oxalique se dédouble en acide carbonique et oxyde de carbone :

$$(1) \qquad C^4O^6,2HO = 2CO + 2CO^2 + 2HO.$$

Les équivalents en poids nous montrent que 90^{gr} d'acide oxalique cristallisé fournissent 28^{gr} d'oxyde de carbone et 44^{gr} d'acide carbonique.

Nous voulons 100^{lit} d'oxyde de carbone, dont le poids est $100 \times 0,968 \times 1,293 = 125^{gr},16$: il nous faudra employer $\dfrac{90 \times 125,16}{28} = 402^{gr},31$ d'acide oxalique.

Cette quantité d'acide oxalique donnera un poids d'acide carbonique égal à $\dfrac{402,31 \times 44}{90} = 196^{gr},66$, correspondant à un volume V donné par l'équation

$$196,66 = V \times 1,524 \times 1,293,$$

d'où $\qquad\qquad\qquad V = 100^{lit}.$

Il était du reste inutile de faire ce dernier calcul, car l'équation nous montre que le volume d'acide carbonique est toujours égal à celui de l'oxyde de carbone.

L'absorption de l'acide carbonique par la soude est traduite en poids par l'équation

$$NaO,HO + CO^2 = NaO,CO^2 + HO,$$

qui montre que 40^{gr} de soude $(23 + 8 + 1 + 8)$ absorbent 22^{gr} d'acide carbonique $(6 + 16)$. Il faudra, pour absorber $196^{gr},66$ d'acide carbonique, employer un poids de soude qui sera $\dfrac{40 \times 196,66}{22} = 357^{gr},5.$

248. *On traite, par un excès d'acide sulfurique étendu de son volume d'eau, un morceau de protosulfure de fer pesant 11^{gr} ; quel est le poids des produits de la réaction, et le volume à $0°$, sous la pression de 760^{mm}, de celui de ces produits qui est gazeux à la température ordinaire ?*

On mêle ce produit gazeux avec 6895^{cc} d'air sec pris à $0°$ sous la pression de 760^{mm}, et le mélange est dirigé dans un tube porté au rouge sombre ; quels sont les produits de la réaction ?

16^{gr} de soufre en se combinam. a 16^{gr} d'oxygène pour faire de l'acide sulfureux dégagent $34,6$ calories ;

16^{gr} de soufre en se combinant à 1^{gr} d'hydrogène pour faire de l'acide sulfhydrique dégagent $2,3$ calories ;

8^{gr} d'oxygène en se combinant à 1^{gr} d'hydrogène pour faire de l'eau dégagent $29,1$ calories.

Équivalent du fer : 28.   Équivalent du soufre : 16.

(Caen, 10 juillet 1885.)

Dans l'action de l'acide sulfurique étendu sur le protosulfure de fer il se forme du sulfate de protoxyde de fer et de l'acide sulfhydrique :

$$\text{FeS} + \text{SO}^3,\text{HO} = \text{SO}^3,\text{FeO} + \text{HS}.$$

En calculant les équivalents pondéraux de ces divers composés on voit que 44^{gr} de protosulfure de fer, en présence d'un excès d'acide sulfurique, donnent 76^{gr} de sulfate de fer et 17^{gr} d'acide sulfhydrique. Avec 11^{gr} de sulfure de fer on aura $\dfrac{76 \times 11}{44} = 19^{gr}$ de sulfate de fer et $\dfrac{17 \times 11}{44} = 4^{gr},25$ d'acide sulfhydrique.

Le volume de l'acide sulfhydrique, qui est gazeux, sera donné par l'équation

$$4,25 = V \times 1,1912 \times 1,293,$$

de laquelle on tire

$$V = \frac{4,25}{1,1912 \times 1,293} = 2^{lit},759.$$

Quand ce gaz acide sulfhydrique, préalablement mélangé à de l'oxygène, passe dans un tube de porcelaine chauffé au rouge, il se produit de l'eau et de l'acide sulfureux, d'après l'équation

$$HS + 3O = HO + SO^2,$$

laquelle est du reste fortement exothermique, car elle se traduit par un dégagement de

$$HS(+ 2^{cal},3) + 3O = HO(+ 29^{cal},1) + SO^2(+ 34^{cal},6) + 64^{cal},4.$$

Cette équation a lieu entre 2 volumes d'acide sulfhydrique et 3 volumes d'oxygène. Donc les 2759^{cc} d'acide se combineront à 4088^{cc},5 d'oxygène. Les produits de la réaction seront 2759^{cc} de vapeur d'eau, 2759^{cc} d'acide sulfureux, et 2806^{cc},5 d'oxygène en excès.

Si l'oxygène n'avait pas été en excès, l'hydrogène aurait été oxydé d'abord, car c'est son oxydation qui correspond au plus fort dégagement de chaleur, puis le soufre ensuite, en quantité plus ou moins grande suivant la proportion d'oxygène.

249. *Calculer le volume d'oxygène, mesuré à 0° et sous la pression de* 760^{mm}, *nécessaire pour brûler complètement le gaz formé par la décomposition de* 125^{gr} *de cyanure de mercure.*

Équivalents : de l'azote 14; *du carbone* 6; *de l'oxygène* 8; *du mercure* 100.

(Bordeaux, 7 juillet 1884.)

Le cyanure de mercure, chauffé, dégage du cyanogène, C^2Az :

$$HgC^2Az = Hg + C^2Az.$$

Un équivalent $(100 + 12 + 14 = 126^{gr})$ de cyanure de mercure donne un équivalent $(12 + 14 = 26^{gr})$ de cyanogène. Avec 125^{gr} de cyanure de mercure on aura $\dfrac{26 \times 125}{126}$ grammes de cyanogène.

La combustion de ce gaz par l'oxygène se fait d'après l'équation

$$C^2Az + 4O = 2CO^2 + Az,$$

c'est-à-dire qu'il faut 32^{gr} d'oxygène pour 26^{gr} de cyanogène, et $\dfrac{26 \times 125}{126} \times \dfrac{32}{26}$ pour le poids que nous avons à brûler.

Le volume de cet oxygène, mesuré dans les conditions normales de température et de pression, sera donné par la formule

$$\frac{26 \times 125}{126} \times \frac{32}{26} = V \times 1,1056 \times 1,293.$$

On en tire

$$V = 21^{lit},8.$$

250. *Dans un tube contenant 200ᵍʳ de zinc, on fait passer 8 litres d'acide chlorhydrique pur et sec. Le gaz passe ensuite dans un second tube contenant un mélange de 28ᵍʳ de chaux avec 60ᵍʳ d'oxyde noir de cuivre, et enfin dans un troisième tube contenant 200ᵍʳ de zinc. Ces trois tubes sont chauffés au rouge. Quelles réactions se produiront ? Quelle sera la composition et le volume du gaz qui sortira du dernier tube ?*

On sait que 35ᵍʳ,5 de chlore, se combinant : 1° avec 1ᵍʳ d'hydrogène dégagent 22 calories; 2° avec 33ᵍʳ de zinc dégagent 48ᶜᵃˡ,6; 3° avec 32ᵍʳ de cuivre dégagent 25ᶜᵃˡ,8; 4° avec 20ᵍʳ de calcium dégagent 85ᶜᵃˡ,1 ; et que 8ᵍʳ d'oxygène se combinant : 1° avec 1ᵍʳ d'hydrogène dégagent 29ᶜᵃˡ,1 ; 2° avec 33ᵍʳ de zinc dégagent 43ᶜᵃˡ,2; 3° avec 32ᵍʳ de cuivre dégagent 19ᶜᵃˡ,2 ; 4° avec 20ᵍʳ de calcium dégagent 66ᶜᵃˡ.

(Caen. 10 juillet 1886.)

Nous admettrons, ce qui est bien loin d'être toujours vrai, que le *principe du travail maximum* s'applique rigoureusement à toutes les réactions possibles entre les divers corps que nous allons mettre en présence. Ce principe peut s'énoncer dans les termes suivants : Tout changement chimique accompli sans l'intervention d'une énergie étrangère tend vers la production du corps ou du système de corps qui dégage le plus de chaleur.

1° L'acide chlorhydrique gazeux arrive d'abord sur du zinc chauffé au rouge. La seule réaction possible est la suivante :

$$\text{HCl } (+ 22^{cal}) + \text{Zn} = \text{ZnCl } (+ 48^{cal},6) + \text{H} + 26^{cal},6.$$

Cette réaction, étant exothermique, se produira. Le zinc est en grand excès, comme on peut s'en convaincre par le calcul des équivalents, car nous avons en présence beaucoup plus d'un équivalent de zinc et beaucoup moins d'un équivalent d'acide chlorhydrique; tout le chlore de l'acide chlorhydrique passera donc à l'état de chlorure de zinc et tout l'hydrogène se dégagera. A la sortie du premier tube, on aura par conséquent tout l'hydrogène qui était renfermé dans l'acide chlorhydrique, c'est-à-dire quatre litres d'hydrogène, et des vapeurs de chlorure de zinc (qui est volatil), renfermant quatre volumes de chlore.

2° Les deux réactions possibles de l'hydrogène sur le mélange

de chaux et d'oxyde de cuivre contenu dans le second tube sont
les suivantes :

$$CaO \ (+ \ 66^{cal}) + H = Ca + HO \ (+ \ 29^{cal},1) - 36^{cal},9,$$

$$CuO \ (+ \ 19^{cal},2) + H = Cu + HO \ (+ \ 29^{cal},1) + 9^{cal},9.$$

La seconde de ces réactions, qui est exothermique, se produira seule, et elle sera complète, car l'oxyde de cuivre est en
excès.

Le chlorure de zinc, qui entre dans le second tube en même
temps que l'hydrogène, y peut produire les réactions suivantes
sur la chaux, l'oxyde de cuivre en excès, ou le cuivre mis en
liberté par l'action de l'hydrogène :

$$CaO(+66^{cal}) + ZnCl(+48^{cal},6) = ZnO(+43^{cal},2) + CaCl(+85^{cal},1) + 13^{cal},7,$$

$$CuO(+19^{cal},2) + ZnCl(+48^{cal},6) = ZnO(+43^{cal},2) + CuCl(+25^{cal},8) + 1^{cal},2,$$

$$Cu + ZnCl(+48^{cal},6) = Zn + CuCl(+25^{cal},8) - 22^{cal},8.$$

C'est la première de ces réactions qui se produira, car elle
dégage le plus de chaleur; elle donnera naissance à de l'oxyde
de zinc, non volatil, et le chlore passera entièrement à l'état de
chlorure de calcium, que nous supposerons également non volatil
dans les circonstances de l'expérience.

Il ne sortira donc du second tube que de la vapeur d'eau, ré-
sultant de l'action de l'hydrogène sur l'oxyde de cuivre. Cette
vapeur d'eau renfermera les 4 volumes d'hydrogène qui étaient
contenus dans l'acide chlorhydrique primitif.

3° En arrivant sur le zinc du troisième tube, cette vapeur d'eau
sera décomposée, en vertu de la réaction exothermique

$$HO \ (+ \ 29^{cal},1) + Zn = ZnO(+ \ 43^{cal},2) + H + 14^{cal},1,$$

La réaction sera complète, car ici encore le zinc est en excès.
Il sortira donc du troisième tube 4 litres d'hydrogène.

250 bis. *On mélange un litre d'air sec, pris à 0° sous
la pression de 770ᵐᵐ et dépouillé d'acide carbonique, avec
1920 milligrammes de vapeur d'eau. Puis on fait passer
le tout dans un tube chauffé au rouge, rempli de cuivre
dans sa première moitié et de fer dans la seconde. Enfin,
au sortir du tube, les gaz sont envoyés en totalité dans un
eudiomètre rempli d'une dissolution d'acide chlorhydrique,
où ils sont soumis à l'action d'une série d'étincelles. On*

*demande : 1° la nature et le poids des substances formées
dans le tube; 2° le volume du gaz qui restera dans l'eudiomètre, une fois la réaction terminée.*

*8ᵍʳ d'oxygène et 32 de cuivre, en formant CuO, dégagent
20ᶜᵃˡ,2. — 24ᵍʳ d'oxygène et 56 de fer, en formant Fe²O³,
dégagent 95ᶜᵃˡ,6. — 32ᵍʳ d'oxygène et 84 de fer, en formant Fe³O⁴, dégagent 134ᶜᵃˡ,5. — 8ᵍʳ d'oxygène et 1 d'hydrogène, en formant HO en vapeur, dégagent 29ᶜᵃˡ,2.*

(Caen. 20 juillet 1887.)

1° L'oxygène de l'air est absorbé par le cuivre, en vertu de la
réaction
$$Cu + O = CuO + 20^{cal},2.$$
Le poids d'oxyde de cuivre formé est
$$\frac{32 + 8}{8} \times \frac{23}{100} \times 1,293 \times \frac{77}{75} = 1^{gr},506.$$

La vapeur d'eau n'est pas décomposée par le cuivre, car la
réaction
$$Cu + HO\ (+ 29^{cal},2) = CuO\ (+ 20^{cal},2) + H - 9^{cal},$$
serait endothermique; mais elle est décomposée par le fer, et il
se forme de l'oxyde salin Fe³O⁴, car des deux réactions possibles,
$$2Fe + 3HO\ (+ 3 \times 29,2) = Fe^2O^3\ (+\ 95,6) + 3H + \ 8^{cal},$$
$$3Fe + 4HO\ (+ 4 \times 29,2) = Fe^3O^4\ (+ 134,5) + 4H + 17^{cal},7,$$
la seconde est celle qui dégage le plus de chaleur.
Le poids d'oxyde salin formé est
$$\frac{84 + 32}{32} \times 1,920 \times \frac{8}{9} = 5^{gr},82.$$

2° Il arrive dans l'eudiomètre $0^{lit},792$ d'azote (mesuré sous la
pression de 770^{mm}), et un volume d'hydrogène qui, mesuré sous
la même pression, est
$$\frac{1,92}{9 \times 0,0692 \times 1,293} \times \frac{76}{77} = 2^{lit},363.$$

Sous l'influence des étincelles, il se forme de l'ammoniac, qui
est absorbé au fur et à mesure par l'acide chlorhydrique. Le
résidu gazeux restant est
$$3 \times 0,792 - 2,363 = 0^{lit},013.$$

DEUXIÈME PARTIE

PROBLÈMES NON RÉSOLUS

PESANTEUR

1° Chute des corps.

251. Combien de secondes un corps met-il à tomber d'une hauteur de 500ᵐ en chute libre dans le vide? g est supposé égal à 9ᵐ,8.

(Poitiers, 29 octobre 1885.)

252. Un corps à Paris acquiert, au bout d'une seconde de chute libre, la vitesse 9ᵐ,8088. Quel espace décrira-t-il de la 10ᵉ à la 15ᵉ seconde?

(Dijon, juillet 1869.)

253. A quelle hauteur parvient un corps lancé verticalement de bas en haut avec une vitesse initiale v? Quelle vitesse aura-t-il en revenant au point de départ?

(Toulouse, 6 juillet 1885.)

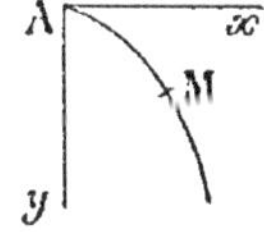

254. Un point M est lancé dans le vide, à partir du point A, suivant l'horizontale Ax, avec une vitesse donnée a.

Trouver, à l'époque t : 1° la distance du point M à l'horizontale Ax, à la verticale Ay et au point A; 2° les composantes de sa vitesse parallèles à Ax et à Ay, la valeur de cette vitesse et l'angle qu'elle fait avec l'horizontale.

(Lille, 25 juillet 1885.)

255. D'un même point de la terre. supposée immobile, et à un intervalle de temps θ, on lance successivement, dans la direction verticale, et de bas en haut, deux mobiles pesants. Ces mobiles ont une vitesse initiale *a*.

On demande de trouver successivement :

1° Le temps de leur rencontre;

2° La vitesse avec laquelle ils se choquent;

3° La hauteur à laquelle i's se rencontrent

(Bordeaux, 10 novembre 1885.)

256. On lance une pierre verticalement de bas en haut avec une vitesse initiale de 20^m par seconde; deux secondes après, du même point, on lance une pierre verticalement de bas en haut avec une vitesse de 25^m. On demande à quelle distance du point de départ les deux pierres se rencontreront, si ce sera en montant ou en descendant et après combien de secondes à partir de l'instant auquel on a lancé la première pierre.

(Lyon, 25 juill. 1885; B ançon. 21 juillet 1889.,

257. Étant donnés deux points A et B sur une verticale, et à une distance $h = 40^m$, on laisse tomber de A un corps sans vitesse initiale: au même instant on lance du point B, vers A, un autre corps avec une vitesse initiale $v_0 = 25^m$ par seconde.

A quelle distance de A et au bout de combien de temps aura lieu la rencontre?

On prendra pour l'accélération de la pesanteur $g = 9^m,81$.

(Alger, 9 novembre 1885.)

258. Un corps est lancé du point A verticalement de bas en haut et possède, au départ, une vitesse qui n'est épuisée dans son mouvement ascendant qu'au bout de 3 secondes. Quand le mobile atteint le point culminant B, on lance du point A un second mobile animé de la même vitesse que le premier. En quel point de la droite AB et au bout de combien de temps les deux mobiles se rencontreront-ils? on prendra pour valeur de l'accélération due à la pesanteur $9^m,81$.

(Dijon, 27 juillet 1884.)

259. Dans une machine d'Atwood les deux masses principales pèsent chacune 240^{gr}. Quel doit-être le poids additionnel pour que l'espace parcouru dans la première seconde soit égal à un décimètre?

(Paris, 5 mai 1886; Lyon, 1 juillet 1888.)

260. On a une machine d'Atwood dont les deux masses qui s'équilibrent ont chacune un poids de 40^{gr}; on ajoute un poids

de 1er à l'une d'elles et on demande le temps qu'elle emploiera
à descendre verticalement de 1^{m}.

(Marseille, 20 juillet 188·; Clermont, 11 avril 1890.)

261. Définir l'intensité de la pesanteur. Calculer sa valeur,
sachant que la longueur du pendule à secondes est de 998^{mm}.

(Lyon, 28 juillet 1886.)

262. On demande de calculer la vitesse acquise par un corps
pesant tombant de 20 mètres de hauteur en un lieu de la terre
où le pendule simple qui bat la seconde a pour longueur 0^{m},910.

(Paris, 22 juillet 1886; Dijon, 27 juillet 1887.)

263. Deux corps pesants partent en même temps d'un même
point. Le premier suit la verticale, sans vitesse initiale; le second
descend d'un plan incliné, et a une vitesse initiale v. Déterminer
l'inclinaison de ce plan de façon que les deux mobiles atteignent
en même temps l'horizon.

(Bordeaux, 16 juillet 1889.)

264. Sur le tranchant d'un couteau C, on pose horizontalement
une tige pesante AB portant à ses extrémités
les poids P et Q. Indiquer la condition pour que
la tige soit en équilibre.

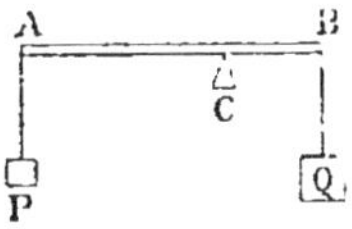

Application : Calculer les distances x, y du
couteau aux extrémités de la tige en supposant
AB $= x + y = 0^{\text{m}},60$, P $= 19^{\text{kg}}$, Q $= 39^{\text{kg}}$, π (poids de la tige) $= 2^{\text{kg}}$.

(Paris, 11 novembre 1885.)

265. On donne une balance symétrique par rapport au plan
qui, passant par l'axe de rotation, est perpendiculaire à la ligne
du fléau, et on suppose que les arêtes des trois couteaux (axe de
rotation et couteaux de suspension des plateaux) sont dans un
même plan.

On demande l'angle dont s'inclinera le fléau quand on mettra
dans l'un des plateaux un poids de 4^{gr}.

On sait d'ailleurs que le poids du fléau est de 100^{gr}, la distance
de son centre de gravité à l'axe de rotation de 1^{cm} et la distance
qui sépare les couteaux de suspension des plateaux de 50^{cm}.

(Toulouse, 16 juillet 1887.)

266. Connaissant la somme V des volumes de deux corps
solides ou liquides, et le volume U de leur combinaison; connaissant de plus la densité moyenne δ de leur simple mélange

sans contraction ni dilatation, la densité d de leur combinaison, déterminer le coefficient de contraction ou de dilatation s'il y a lieu.

(Lyon, 24 juillet 1885.)

267. Un flacon vide a un poids p; plein d'eau son poids est P'; rempli de grenaille de plomb son poids est P'. On y verse de l'eau de manière à remplir les vides laissés par la grenaille de plomb et le flacon prend un poids P''.

On demande le volume du flacon et la densité du plomb.

Application : $p = 15^{gr}$; $P = 40^{gr}$; $P' = 269^{gr},25$; $P'' = 271^{gr},75$.

(Lille, 27 juillet 1886.)

268. Un cylindre droit AC, à base circulaire de 21^{mm} de diamètre, est formé de deux parties. L'une AB en platine, de 87^{mm} de longueur, soudée en B à une autre portion métallique BC, longue de 153^{mm}. Le poids total du solide est $2027^{gr}571$. On demande de calculer : 1° la densité du métal qui constitue la partie BC; 2° la position occupée par le centre de gravité du système. Densité du platine 21,5.

(Dijon, juillet 1881.)

269. Un verre à pied de forme conique, dont le diamètre à son bord supérieur est de 0^m25, contient exactement un litre à la température de 4°. Il est complètement rempli par des poids égaux d'eau et de mercure. On demande quelle doit être l'épaisseur de la couche d'eau, sachant que la densité du mercure est 13,596 à 4°.

(Nancy, juillet 1883.)

2° Hydrostatique.

270. Dans une presse hydraulique, on sait que les diamètres du grand et du petit piston sont 0^m65 et 0^m05. Le levier du deuxième genre à l'aide duquel on manœuvre la pompe a pour bras de leviers respectifs 1 et 15. Trouver quelle force d'ascension produira sous le grand piston un effort de 10^{kg} exercé à l'extrémité libre du levier. Trouver aussi l'effort total de dedans en dehors subi par le grand cylindre, si sa hauteur est de 1^m et son diamètre de 0^m80.

(Dijon, 31 juillet 1878; Alexandrie (Egypte), 16 juil. 1889)

271. Un tube en U contient du mercure, et, au-dessus du mercure, dans l'une des branches, un liquide; les hauteurs des surfaces libros au-dessus de la surface de séparation sont $1^m,42$ pour le liquide et $0^m,175$ pour le mercure. On demande la densité du liquide par rapport au mercure et à l'eau.

(Paris, 2 mai 1855.)

272. Un corps pèse $4^{kg},8$ dans le vide et 4^{kg} dans l'eau. Quel est son poids spécifique? Quelle est sa masse? Quelle est sa densité absolue?

(Paris, 12 juillet 1857.)

273. On mélange ensemble 64^{gr} d'acide sulfurique monohydraté et 36^{gr} d'eau. Après refroidissement, on constate que la densité du mélange est égale à 1.54. On demande quels sont les volumes d'acide monohydraté et d'eau que contiennent 100 volumes du même mélange, sachant que la densité de l'acide sulfurique monohydraté est de 1,832.

(Besançon, 25 avril 1888.)

274. Un flacon plein d'eau pèse 250^{gr}, plein d'alcool 210^{gr}, et plein d'éther 200^{gr}. On demande : 1° le poids du flacon vide; 2° le poids spécifique de l'éther, sachant que celui de l'alcool est 0,80.

(Dijon, 24 octobre 1887.)

275. Un morceau de liège pèse 30^{gr} dans l'air. On l'attache à l'extrémité A d'un fil qui passe d'une poulie verticale fixée au fond d'un vase plein d'eau. L'autre extrémité C du fil est attachée à l'un des plateaux d'une balance. On met dans l'autre plateau 95^{gr} et, dans ces conditions, le liège est entièrement plongé dans l'eau et le fléau horizontal. On demande la densité du liège.

(Besançon, 22 juillet 1889.)

276. Une solution de sel marin à 10 0/0 (10^{gr} de sel dans 100^{gr} de solution) a pour densité 1,0733. Quelle proportion de sel faut-il y ajouter pour que sa densité devienne 1,1524?

(On suppose que le sel marin se dissout sans contraction.)

(Besançon, 16 juillet 1889.)

277. Sous les deux plateaux d'une balance sont suspendus deux corps dont les volumes sont V et V' et les densités D et D'. Il faut, pour l'équilibre, que le premier plonge dans un certain liquide d'une fraction $\dfrac{1}{m}$ de son volume V. — Quelle est la densité du liquide?

Application : $V = 15^{cc}$, $V' = 32^{cc}$, $D = 8,13$, $D' = 3,5$, $m = 2$.

(Lille, 21 juillet 1885.)

278. Au-dessous des plateaux d'une balance se trouvent suspendus, par des fils de volumes négligeables, sous l'un un certain corps A, sous l'autre un poids marqué B de 10^{gr}, en laiton, dont la densité est égale à 8.

On constate que la balance reste en équilibre dans l'air.

On immerge alors complètement le corps A dans de l'eau, le poids B dans un liquide de densité 0,8 et on constate qu'il y a encore équilibre. On demande quelle est la densité du corps. On négligera l'effet de la poussée de l'air.

(Marseille, 25 octobre 1889.)

279. Un bloc de glace prismatique flottant sur la mer s'élève à 6^m au-dessus de sa surface; on demande la hauteur totale du bloc. sachant que la densité de l'eau de mer est 1,026 et celle de la glace 0,930.

(Lille, 3 novembre 1880.)

280. Quel volume de mercure à $0°$ faut-il mettre dans une sphère creuse pesant 100^{gr} et dont le diamètre extérieur est de 16^{cm} pour qu'elle flotte à moitié plongée dans l'eau à $4°$? Densité du mercure 13,6.

(Expliquer soigneusement la solution et indiquer les principes sur lesquels on s'appuie.)

(Lyon, 6 novembre 1885.)

281. Un cylindre creux dont la base est de 100^{cq} et la hauteur 50^{cm}, flotte sur l'eau. La hauteur de la partie immergée est de 10^{cm}. On demande le volume du mercure qu'il faudra verser dans l'intérieur pour produire l'immersion complète du cylindre.

(Caen, 6 novembre 1885.)

282. Un vase cylindrique. de section S. renferme un liquide de densité D. A la surface du liquide, on fait flotter un cylindre de bois, de section s, de hauteur h, de densité d. On demande:

1° Quelle hauteur de ce cylindre plonge dans le liquide ;

2° De combien la pression est augmentée sur le fond du vase par unité de surface ;

3° De combien le niveau s'élève dans le vase.

(Lille, 12 juillet 1886.)

283. Quel est le poids de platine à joindre à un kilogramme de cire pour que le système des deux corps se tienne en équilibre dans l'intérieur d'une masse d'eau dont la densité est représentée par 1?

La densité du platine est supposée égale à 21,45 et celle de la cire à 0,96.

(Marseille, 9 novembre 1883.)

284. On demande quel est le rapport des longueurs de deux cylindres, l'un de fer, l'autre de platine, qu'il faudrait fixer bout à bout pour que, placé dans un vase contenant du mercure, le système se tînt en équilibre, le sommet de la tige de fer affleurant au niveau du mercure.

Densité du fer 7,6 ; du mercure 13,6 ; du platine 21,6.

(Nancy, 3 novembre 1885.)

285. Un prisme dont la section est un triangle équilatéral et dont la densité c est supérieure à 1, flotte à la surface de l'eau de telle sorte que sa face émergée soit parallèle au plan de flottaison. Calculer la hauteur x dont il émerge; rechercher si la position d'équilibre considérée est stable ou instable.

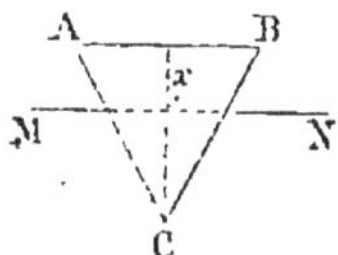

(Lyon, 15 juillet 1887.)

286. Un cylindre creux dont la section est de 95 cq et dont le poids est 228 gr, est lesté de manière à rester vertical quand on le plonge dans un liquide. Calculer la quantité dont il s'enfonce dans un liquide de densité égale : 1° à 1,65; 2° à 2,55.

(Bordeaux, 23 juillet 1880.)

287. Un corps de densité 8,4 flotte à la surface de séparation de deux liquides de densité 13,6 et 5,8. Quel est le rapport des volumes immergés dans les deux liquides?

(Paris, 13 juillet 1880 et 23 novembre 1887.)

288. Un cube de fer dont les arêtes ont 8 m flotte sur un bain de mercure. Quelle est la hauteur dont émerge le cube au-dessus du bain : 1° quand il n'y a que du mercure dans le vase; 2° quand on a versé au-dessus du mercure une couche d'eau assez épaisse pour que l cube soit complètement noyé, en partie dans le mercure et en partie dans l'eau?

On prendra pour densité du fer 7,7, du mercure 13,6, et de l'eau 1.

(Dijon, 24 avril 1883.)

289. Un cylindre de 2^{cm} de diamètre et long de 10^{cm}, est creux,  mais fermé et lesté de manière à se tenir flottant verticalement à la surface de séparation du mercure et de l'eau placée au-dessus. Son poids est de 125^{gr}. Quelle est la longueur de ce cylindre plongée dans chaque liquide?

La densité du mercure est 13,6.

(Lyon, 10 novembre 1875.)

290. Un cône ACD, à base circulaire, a pour hauteur AB $= h$ 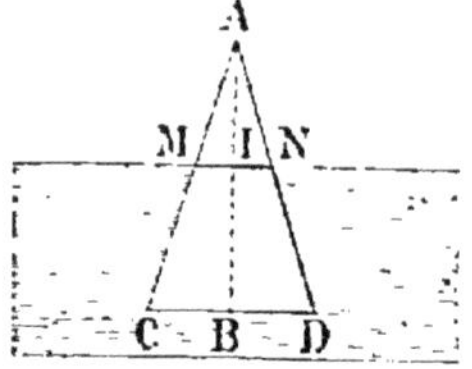 et pour diamètre CD $= d$. Il flotte sur le mercure jusqu'au niveau MN. La partie supérieure AMN est en fer, la partie inférieure CDMN est en platine. Déterminer la hauteur BI $= x$.

Application : $h = 0^m,1$, $d = 0^m,143$.

Densité du fer. 7,5
— du mercure 13,6
— du platine. 21

(Lyon, octobre 1879.)

291. Un aréomètre de Fahrenheit pesant 42^{gr} affleure dans l'alcool ayant pour densité 0,82. De combien faut-il le surcharger pour le faire affleurer dans l'acide azotique de densité 1,34?

(Nancy. 4 novembre 1884.)

292. On sait que l'aréomètre de Baumé pour les liquides plus denses que l'eau marque 0° dans l'eau pure et 66° dans l'acide sulfurique dont la densité est 1,847. Que marquerait-il dans un liquide dont la densité serait 1,5 ?

On suppose la tige divisée en parties d'égales capacités.

(Lyon, 16 avril 1886.)

293. Quelle est la densité d'un liquide qui marque 50° au pèse-acides ?

On sait que la densité de la solution qui a servi à marquer le quinzième degré de l'instrument est 1,1136.

(Besançon, 23 juillet 1886.)

294. La tige d'un aréomètre à poids constant porte des divisions dont chacune a un volume de $\frac{1}{4}$ de centimètre cube. La partie inférieure non divisée a un volume de 20^{cc}, et l'instrument, mis dans l'eau, s'y enfonce de 80 divisions. De combien s'enfoncera-t-il dans l'acide sulfurique dont la densité est 1,85 ?

295. Un aréomètre à poids constant et à tige parfaitement cylindrique pèse 100ᵍʳ. Lorsqu'on le plonge dans l'eau, le point d'affleurement est au bas de la tige, à la division zéro. Lorsqu'on le plonge dans un liquide de densité 0,9, le point d'affleurement est à la division 10.

On demande : 1° quel est le volume d'une division de la tige: 2° quel est le poids de fer qu'il faut suspendre au bas de l'aréomètre pour que, étant plongé dans l'eau, le point d'affleurement corresponde à la division 10 de la tige. Densité du fer : $d = 7,2$.

(Marseille, 26 octobre 1885.)

296. Un aréomètre semblable à l'aréomètre de Baumé, sauf pour la graduation, occupe à 0° un volume de 30ᶜᶜ. La tige, bien cylindrique, a une section extérieure d'un centimètre carré, et est graduée en millimètres, le 0 étant au sommet. L'appareil, plongé dans de l'eau distillée à + 4°, enfonce jusqu'au trait 20. On porte l'eau à 100° avec l'aréomètre. Celui-ci enfonce maintenant jusqu'à la division 9. On demande la densité de l'eau à 100°.

On admettra que la partie de la tige qui émerge est maintenue à 100° par la vapeur d'eau.

Coefficient de dilatation cubique du verre 0,000026.

(Besançon, 15 avril 1886.)

297. — Un aréomètre a poids constant est gradué en parties d'égale longueur. On marque 0 vers le milieu de la tige, de façon à compter positivement les degrés au-dessus de 0, et négativement au-dessous. L'appareil marque — 50° dans l'acide azotique de densité 1,451 et + 25° dans l'alcool de 0,792. Quelle est la densité du liquide dans lequel l'instrument marque 0°; quel degré marque-t-il dans l'huile d'olive de densité 0,915?

(Lille, 5 novembre 1858.)

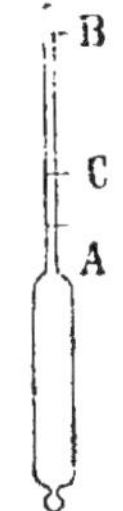

298. Un aréomètre de poids P, dont la tige est parfaitement cylindrique, est plongé dans un liquide de densité D, et l'affleurement se produit en A. On le charge alors d'un poids p ; l'affleurement se produit en B; la distance AB est égale à H. Le même instrument, débarrassé de sa surcharge p, est plongé dans un second liquide ; l'affleurement se produit en un point C, tel que $AC = h$. On demande la densité du second liquide.

(Grenoble, 29 juillet 1886.)

299. Calculer le rapport du volume occupé par une division de l'aréomètre Baumé au volume total de l'instrument, compté à partir de sa partie inférieure jusqu'à 0°; sachant que l'instrument plonge jusqu'au 0° dans l'eau pure et jusqu'à 66 divisions dans l'acide sulfurique de densité 1,84.

(Montpellier, 11 juillet 1883.)

3° Statique des gaz.

300. On a deux hémisphères de Magdebourg dont la surface totale est égale à 4 décimètres carrés. La pression extérieure est égale à 758^{mm}, la pression intérieure à 8^{mm}. On demande l'effort qu'il faut faire pour séparer les deux hémisphères.

(Grenoble, 12 novembre 1880.)

301. Dans un corps de pompe dont l'axe est vertical, se meut un piston plein pesant 50^{kg}. La face supérieure de ce piston supporte une pression de 3 atmosphères et la face inférieure une pression de 730^{mm} de mercure. On demande de calculer en kilogrammes la force qu'il faut exercer sur le piston pour l'empêcher de se mouvoir, et quel est le sens de cette force.

(Lyon, juillet 1883.)

302. La section inférieure AB de la soupape de sûreté ABCD d'une chaudière à vapeur est de 5^{cq}, et son poids de 1626^{gr},8. Sur

l'extrémité E de la tige HE de cette soupape appuie un levier de poids négligeable, mobile autour du point O; on suspend en un point F tel que OF = 5OE un poids de 6^{kg} et l'on chauffe. On constate que la soupape se soulève au moment où la température est de 160° dans la chaudière. On demande quelle est, en millimètres de mercure, la force élastique maxima de la vapeur d'eau à cette température. On prendra le nombre 13,6 pour densité du mercure.

(Grenoble, 15 avril 1885; Clermont, 14 avril 1890.)

303. Une éprouvette de 35^{cm} de longueur, pleine d'air à la pression atmosphérique $h = 755^{mm}$, est enfoncée sur une cuve à eau d'une longueur de 15^{cm}. A quelle hauteur l'eau s'élèvera-t-elle dans l'éprouvette, et quelle est la pression de l'air dans l'éprouvette?

La densité du mercure est 13,6.

(Lyon, 2 août 1884; Paris, 9 juillet 1888.)

304. On considère un baromètre à siphon formé de deux tubes de sections S et s, l'un vertical, l'autre incliné sur le premier d'un angle α. On demande:

1° Quel est le déplacement du mercure dans la branche inclinée lorsque la pression atmosphérique varie de 1^{mm}. Conditions pour que ce déplacement soit supérieur, égal ou inférieur à 1^{mm}.

2° Quel est ce déplacement lorsque, la pression atmosphérique restant constante, on introduit dans la chambre barométrique un liquide en excès dont la vapeur a une tension maxima.

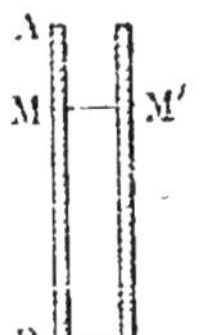

Application numérique : $\alpha = 60°$, $s = 1^{cq}$, $S = 5^{cq}$, $f = 10^{cm}$.

(Grenoble, 14 juillet 1889.)

305. Un tube de Mariotte dont les branches sont d'égal diamètre contient du mercure qui s'élève à la même hauteur dans les deux branches. La branche fermée contient une colonne d'air de 15^{cm}, à la pression atmosphérique qui est 74^{cm}. On demande quelle longueur devra avoir une colonne d'eau versée dans la branche ouverte pour que le volume de l'air diminue de 4^{cm}.

La densité du mercure est 13,59.

(Clermont, août 1879.)

306. Un tube de verre cylindrique, de poids P, de longueur l, de section intérieure s et de section extérieure S, se termine en B par une face plane. On y verse du mercure jusqu'en MM', de façon que la distance AM soit égale à a. On ferme avec le doigt l'extrémité A, et on renverse sur une cuvette profonde, puis on soulève le tube de manière que le niveau du mercure dans le tube soit à une hauteur h au-dessus du niveau dans la cuvette.

On demande quel est l'effort qu'on doit exercer pour maintenir le tube dans cette position.

On désignera par D la densité du mercure et par H la hauteur du baromètre au moment de l'expérience.

(Grenoble, 28 juillet 1885.)

307. Un corps de pompe à axe vertical, de section S, de hauteur l, fermé par un piston de poids ϖ, renferme un poids P d'air sec. La pression extérieure est égale à H et la température à 0°.

On demande quel effort il faut exercer sur le piston pour le maintenir en équilibre.

Application numérique : S $= 0^{mq},02$; H $= 0^n,770$, $l = 0^m,6$.
Densité du mercure, D $= 13,6$, $\varpi = 0^{kg},3$, P $= 40^{gr}$.
Poids du litre d'air (à 0° et 760^{mm}), $p = 1^{gr},293$.

(Alger, 29 avril 1883.)

308. Dans un espace de un litre se trouvent enfermés 11^{gr},056
d'oxygène et 9^{gr},74 d'azote. Quelle est la composition centésimale
en volume du mélange? Quelle est sa pre sion?

Densité de l'oxygène par rapport à l'air 1,1056; de l'azote par
rapport à l'oxygène $\frac{7}{8}$. Poids du litre d'air 1^{gr},293.

(Paris, 2 mai 1888.)

309. Un mélange d'air sec et d'acide carbonique a pour densité 1,234. Quelle est en volumes la proportion de l'acide carbonique mélangé à l'air?

La densité de l'acide carbonique rapportée à l'air sec est
1,529.

(Poitiers, 11 juillet 1884.)

310. La capacité de chacun des deux corps de pompe d'une
machine pneumatique est égale au cinquième de la capacité du
récipient dans lequel on fait le vide. Quelle sera la pression de
l'air dans ce récipient après 10 coups de piston, en supposant
que la pression initiale soit de 0^m,76 de mercure et que la température reste constante?

(Besançon, 26 juillet 1886.)

311. A l'aide d'une machine pneumatique dont les deux
corps de pompe ont ensemble un litre de capacité, on donne 16
coups de piston; chaque corps de pompe est ainsi utilisé 16 fois
pour l'épuisement du récipient. On demande d'en déterminer
la capacité, sachant que la pression initiale de l'air qui y était
renfermée était de 745^{mm} de mercure et se trouve réduite à 235^{mm}.

On suppose, pour faire ce calcul, que l'espace nuisible est
négligeable.

(Dijon, 29 juillet 1885)

312. Le récipient d'une machine de compression a 4^{lit} de
capacité. La capacité du corps de pompe est 0^{lit},6. Calculer le
nombre de coups de piston qu'il sera nécessaire de donner pour
que le poids total de l'air contenu dans le récipient, supposé au
début plein d'air sous la pression atmosphérique, soit de 15^{gr}.
Calculer la pression à ce moment. On suppose l'air dans les
conditions normales de température et de pression.

(Montpellier, 13 avril 1886.)

313. Deux récipients A et B, qui contiennent chacun 18^{lit} d'air

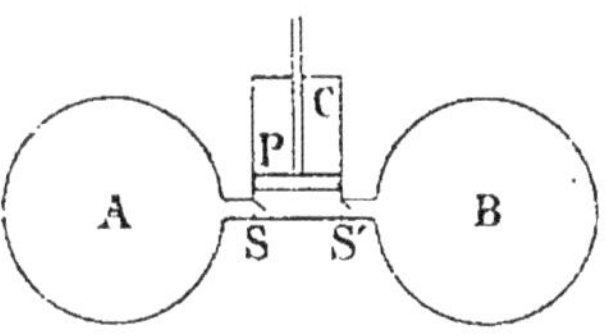

à la pression de 0^m 76, communiquent avec un corps de pompe C de deux litres de capacité. Les soupapes S et S' sont disposées de telle sorte que le piston P, en s'élevant, aspire l'air de A, et, en s'abaissant, le refoule en B. On suppose que le piston, d'abord au bas de sa course, soit soulevé, puis abaissé; on demande quelle est alors la pression dans chaque récipient. On ne tient pas compte de l'espace nuisible.

(Clermont, novembre 1880.)

314. Une pompe aspirante et foulante communique avec deux réservoirs de volumes égaux V. Le réservoir B est vide, et le réservoir A contient de l'air à la pression H. Trouver la pression dans les deux réservoirs après n coups de piston. Il n'y a pas d'espace nuisible. Voir ce qui arrive quand n est infini.

(Nancy, 23 juillet 1879.)

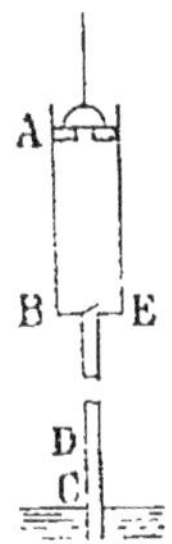

315. A quelle hauteur CD s'élève l'eau dans le tuyau d'aspiration BC d'une pompe au premier coup de piston, sachant que la hauteur BC du tuyau est de 6^m, que la course AB du piston est de 0^m 50, et qu'enfin la section BE du corps de pompe est 10 fois plus grande que la section du tuyau d'aspiration BC ?

(Lille, 26 juillet 1886.)

316. Deux corps de pompe verticaux A et B sont fermés par des pistons parfaitement mobiles, d'une surface d'un demi-décimètre carré. Ces pistons sont suspendus aux plateaux a et b d'une balance à bras égaux. Le corps de pompe A ne renferme que de l'eau et de la vapeur d'eau à 100°; le corps de pompe B contient de l'air sous la pression de 30^{mm} de mercure. Quel poids faut-il mettre dans le plateau a pour maintenir l'équilibre? On prendra pour densité du mercure 13.6.

(Paris, 11 juillet 1890.)

317. Un siphon ABCD est formé de deux branches verticales (AB = 30^{cm}, CD = 23^{cm}) reliées par une branche horizontale BC. On le remplit d'huile et, le tenant bouché avec le doigt en D.

on enfonce la branche BA dans une solution saturée de sel marin jusqu'au point M (MA = 10^{cm}), puis on retire le doigt de D. Que se passera-t-il?

Densité de l'huile 0,913

Densité de la solution de sel marin 1,204

Si, laissant les longueurs AB et AM invariables, on fait varier CD, quelle doit être la longueur de cette branche CD : 1° pour qu'il ne se produise aucun mouvement ; 2° pour que la solution saline s'écoule par le siphon?

(Besançon, 9 novembre 1885.)

318. Deux vessies à robinets contiennent un liquide de densité d et sont placées à des niveaux différents dans une cuve à eau ; elles sont réunies par un siphon amorcé, rempli du même liquide de densité d, mais les robinets des vessies sont fermés. On ouvre ces robinets et on demande dans quel sens fonctionnera le siphon. On supposera successivement d plus grand et plus petit que 1.

(Paris, 30 novembre 1885.)

319. Quel est le poids apparent dans l'air à 0° et sous la pression de 760^{mm} d'un corps dont le volume extérieur est de 435^{cc} et de poids apparent dans l'eau de 25^{gr} ?

[Saint-Denis (Réunion), 21 novembre 1885.]

320. Calculer le poids dans le vide d'un fragment de marbre qui, dans l'air, fait équilibre à des poids en laiton de 245^{gr}, ces poids étant exacts dans le vide.

Densité du marbre, 2,8. Densité du laiton, 8,4.

Poids d'un décimètre cube d'air, dans les conditions de la pesée, 1^{gr},2.

(Montpellier, 9 novembre 1885.)

321. Pour faire équilibre au poids d'un lingot de platine placé dans le plateau d'une balance juste, on a mis dans l'autre plateau un poids de 27^{gr} en laiton. Quel poids aurait-on dû mettre si cette pesée avait été faite dans le vide ?

On sait que la densité du platine est 21,25, celle du laiton 8,3 et que l'air à 8° et à 0^m,76 de pression (conditions dans lesquelles on opère) pèse 770 fois moins que l'eau à 4°,1.

(Nancy, 26 juillet 1884 ; Montpellier, 25 octobre 1884.)

322. Évaluer la force ascensionnelle d'un ballon sphérique qui, étant vide, pèse 65^{kg}, et qui est rempli d'hydrogène pur. L'enveloppe pèse 200^{gr} par mètre carré. La densité de l'hydrogène est, comme l'on sait, 0,0692.

(Nancy, 23 juillet 1885.)

323. Un ballon dont la force ascensionnelle est de 500^{kg}, est rempli d'hydrogène dont le mètre cube pèse 80^{gr}. Le poids du mètre cube d'air ambiant est de 1^{kg},2; le poids des corps non gazeux est de 100^{kg}. Calculer le rayon du ballon.

(Lyon, 25 juillet 1882.)

ACOUSTIQUE

324. Le bruit du canon a mis 15 secondes à se transmettre d'un lieu à un autre, la température étant de 22°; on demande la distance entre ces deux lieux, sachant que la vitesse du son à zéro est de 333^m.

(Poitiers, juillet 1880.)

325. Une sirène dont le disque a 16 trous est à l'unisson avec un diapason qui fait 512 vibrations à la seconde. Elle fait 4 tours pendant qu'un pendule accomplit une oscillation. On demande quelle est la longueur de ce pendule.

(Rennes, 24 juillet 1877.)

326. Une corde de sonomètre, tendue par un poids de 1^{kg}, donne un certain son. Quel doit être le poids tenseur pour qu'elle donne la quinte?

(Dijon, 16 juillet 1877.)

327. Une corde vibrante, tendue par un poids F, rend le son ut_1. On réduit sa longueur à moitié et on demande quel doit être le poids tenseur pour qu'elle rende le son sol_3.

(Grenoble, juillet 1883; Lyon, 19 juillet 1887.)

328. Une corde en acier rendant un certain son, on en prend une autre de même substance et également tendue, mais dont la section est les $\frac{4}{5}$ de celle de la première. Quel doit être le rapport des longueurs des deux cordes pour que la deuxième corde rende un son plus aigu, dont l'intervalle au premier soit $\frac{4}{3}$?

(Nancy, 1er avril 1878.)

329. Deux cordes de même section ont des longueurs l et l'. L'une d'elles étant tendue par un poids P, quelles devront être les tensions de la seconde pour que le son qu'elles rendent soit : 1° à l'unisson; 2° à l'octave aiguë; 3° à la quinte de l'octave aiguë du son rendu par l'autre corde?

$$l = 1^m, \quad l' = 2^m, \quad P = 1^{kg}.$$

(Lille, 13 novembre 1885.)

330. On a deux cordes, l'une en cuivre dont la longueur est de 2^m et le rayon de 3^{mm}, l'autre en acier dont la longueur est de 3^m et le rayon de 4^{mm}. On demande le rapport des poids avec lesquels il faut tendre ces deux cordes, pour que le son rendu par la corde en acier soit à l'octave grave du son rendu par la corde de cuivre.

On admettra : que la densité du cuivre est de   8,87,
que la densité de l'acier est de   7,8.

(Nancy, 24 juillet 1885 ; Montpellier, 6 novembre 1888.)

331. Deux cordes de platine et de fer sont à l'unisson. Quel est le rapport des poids qui les tendent? On donne les densités du fer et du platine.

(Nancy, 9 avril 1877)

332. Une corde de fer a pour longueur 1^m, pour diamètre $\frac{2}{10}^{mm}$; la densité du fer est 7; on demande le poids de la corde et la tension qu'elle doit subir pour donner la note ut_2 (128 vibrations doubles par seconde). Quelle serait la tension de cette même corde si elle rendait la quinte de l'octave de cette note? Pourrait-elle y résister?

Un fil de fer de 1^{mm} de rayon se rompt sous une charge de 250^{kg}.

(Lyon, 20 juillet 1888)

332 bis. Une corde d'aluminium d'un mètre de longueur est convenablement tendue pour donner comme note fondamentale l'ut_3 correspondant à 261 vibrations doubles.

Quelle note donnera une corde de platine de même longueur et également tendue?

A quelle longueur faudra-t-il réduire cette dernière pour lui faire rendre l'ut_2, c'est-à-dire l'octave grave de la note donnée par la corde d'aluminium?

Densité de l'aluminium par rapport à l'eau : 2,67; du platine : 21,45.

(Dijon, 20 juillet 1889.)

OPTIQUE

1° Photométrie.

333. Une feuille de papier est éclairée par deux bougies placées d'un même côté, sur une même normale au papier, l'une à 1^m, l'autre à 2^m. A quelle distance y faut-il placer la seconde bougie, quand on place la première à une distance x pour que le papier conserve le même éclairement?

(Paris, 19 novembre 1887.)

334. Un photomètre est formé de deux surfaces translucides OA et OB, dont l'angle AOB = 135°.

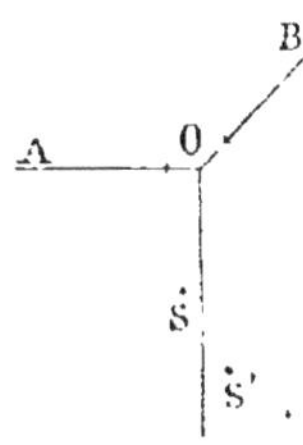

Deux lumières S et S' séparées par un écran, et tout près de cet écran, sont, la première à 1^m,50, la seconde à 2^m,25 du point O. Elles éclairent également les deux éléments de OA et de OB les plus voisins du point O. Quel est le rapport de leurs intensités lumineuses?

(Lyon, 19 juillet 1889.)

335. Une tige opaque est éclairée par un bec de gaz et par une lampe; les ombres projetées par cette tige sur un écran ont la même intensité, lorsque les distances à l'écran sont pour le bec de gaz 1^m,5 et pour la lampe 3^m.

Quel est le rapport des intensités des deux lumières? On démontrera les formules employées.

(Clermont, juillet 1881.)

2° Réflexion de la lumière. — Miroirs.

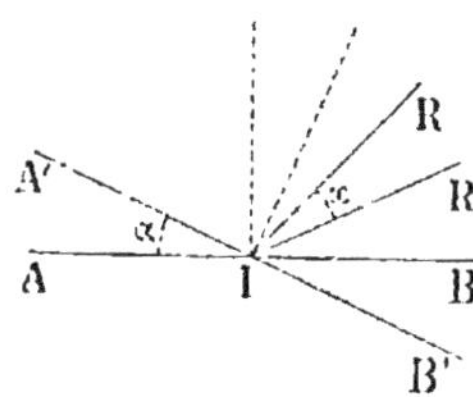

336. Un miroir plan AB tourne d'un angle α. Trouver l'angle x des deux rayons réfléchis IR, IR', sachant que le rayon incident ne change pas de direction.

(Lyon 9 novembre 1881.)

337. Deux miroirs font entre eux un angle de 50°. Dans un plan d'incidence perpendiculaire à l'intersection des miroirs, un rayon lumineux tombe sur un des miroirs, se réfléchit, rencontre le second miroir, se réfléchit de nouveau. On demande l'angle que fait le rayon après la seconde réflexion avec le rayon primitif incident.

(Nancy, 28 juillet 1880; Caen, 1er mai 1889.)

338. Un objet dont la plus grande dimension AB est de 12^{cm}, est placé perpendiculairement à l'axe principal d'un miroir sphérique concave dont le rayon de courbure est de 30^{cm}. Les rayons partis de l'objet AB, situé à une distance de 40^{cm} du miroir, forment après réflexion une image dont on déterminera a position et la dimension.

(Dijon, 9 juillet 1886 et 23 avril 1888.)

339. Soit AA′ un objet placé devant un miroir concave; son image doit se faire en BB′. On donne AB $= d$ et le rayon r du miroir. Quelle doit être la distance de AA′ au miroir pour que cette condition soit réalisée? — Examiner le cas particulier où AB est égal au rayon du miroir.

Application : $d = 195^{cm}$, $r = 100$ ^{m}.

Comment peut-on interpréter la solution négative?

(Lille, 9 juillet 1886; Alger, 17 avril 1890.)

340. Un objet linéaire de 1 centimètre est placé perpendiculairement sur l'axe principal d'un miroir sphérique concave, dont le rayon est égal à 40 centimètres, et à une distance de 25 centimètres comptée depuis la surface du miroir. On demande :

1° A quelle distance de ce miroir il faudra placer un écran pour obtenir une image nette de l'objet;

2° Quelle sera la longueur de l'image.

(Grenoble, 13 avril 1885.)

341. Un miroir sphérique dont le rayon est 1^{m}, est placé devant un écran situé à une distance de 25^{m}. On demande : 1° de calculer la position que devra avoir une droite lumineuse, perpendiculaire à l'axe du miroir, pour que son image se forme sur l'écran; 2° de trouver la grandeur de l'image sachant que celle de l'objet est de 5^{cm}.

(Caen, 11 novembre 1885.)

3· Réfraction de la lumière. — Prismes.

342. Un rayon de lumière homogène tombe sur une lame de verre à faces parallèles d'épaisseur e et d'indice n. L'angle d'incidence est i. Calculer la distance du rayon incident et du rayon émergent prolongé.

Application : $e = 2^{\mathrm{dm}}$, $i = 30^\circ$, $n = \dfrac{3}{2}$.

(Amiens, 9 juillet 1885.)

343. Sous quelle incidence aura lieu la réflexion totale pour un rayon lumineux passant du flint-glass dans l'eau, sachant que l'indice principal de l'eau est 1,336, et celui du flint-glass 1,60?

(Lyon, 20 juillet 1885.)

344. Deux parallélépipèdes rectangles constitués par des verres d'indices différents sont superposés. Un rayon lumineux entre par la face latérale de l'un, faisant avec la normale un angle d'incidence i. Quelle est la valeur minima que puisse avoir cet angle d'incidence pour que ce rayon subisse la réflexion totale sur la face de séparation. Indiquer lequel des parallélépipèdes doit avoir l'indice le plus grand.

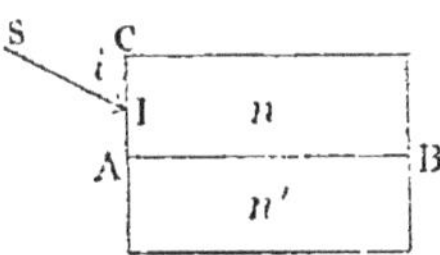

(Marseille, 30 juillet 1889.)

345. On a un parallélépipède rectangle, formé d'une substance transparente d'indice n. Entre quelles limites doit être compris l'angle d'incidence d'un rayon SI, entrant par l'une des faces latérales AB, et contenu dans le plan de la figure, pour qu'il se réfléchisse totalement sur la face supérieure BC?

Appliquer au cas où $n = 1,4$, et où $n = 1,5$. — Discuter.

(Marseille, 27 juillet 1890.)

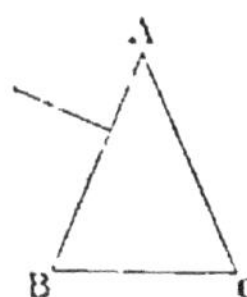

346. Un rayon de lumière tombe perpendiculairement sur la face AB d'un prisme ABC dont l'indice de réfraction est 1,535. On demande la déviation subie par le rayon :

1° Quand l'angle A est de 30°;
2° Quand A = 60°.

(Clermont, 9 juillet 1885.)

347. Un rayon lumineux tombe perpendiculairement sur la surface d'un prisme de verre équilatéral dont l'indice est 1,51. Quelle sera la déviation du rayon à la sortie du prisme?

(Nancy, 8 novembre 1884.)

348. Sur un prisme ABC, dont la section droite est un triangle équilatéral, on fait tomber un rayon de lumière homogène dirigé perpendiculairement à la bissectrice de l'angle de réfringence. On tracera la marche du rayon lumineux et on calculera sa déviation à une minute près. L'indice de réfraction du prisme par rapport à la lumière employée est 1,33.

(Dijon, 16 avril 1890.)

349. Un prisme BAC dont l'angle réfringent A est connu, est rencontré perpendiculairement à une de ses faces par un rayon lumineux IK ; il se réfracte en H suivant HS. On mesure la déviation S que subit le rayon par cette réfraction. Déduire de la connaissance des angles A et S la valeur de l'indice de réfraction de la substance du prisme.

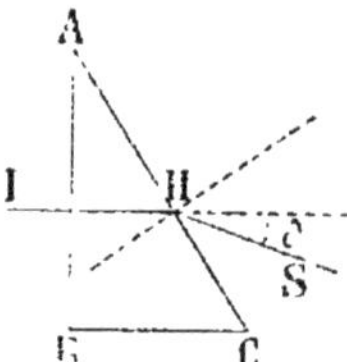

(Lille, 20 juillet 1880 ; Saint-Den s (Réunion), août 1889.)

350. L'indice d'un prisme de flint-glass est 1,576 pour les rayons verts. Quelle est la plus petite valeur de l'angle réfringent de ce prisme pour laquelle aucun rayon vert ne pourra émerger ?

(Nancy, 27 juillet 1886.)

351. Un prisme d'une substance transparente, dont l'indice est plus grand que l'unité, reçoit, normalement à une de ses faces, un rayon de lumière homogène. Quelle doit être la valeur la plus grande que l'on puisse donner à l'angle au sommet A pour que ce rayon réfracté puisse sortir du prisme par la seconde face?

On calculera la valeur de A dans le cas particulier où l'indice est $\sqrt{2}$.

(Paris, 15 juillet 1881 ; Dijon, 16 juillet 1888.)

352. On a un prisme isocèle BAC ; on fait tomber normalement sur la face AB un rayon lumineux SI. Quelle doit être la valeur minimum de l'angle A, pour qu'il y ait réflexion totale en M, n étant l'indice de réfraction du prisme?

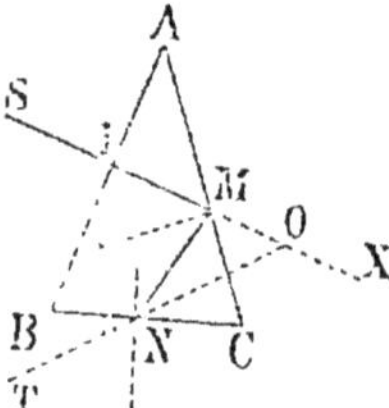

Le rayon réfléchi en M rencontre la base BC en N et émerge suivant NT. On demande de calculer la déviation XOT du rayon lumineux, l'angle du prisme ayant la valeur déterminée précédemment.

Application · L'indice du verre est 1,5.

(Lille, 21 juillet 1886.)

353. On a une cuve ABCD remplie d'eau et limitée antérieurement et postérieurement ; ar deux lames de glace, AB et CD. Cette cuve est traversée par un faisceau infiniment étroit de rayons solaires, SI, qu'on peut assimiler à un rayon unique.

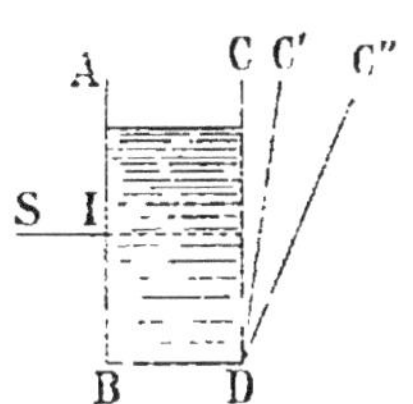

On demande ce qui arrivera quand la face postérieure CD tournera autour du point D, de manière à prendre les positions DC', DC".

De cette expérience, pourrait-on déduire l'indice de réfraction dans l'eau des radiations extrêmes visibles qui constituent la lumière solaire?

(Lille, 24 avril 1884.)

4° Lentilles.

354. Un objet linéaire dont la longueur est de 1ᶜᵐ, est disposé perpendiculairement à l'axe d'une lentille convergente dont la distance focale est de 30ᶜᵐ. On demande à quelle distance du centre optique il faut que cet objet soit placé pour que son image réelle soit de 10ᶜᵐ.

(Paris, 12 novembre 1855 et 8 mai 1889.)

355. Devant une lentille convergente dont la distance focale est de 0ᵐ,10, on place un objet lumineux (une droite parallèle à la lentille) que l'on veut projeter sur un écran placé à une distance de 2ᵐ de la lentille. Quelle doit être la distance de l'objet à la lentille et quel sera le rapport des grandeurs de l'image et de l'objet?

(Saint-Denis [Réunion], août 1885.)

356. Un petit objet linéaire est placé à 3ᵐ d'un écran. Où faut-il placer une lentille convergente de 0ᵐ,3 de foyer pour obtenir sur l'écran une image réelle de l'objet?

(Paris, 27 nov. 1885; Montpellier, 20 avr. 1888; Grenoble, 23 avr. 1888.)

357. Étant donnée une lentille biconvexe de distance focale f, quelle est la plus petite valeur que puisse prendre la distance d'un objet à son image fournie par cette lentille, lorsque l'image est réelle? Quelle est alors la distance de l'objet à la lentille?

(Besançon, 13 avril 1885.)

358. Un objet linéaire de 1ᶜᵐ de long est disposé perpendiculairement à l'axe d'une lentille convergente et à une distance de

30^{cm} de son centre optique. L'image est virtuelle et a un décimètre de long. Quelle est la distance du foyer de la lentille à son centre optique?

(Paris, 11 juillet 1885.)

359. Une lentille a une distance focale de 3^{cm}. A quelle distance doit-on placer un objet pour que son image soit virtuelle, à 1^{cm} de distance de la lentille? Quel sera dans ce cas le rapport de l'image à l'objet? — Construire la figure le plus exactement possible.

(Marseille, 12 novembre 1883.)

360. On veut, avec une lentille convergente de distance focale f, produire une image agrandie sur un écran placé à D mètres de cette lentille. Quel sera le grossissement obtenu?

Application : $f = 3^{cm}$, D = 5^m.

Construction géométrique de l'image.

(Lille, 15 novembre 1884.)

351. Un objet linéaire dont la hauteur est de 2^{cm} est placé à 2^m d'une lentille convergente qui en donne une image réelle dont la grandeur est égale à celle de l'objet. A quelle distance de la lentille faut-il placer l'objet pour que son image réelle ait 20^{cm} de hauteur?

(Paris, 6 juillet 1885; Dijon, 22 avril 1891.)

362. On donne une lentille dont la distance focale principale est de 10^{cm} et un objet linéaire situé perpendiculairement à l'axe principal à une distance de 3^m de la lentille. On demande :

1° La distance de l'image à la lentille ;

2° A quelle distance de la lentille il faut placer l'objet pour que l'image soit quatre fois plus petite que l'objet.

(Nancy, 21 juillet 1855.)

363. Un objet est à 1^m de distance d'un écran. A quelle distance de l'objet doit-on placer une lentille de 0^{m}10 de distance focale pour que son image se projette sur l'écran? Trouver le rapport de l'image à l'objet.

(Bastia, 3 juillet 1884 ; Lille, 5 novembre 1890.)

364. Trouver le diamètre linéaire de l'image du soleil que forme, dans son plan focal principal, une lentille de 3^m de distance focale principale. On prendra 32 minutes pour le diamètre apparent de l'astre.

(Dijon, 7 avril 1880 ; Lyon, 25 juillet 1888.)

365. Un système optique est constitué par deux lentilles A et B de même distance focale, situées à une distance l'une de l'autre égale à cette distance focale. On place devant ce système, et à une distance AP de la première lentille égale au triple de la distance focale, un objet PQ. On demande où se formera l'image, et quel sera le rapport de cette image à l'objet.

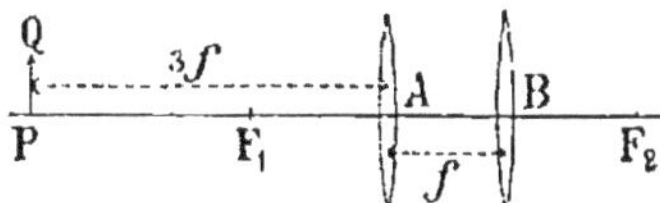

(*Marseille, 22 septembre 1884.*)

366. Deux lentilles convergentes égales, ayant une distance focale de 1ᵐ, sont placées à 1ᵐ l'une de l'autre. Quelle position faut-il donner à un objet linéaire perpendiculaire à l'axe commun des deux lentilles pour que leur système forme : 1° une image réelle et renversée égale à l'objet; 2° une image réelle deux fois plus grande ?

(*Paris, 21 juillet 1886 ; Dijon, 22 juillet 1887.*)

367. Deux lentilles convergentes de 0ᵐ,05 de foyer sont séparées l'une de l'autre par un intervalle de 0ᵐ,03 et montées de telle manière que leurs axes coïncident. Quelle image ce système donnera-t-il d'un cercle de 0ᵐ,01 de diamètre placé successivement à diverses distances en dehors de l'intervalle des deux lentilles? — Construire la marche des rayons lumineux.

(*Besançon, 7 novembre 1883.*)

368. Un objet est placé devant une lentille biconvexe dans un plan perpendiculaire à son axe principal et fournit au delà de cette lentille une image réelle et renversée dont les dimensions transversales sont triples de celles de l'objet et qui est placée à 60ᶜᵐ de la lentille. On demande : 1° quelle est la distance focale principale de cette lentille; 2° quelle sera la grandeur de l'image par rapport à l'objet et à quelle distance se fera cette image, si l'on transporte l'objet à une distance de la lentille double de la première distance.

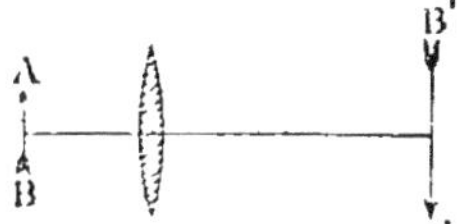

(*Dijon, 18 novembre 1885.*)

369. Un presbyte ne voit nettement les objets qu'à une distance de 40 ᶜᵐ. Il place contre l'œil une lentille biconvexe qui lui permet de voir les objets à 30ᶜᵐ. Quelle est la distance focale principale de cette lentille ?

(*Lyon, 20 juillet 1883 ; Paris, 18 avril 1890.*)

370. Un myope se procure des lunettes qui lui permettent de voir distinctement à partir de 0^m,60 de son œil jusqu'à l'infini ; privé de ses lunettes, il voit distinctement les objets à partir de 0^m,20 et n'aperçoit pas aisément les objets éloignés. Quelle est la distance focale des verres de ses besicles, et à quelle distance de l'œil se forme l'image des objets placés à l'infini ?

(Paris, 28 juillet 1886.)

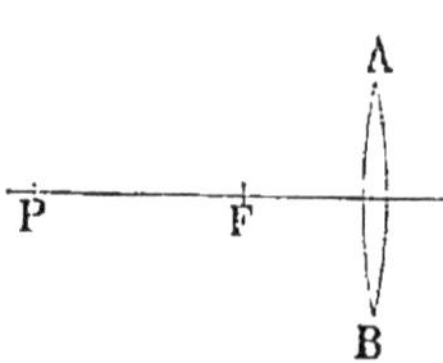

371. On donne une lentille convergente de foyer F et un point lumineux P sur l'axe principal. La face postérieure de rayon R, est argentée. On demande où se fera l'image du point P. La distance du point P à la lentille est connue et égale à p.

(Nancy. 16 juillet 1886.)

372. Une lentille de foyer f donne une image A'B' d'un objet AB de grandeur h, placé à une distance $3f$ de la lentille. On demande de calculer la position et la grandeur de cette image.

On demande à quelle distance de la lentille il faut en placer une deuxième de foyer $\dfrac{f}{4}$ pour qu'elle donne de A'B' une image trois fois plus grande.

(Alger, 9 novembre 1885.)

373. Deux lentilles convergentes, ayant respectivement pour distances focales 100^{cm} et x^{cm}, sont placées l'une contre l'autre de manière que leurs axes principaux coïncident. Déterminer x, sachant qu'un objet de 10^{cm} de hauteur, placé à 1^m du système des deux lentilles, donne une image réelle et renversée de 30^{cm} de hauteur.

(Paris, 9 juillet 1886.)

5· Instruments d'optique.

374. Dans un microscope, la distance de l'oculaire à l'objectif est L ; on demande à quelle distance de l'objectif il faudra placer un objet pour qu'il soit vu distinctement par un œil infiniment presbyte placé à l'oculaire, c'est-à-dire pour que l'image formée par l'objectif se fasse au foyer principal de l'oculaire.

Application : $f = 0^{cm},5$: L = 16^{cm} ; F = 3^{cm}.

N. B. — On pourra résoudre la question en supposant d'abord la distance de la vision distincte égale à D, puis en posant D = 8.

(Lille, 21 juillet 1886.)

375. Quelles doivent être les distances focales des oculaires simples à adapter à une lunette dont l'objectif à $2^m,25$ de distance focale, pour obtenir des grossissements égaux à 100, 200 et 300 ?

(Dijon, 23 juillet 1888.)

376. Une lunette astronomique se compose d'un objectif de 1^m de foyer, d'un oculaire de 10^{cm} de foyer. Elle est réglée pour un œil infiniment presbyte, puis remplie d'eau. De combien faut-il déplacer l'oculaire par rapport à l'objectif pour que le réglage n'ait pas changé Le grossissement a-t-il varié? On donne les indices de réfractions, de l'eau 4/3, du verre 2/3, de l'air 1.

(Besançon, 17 juillet 1890.)

376 bis. Une lunette astronomique possède un grossissement linéaire égal à 100. Que deviendra ce grossissement si on regarde dans la lunette par le gros bout, c'est-à-dire si l'on substitue l'objectif à l'oculaire et réciproquement.

(Paris, 27 octobre 1888.)

CHALEUR

1° Thermomètres. — Dilatation des solides.

377. Sachant que la densité d'un métal est d à $0°$, son coefficient de dilatation cubique k, quel sera le poids à $t°$ d'une sphère de ce métal ayant à cette température un rayon R?

(Lille, 1ᵉʳ novembre 1880.)

378. Une règle d'acier porte une division telle que la distance entre deux traits consécutifs est égale à l'unité de longueur quand la règle est à $0°$. On se sert de cette règle pour diviser une règle en cuivre; l'opération se fait à la température 0. Quelle sera à une température t la valeur de la distance de deux traits consécutifs sur la règle en cuivre?

(Bordeaux, 21 avril 1888.)

379. Dans un cône de cuivre se trouve creusée une cavité conique de hauteur h et de rayon r. Cette cavité est remplie complètement à 0° par un cône de platine de mêmes dimensions.

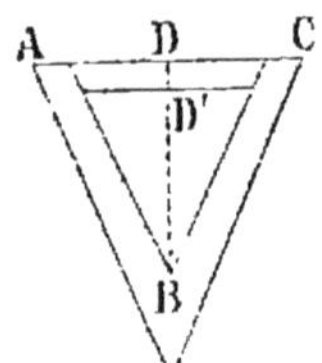

On chauffe le tout à $t°$. On demande la différence des volumes du cône creux et du cône de platine, et la différence des hauteurs DD'.

Application :

$$h = 30^{cm}, \qquad r = 20^{cm}, \qquad t = 100°.$$

Le coefficient de dilatation linéaire du cuivre est 0,000017.

Le coefficient de dilatation linéaire du platine est 0,000009.

(Lille, 8 juillet 1886.)

330. On considère une circonférence faite avec un fil de fer ayant pour longueur à 0° la longueur approchée du méridien terrestre, 40.000 kilomètres. De combien s'accroîtra le rayon de cette circonférence, si l'on élève la température de 0 à 50°.

Le coefficient de dilatation cubique du fer est 0,000036.

(Lille, 17 avril 1891.)

2° Dilatation des liquides.

381. Une tige verticale de fer, AB, dont la longueur est, à la température 0°, de 82^{cm}, est fixée en A, et porte

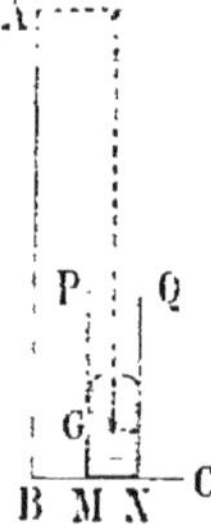

à la partie inférieure une planchette horizontale BC, d'épaisseur négligeable. Sur cette planchette est mastiqué un tube de verre cylindrique MNPQ, dont la section intérieure à la température de 0° est *un* centimètre carré.

On demande quel est le poids de mercure qu'il faut verser dans le tube MNPQ pour que la distance du centre de gravité de cette masse de mercure au point A ne varie pas avec la température.

Coefficient de dilatation linéaire du fer 0,000012

—   —   verre . . 0,000008

—   —   mercure. 0,00018

Densité du mercure à 0°, 13,6.

(Grenoble, 29 juillet 1886.)

382. Un corps solide flotte sur un liquide à 0° et la portion du volume immergé est $\frac{98}{100}$ du volume total; la température du liquide s'élève, et à 25° on reconnaît que le corps est complètement immergé. Connaissant le coefficient de dilatation $k = 0.0000026$ du corps solide, trouver le coefficient de dilatation absolue du liquide.

(Paris, 4 avril 1878.)

383. Quel est, à un milligramme près, le poids de mercure que contient, à la température de 20°, un flacon de verre dont la capacité à 0° est de 10ᶜᶜ?

Coefficient de dilatation linéaire du verre : 0,000009,
   —   —   cubique du mercure : 0,00018,
Densité du mercure à 0° : 13,596,

(Poitiers, 9 novembre 1885.)

384. Trouver l'expression en kilogrammes de l'effort à faire pour soutenir dans le mercure à 30° un morceau de platine dont le poids dans le vide est 6ᵏᵍ.

La densité du platine à 0° est 22. La dilatation cubique de ce métal est $\dfrac{1}{38700}$ et celui du mercure est $\dfrac{1}{5550}$.

(Nancy, 17 avril 1885.)

385. Un vase de verre est rempli par 6ᵏᵍ de mercure à 30°. Quel est le volume de ce vase à 0°, la densité du mercure étant 13,6 ?

Coefficient de dilatation absolue du mercure $\dfrac{1}{5550}$,

   —   —   cubique du verre $\dfrac{1}{38700}$.

(Lyon, 29 juil. 1881 ; Alger, 7 nov. 1888; Caen, 30 nov. 1890.)

386. Un tonneau en fer, destiné au transport de l'alcool, est rempli par 250ᵏᵍ de ce liquide à la température de 0°. On demande ce qu'il pourra contenir de litres d'alcool :

1° à la température de — 10° :

2° à la température de + 30°.

Le coefficient de dilatation cubique du fer est 0,000036.

La densité de l'alcool à 0° est 0,8.

(Clermont, 7 novembre 1883 ; Caen, 29 octobre 1888.)

387. La densité d'un liquide est 3,28 à 0° ; son coefficient de dilatation est $\dfrac{1}{4320}$. A quelle température faudra-t-il porter ce liquide pour que sa densité devienne 3,20 ?

(Paris, 28 avril 1887.)

388. Un aréomètre de Fahrenheit pèse 80^{gr}. Il doit être chargé de 45^{gr} pour affleurer à 20° dans un liquide dont la densité à cette température est 1,5. On demande quel est à 0° le volume de cet aréomètre jusqu'au point d'affleurement. Le coefficient de dilatation cubique du verre qui forme l'appareil est $\dfrac{1}{33700}$.

(Lille, 28 juillet 1887.)

389. Un thermomètre à poids contient un poids P de mercure à 0°. Calculer le poids p de mercure qui sort de l'appareil à la température de n degrés.

(Montpellier, novembre 1884.)

390. Une enveloppe thermométrique, dont la tige est bien calibrée, a son zéro à l'origine de la tige, et le point 100 à l'extrémité. Le poids de l'enveloppe vide est de 15^{gr}. Cette enveloppe pèse 47^{gr},8 lorsqu'à 0° le réservoir est plein de mercure; elle pèse 48^{gr},3 lorsqu'à 0° le réservoir et le tube sont pleins de mercure.

Calculer le rapport entre le volume d'une division et le volume du réservoir. En déduire le coefficient de dilatation apparente du mercure dans le verre.

(Dijon, 28 juillet 1884.)

391. Un thermomètre à mercure ayant été brisé, on a conservé la graduation tracée sur une planchette; la distance des traits 0° et 100° est l. Pour le remplacer on prend un tube dont le rayon est r. On demande quel est le diamètre de la boule qu'on devra souffler au bout du tube pour que la graduation soit exacte; il y a en outre n degrés entre le 0° et la boule.

Application : $l = 40^{cm}$, $r = 0^{mm},3$; $n = 10$.

Coefficient de dilatation apparente du mercure $\dfrac{1}{6180}$.

(Lille, 22 juillet 1886.)

392. On a mesuré, dans un tube capillaire, la longueur occupée par 1^{gr},5 de mercure à 0°. Cette longueur est de trente divisions : le tube en compte 150. On soude à l'extrémité du tube un réservoir sphérique. Quel doit être le volume de ce réservoir à 0° pour que les divisions du tube correspondent, la première à la température de 0° et la 150ᵉ à la température de 100°?

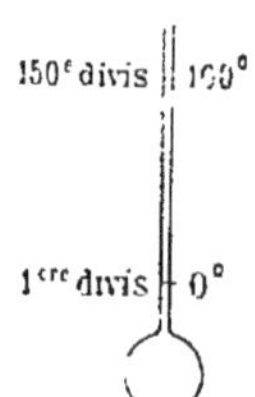

Le coefficient de dilatation du mercure est $\dfrac{1}{6180}$ et sa densité 13,6.

(Lyon, 28 juillet 1876; Paris, 24 octobre 1889.)

393. Un cube de platine perd 135^{gr} de son poids dans le mercure à $0°$; à $30°$ il en perd seulement $134^{gr},38$. Le coefficient de dilatation du mercure étant $0,00018$, trouver celui du platine.

(Nancy, 13 novembre 1885; Lille, 23 avril 1888.)

394. Un cylindre de densité d_0, de hauteur h_0 à zéro degré est placé dans un vase qui renferme deux liquides de densités δ_0 et δ'_0 à zéro. Le cylindre est maintenu vertical et est abandonné à lui-même. Étudier les divers cas d'équilibre.

En supposant, en particulier, que le cylindre en équilibre coupe la surface de séparation des deux liquides, que deviendraient à $t°$ les hauteurs comprises dans chacun des fluides ?

Coefficient de dilatation linéaire du métal qui forme le cylindre, l,

—   —   apparente du premier liquide, a,

—   —   —   second   — , a',

—   —   cubique du vase, k.

(Nancy, 29 juillet 1890.)

3° Dilatation et densité des gaz.

395. 1000^{gr} d'air sec sont portés sous la pression ordinaire de $0°$ à $70°$. Calculer le volume de cette masse d'air aux deux températures.

(Bordeaux, 28 octobre 1886; Nancy, 8 novembre 1889.)

396. Un vase de verre a été rempli d'air sec à $0°$ sous la pression $0^m,735$ et fermé à la lampe. Quelle sera la pression de l'air à $300°$? On tiendra compte de la dilatation du verre dont le coefficient est $\dfrac{1}{108000}$.

(Paris, 16 juillet 1885: Besançon, 6 novembre 1889.)

397. Un vase de la capacité de 7^{lit} contient de l'air à $0°$ et à la pression de 3 atmosphères. On demande ce que devient la pression du gaz si la température est portée à $50°$ en supposant que le volume du gaz ne varie pas.

Le coefficient de dilatation des gaz est $0,00366$.

(Lille. 23 juillet 1885.)

398. On a rempli d'air pur et sec un ballon de 10^{lit} de capacité, à $0°$ et 760^{mm} de pression. Le ballon ayant été réchauffé à $10°$ au-dessus de zéro, et la pression atmosphérique étant devenue 740^{mm}, on ouvre le robinet et on laisse l'équilibre s'établir. On demande quel est le poids d'air sorti du ballon.

Le poids du litre d'air sous la pression 760^{mm} et à $0°$ sera pris égal à $1^{gr},3$.

(Marseille, 27 octobre 1884; Clermont, 28 octobre 1889.)

399. Deux cylindres, AB et BC sont soudés l'un à l'autre. AB a une longueur de 20cm; sa section est de 6cmq; BC a la même longueur; sa section est de 0cmq,05. La portion AC est remplie d'air à la pression normale; la portion AB est pleine de mercure; le tout étant à 0°, on demande à quelle température il faut chauffer la portion AB pour que la dilatation du mercure comprime le gaz à 100 atmosphères.

On prendra pour coefficient de dilatation apparente du mercure dans le verre : $k = \dfrac{1}{6000}$.

(Nancy, 19 juillet 1886.)

400. Dans un ballon de verre dont la capacité est de 500cc à 0°, on introduit 50cc d'air sec mesurés à 0° et à la pression de 760mm. On porte le ballon à 100°, et on demande de calculer la pression intérieure. Le coefficient de dilatation cubique du verre est $\dfrac{1}{38700}$; celui de l'air est 0,00367.

(Dijon, 30 juillet 1884 et 28 octobre 1887.)

401. Un vase clos, plein d'air à la pression atmosphérique, est muni d'une soupape de 8cq de surface, chargée d'un poids de 20kg. A quelle température faudrait-il porter ce vase pour que la soupape s'ouvre?

Coefficient de dilatation de l'air 0,00366.

On négligera la dilatation du vase.

(Paris, 2 déc. 1885; Nancy, 3 nov. 1887; Paris, 24 avril 1891.)

402. Un ballon de 625cc de capacité est plein d'air sec à 15°, la pression extérieure étant de 764mm et le ballon communiquant avec l'air extérieur. La température du ballon est portée à 78°; on demande de calculer le poids de l'air qui en est sorti.

(Lyon, 12 novembre 1884; Besançon, 28 mars 1887.)

403. A quelle température faudrait-il élever de l'oxygène pour que l'unité de volume de ce gaz, mesurée à cette température inconnue T et sous la pression 0,750, pèse autant que l'unité de volume d'hydrogène mesurée à — 20° et sous la même pression 0,750?

On admettra que le coefficient de dilatation des deux gaz est le même et égal à 0,00366.

(Montpellier, 23 avril 1884.)

404. Un ballon, plein d'air sec à 15° et à la pression 760^{mm}, pèse 812^{gr}. Après avoir fait le vide à 35^{mm} de pression, le ballon pèse 808^{gr},5.

Calculer l'épaisseur du ballon, sachant que la densité du verre D = 2,60; que le poids d'un litre d'air à 0° et 760^{mm} est 1^{gr},293; que le coefficient de dilatation de l'air égale 0,00367 et que celui du verre est $\frac{1}{38\,700}$ = 0,0000256. On ne tiendra pas compte de la poussée de l'air.

(Lyon, 4 août 1880.)

405. 100 litres d'air à la pression de 760^{mm} et à la température 0° contiennent 0^{gr},1293 d'acide carbonique. Quelle est la pression de cet acide carbonique dans l'air?

Le poids spécifique de l'acide carbonique par rapport à l'air est 1,529.

(Paris, 9 juillet 1885.)

406. La capacité du récipient d'une machine pneumatique est de 10^{lit}. L'air y est à 30° et à la pression 0^m,760. Après deux coups de piston, la force élastique de l'air y est réduite à 0^m,380. Quel est le poids de l'air restant dans la cloche? Quel est le volume du corps de pompe?

(Grenoble, 6 novembre 1884.)

407. Un ballon ouvert, de la capacité de 4^{lit},3, est rempli d'air sec à la température de 0° et à la pression de 0^m,760. On porte le tout à la température 40°; on ferme le ballon à cette température et on ramène le tout à 0°. Quelle sera la pression dans l'intérieur du ballon? Le coefficient de dilatation de l'air est 0,00367. On ne tiendra pas compte de la dilatation du vase.

(Marseille, 24 septembre 1884.)

408. Un litre de gaz pèse 1^{gr},562 à la température de 0° et à la pression 760^{mm}. On porte la température à 25°; la pression devient 780^{mm}. On pèse un litre de gaz dans ces conditions. On demande le poids qu'on doit trouver.

(Lyon, 24 avril 1885.

409. Un volume d'air sec, mesuré sous la pression de 80^{cm} de mercure, et à la température de 10°, est égal à 2^{lit}. A quelle température faut-il le porter pour qu'il devienne égal à 5^{lit}, sous la pression de 40^{cm}?

Le coefficient de dilatation de l'air est 0,00367.

(Clermont, 8 novembre 1883.)

410. Trouver le poids de 10^{lit} d'acide carbonique à la température de 20° et à la pression de 3 atmosphères.

Poids d'un litre d'air normal. . . . . $1^{gr},293,$
Densité de l'acide carbonique . . . . $1^{gr},529,$
Coefficient de dilatation des gaz . . . $0,00366.$

(Paris, 30 juillet 1886.)

411. Un ballon de verre est rempli de $8^{gr},42$ d'air sec à 80° et sous la pression 760^{mm}. Quel poids d'acide carbonique renfermerait-il à 5° et sous la pression de $2^{mm},5$?

Le coefficient de dilatation des gaz est $\alpha = 0,00367$;
La densité de l'acide carbonique $= 1.529$.

(Rennes, 6 novembre 1877.)

412. Un réservoir A environné de glace fondante contient 646^{gr} d'air sous la pression 760^{mm}.

1° On demande le volume de ce réservoir.

2° On porte le réservoir A à 100°, puis on ouvre le robinet R de manière à établir la communication entre A et un réservoir B de volume égal environné de glace fondante et dans lequel on a fait le vide. Une partie de l'air de A se précipite dans B. Quand l'équilibre sera établi, quels seront les poids x et y d'air respectivement contenus dans A et B?

Poids du litre d'air à 0° et $760^{mm} = 1^{gr},30.$

Coefficient de dilatation de l'air $= \dfrac{1}{273}.$

On négligera la dilatation du vase A.

(Clermont, 1er août 1889.)

413. Le rapport entre le poids de volumes égaux de deux gaz A et B, pris à 0° et sous la même pression, est égal à 2. Calculer le rapport entre les poids de volumes égaux de ces deux gaz à 200° et sous la même pression, sachant que le coefficient de dilatation de A est 0,00371 et celui de B, 0,00367.

(Paris, 9 novembre 1881; Dijon, 9 novembre 1887.)

414. A quelle pression faudrait-il comprimer de l'air sec, à la température de 0°, pour qu'il pesât, sous le même volume, autant que l'acide carbonique à 100° et sous la pression de 760^{mm}?

Le coefficient de dilatation de l'acide carbonique est 0,00371 et sa densité 1,529.

(Dijon, 16 novembre 1883.)

415. Sept litres d'oxygène à 0° et à la pression de 760^{mm} pèsent $10^{gr},01$. On porte le tout à la température de 27° et à la pression de 790^{mm}. On demande le poids de 10^{cc} de gaz dans ces conditions.

(Nancy, novembre 1885.)

416. Un tube barométrique bien cylindrique est placé sur une cuvette à mercure de très large surface. Ce tube a 1^{cm} de diamètre et 83^{cm} de longueur. Le mercure s'élève dans ce tube à 702^{mm}, la température étant $15°$. On introduit dans la chambre barométrique 9^{cc} d'air sec mesurés à une température de $28°$ et sous la pression de 785^{mm}. On demande la nouvelle hauteur du mercure dans le tube barométrique, les conditions de pression et de température restant les mêmes.

(Lyon, juillet 1883.)

417. Un baromètre à cuvette extrêmement large contient un peu d'air au-dessus du mercure. On observe que quand la température est $0°$ et la pression 760^{mm}, ce baromètre indique seulement 740^{mm} et que la chambre barométrique a 26^{cm} de longueur. Quelle sera la pression barométrique quand, la température étant $30°$, le mercure s'élèvera à une hauteur de 760^{mm}?

On négligera la dilatation du mercure et celle du verre dont le baromètre est formé.

Le coefficient de dilatation de l'air est $0,00366$.

(Paris, 26 juillet 1884.)

418. Un tube vertical, fermé a sa partie supérieure, est renversé sur une cuve à mercure large et profonde. Sa longueur est de 1^m et sa section de 1^{cs}. Il contient, à sa partie supérieure, de l'air dont la pression est de 20^{cm} de mercure. La pression extérieure est de 730^{mm} et la température de $10°$. On enfonce le tube dans la cuvette jusqu'à ce que le niveau du mercure soit le même à l'intérieur et à l'extérieur. Quelle sera la longueur occupée par l'air dans le tube? Quel est le poids de cet air?

(Paris, 20 juillet 1886.)

419. Quelle est la force ascensionnelle au départ d'un ballon de 12^m de diamètre, gonflé avec du gaz de l'éclairage dont la densité par rapport à l'air est $0,55$?

On supposera la pression atmosphérique égale à $0^m,756$ et la température de l'air égale à $15°$.

L'enveloppe du ballon pèse 300^{gr} par mètre carré. Le poids de la nacelle et des agrès est de 215^{kg} et le ballon est monté par deux personnes pesant ensemble 144^{kg}.

(Paris, 26 juillet 1880; Montpellier, 21 novembre 1888.)

420. Un ballon pesant en tout 300^{kg} se maintient en équilibre dans l'atmosphère à une hauteur telle que le baromètre placé dans la nacelle marque 438^{mm}. La température est de $6°$. Quel est le volume de ce ballon?

Le poids normal du litre d'air est 1ᵉʳ,293. Le coefficient de dilatation de l'air est $\dfrac{1}{273}$.

(Paris, 17 juillet 1884.)

421. Une sphère creuse en laiton de 10ᶜᵐ de diamètre est suspendue à l'un des bras d'une balance et équilibrée dans l'air à 15° et sous la pression 760ᵐᵐ par un poids en laiton de 20ᵍʳ. Quelle proportion de gaz de densité 0,45 faudra-t-il mélanger à l'air pour que l'excès de poids de la boule sur le poids devienne 1 décigramme?

(Montpellier, 1ᵉʳ mai 1889.)

422. Quel est à 20° le volume de 1ᵏᵍ de platine et quelle perte de poids ce kilogramme éprouve-t-il par son immersion dans l'air, la pression étant 760ᵐᵐ?

On prendra : 1ᵉʳ,293 pour le poids d'un litre d'air sec à 0° et sous la pression 760ᵐᵐ; 22 pour la densité du platine et $\dfrac{1}{38700}$ pour le coefficient de dilatation cubique de ce métal.

(Lille, 20 novembre 1885.)

423. Un corps pèse 21ᵉʳ,5 dans l'eau à 4° et 23ᵉʳ dans l'air sec à 15° et sous la pression 740ᵐᵐ. On demande ce qu'il pèserait dans l'hydrogène sec à la même température et à la même pression.

La densité de l'hydrogène par rapport à l'air est 0,07; la densité de l'air par rapport à l'eau est 0,0013. Les coefficients de dilatation sont $k = 0{,}000037$ et $\alpha = 0{,}00367$.

(Lyon, 26 juillet 1876.)

424. Quel est le côté d'un cube d'aluminium pesant 1ᵏᵍ dans le vide, à la température de t°? Quel sera son poids dans l'air à la même température de t°, et sous la pression H?

Application : $t = 30°$; $H = 740ᵐᵐ$.

Coefficient de dilatation linéaire de l'aluminium   0 , 000023,
Densité de l'aluminium à 0°. . . . . 2 , 6,
Poids normal d'un litre d'air. . . . . 1ᵉʳ,293.

Coefficient de dilatation de l'air . . . . $\dfrac{1}{273}$.

(Lille, 19 juillet 1886.)

425. Les deux boules d'un baroscope ont respectivement pour volume 1ˡⁱᵗ,8 et 0ˡⁱᵗ,01 : elles s'équilibrent dans l'air normal sec à 0° et à la pression de 76ᶜᵐ. Quel poids sera nécessaire au rétablissement de l'équilibre si la température devient 35° et la pression 1ᵐᵐ,5 ?

(Dijon, novemb. 1876 ; Montpellier, 12 novemb. 1889 ; Lille, juill. 1890.)

426. Un ballon fermé, dont le volume extérieur est de V litres à 0°, est plongé dans de l'acide carbonique à $t°$, sous la pression H; on demande la perte de poids qu'il subira.

Application : V = 10 litres; $t =$ 15°; H = 770^{mm}.

Densité de l'acide carbonique 1,52.

Poids d'un litre d'air à 0° sous la pression 760^{mm}, 1^{gr},293.

Lille, 26 avril 1884.)

427. Un ballon vide pèse p; plein d'un gaz sec à la température de $t°$ et sous la pression H il pèse P. Le volume du ballon est V à 0°. On demande le poids d'un litre de gaz à 0° et sous la pression 760^{mm} ainsi que sa densité par rapport à l'air.

Le coefficient de dilatation du gaz est le même que celui de l'air.

Application : $p = 1152^{gr}$; P = 1165^{gr}; H = 1630^{mm}; $t° = 12°$; V = 7 ^{lit}.

On négligera la dilatation du ballon.

(Lille, 28 octobre 1880.)

428. 50^{lit} d'acide carbonique à 100° et à la pression de 78^{cm} sont mélangés avec 10^{lit} d'hydrogène à la température de 10° et à la pression de 75^{cm}, dans un vase maintenu à 60° et ayant 50^{lit} de capacité. Quelle sera la densité du mélange ?

Densité de l'acide carbonique 1,52; densité de l'hydrogène 0,0692.

(Nancy, 26 juillet 1886; Marseille, 28 octobre 1887.)

429. On a pesé successivement dans le même ballon deux gaz; le premier pesait 7^{gr},123, la température étant de 18°,5 et la pression de 739^{mm}; le second pesait 13^{gr},8, la température étant de 10° et la pression de 760^{mm}.

On demande le rapport de la densité du premier gaz à celle du second. Les deux gaz ont pour coefficient de dilatation $\dfrac{1}{273}$.

(Paris, 1er mai 1885.)

4° Vapeurs. — Hygrométrie.

430. 1^{mc} d'air humide à 50° et sous la pression 760^{mm} pèse 1^{kg}. Quelle est la force élastique de la vapeur d'eau qu'il contient? Densité de la vapeur, $\dfrac{5}{8}$.

(Paris, 18 novembre 1885; Rennes, 23 avril 1888.)

431. Une masse d'air humide dont la température est 15°
et la pression 760ᵐᵐ renferme des masses de vapeur d'eau et d'air
qui sont entre elles dans le rapport de 1 à 100. On demande quel
est l'état hygrométrique de cette masse d'air.

(Paris, 20 octobre 1890.)

432. Une chambre ayant la forme d'un parallélipipède rectangle
dont les dimensions sont 5ᵐ, 4ᵐ et 3ᵐ, contient de l'air humide à
la pression de 0ᵐ,76 et à la température de 20°. L'état hygrométrique est $\frac{2}{3}$. On demande de calculer séparément le poids de l'air
et celui de la vapeur d'eau.

Poids d'un litre d'air à 0° et à 0ᵐ76, 1ᵍʳ,293;
Coefficient de dilatation des gaz, 0,00366;
Densité de la vapeur d'eau, 0,622;
Tension maxima de la vapeur d'eau à 20°, 17ᵐᵐ,4.
On ne tient pas compte de l'acide carbonique.

(Clermont, 12 nov. 1883; Lyon, 24 avril 1888; Grenoble, 16 juillet 1888.)

433. Un vase de 5 litres de capacité contient 20ᵍʳ d'éther à 0°;
on demande si la totalité de l'éther est à l'état de vapeur ou s'il
y a aussi de l'éther liquide.

La force élastique maxima de la vapeur d'éther à 0° est 185ᵐᵐ,
et la densité de vapeur d'éther par rapport à l'air est 2,58.

(Paris, 16 juillet 1886.)

434. Quel est le volume de glace qui donnera par son évaporation la quantité de vapeur d'eau qui occupe 100ˡⁱᵗ à 100° sous
la pression de 760ᵐᵐ? Poids spécifique de la glace, par rapport à
l'eau, 0,917, de la vapeur d'eau par rapport à l'air, 0,622.

(Paris, 17 juillet 1885.)

435. Un ballon de verre fermé contient de l'air saturé d'humidité à 20° et à la pression (totale) de 750ᵐᵐ. On demande :
1° la densité de cet air humide; 2° quelle sera la pression dans ce
ballon quand on le refroidira à 10°.

La densité de l'air sec, à la température de 0° et sous la
pression de 760ᵐᵐ, est $\frac{1}{770}$ par rapport à l'eau; son coefficient de
dilatation est $\frac{11}{3000}$. Densité de la vapeur d'eau par rapport à l'air
0,622; la tension maxima de la vapeur d'eau à 20° est de 17ᵐᵐ,
et à 10°, de 9ᵐᵐ.

(Lyon, 26 juin 1884.)

436. Calculer le poids de la vapeur d'eau contenue dans un mètre cube d'air à 15° dont l'état hygrométrique est 0,62.

Densité de la vapeur d'eau $= \dfrac{5}{8}$ de celle de l'air.

$\alpha = 0,00367$.

Tension maxima de la vapeur d'eau à 15°, 12^{mm},7.

(Montpellier, 13 avril 1855; Nancy, 21 juillet 1888.)

437. Chercher le volume d'air à 20° dont l'état hygrométrique serait 0,8 et qui contiendrait un kilogramme de vapeur d'eau.

La tension maxima de la vapeur est 17^{mm},3; la densité de la vapeur d'eau est $\dfrac{5}{8}$; le poids du litre d'air, à 0° et sous la pression de 760^{mm}, est 1^{gr},293; le coefficient de dilatation des gaz est 0,00367.

(Dijon, 24 juillet 1885.)

438. Un ballon de 6^{lit} de capacité contient de l'air et 1 décigramme de vapeur d'eau. On demande quel est l'état hygrométrique de cet air, sachant que la température est de 30° et qu'à cette température la force élastique maxima de la vapeur d'eau est de 31^{mm}.

(Paris, 29 juillet 1886.)

439. Combien faut-il de grammes d'eau pour produire 2500^{lit} de vapeur saturée à la pression de 4 atmosphères, la pression atmosphérique étant de 0^{m},740 et la température de 150°? On connaît également la densité 0,622 de la vapeur d'eau et son coefficient de dilatation 0,00367.

(Lyon, 4 août 1875; Besançon, 8 novembre 1889.)

440. Un ballon de verre bien fermé contient de l'air saturé à 30° et à 760^{mm}. Que deviendra la pression intérieure du ballon quand on le refroidira à 10°?

La tension maxima de la vapeur à 30° est 27^{mm}, et à 10°,9^{mm}.

(Lyon, 3 août 1877.)

441. Calculer le poids d'azote contenu dans 74^{cc} d'azote mesurés sur l'eau, à la température de 17° et sous la pression de 762^{mm},7.

On donne: tension maxima de la vapeur d'eau à 17°, 14^{mm},6; coefficient de dilatation des gaz 0,00367; poids normal du litre d'air 1^{gr},293; densité de l'azote 0,9713.

(Alger, 24 mars 1881; Lille, 30 octobre 1887.)

442. 15^{lit} d'un gaz primitivement à 0° et sec, sous la pression de 760^{mm}, sont élevés à 30° et se saturent d'humidité à cette température. On demande ce que devient leur volume.

La pression reste constante ; la tension maxima de la vapeur à 30° est $31^{mm},5$: le coefficient de dilatation des gaz est 0,00367.

(Dijon, 25 juillet 1884; Lille, 6 novembre 1883.)

443. On introduit dans la chambre d'un baromètre assez d'eau pour saturer l'espace, la température étant $t°$. Comment reconnaît-on que l'espace est saturé? Le mercure baisse d'une hauteur h. Quelle est la tension maxima de la vapeur d'eau à $t°$, supposée mesurée par une colonne de mercure à 0°?

Application : $h = 17^{mm}$, $t = 20°$.

Δ, coefficient de dilatation du mercure = 0,00018.

(Lille, 2 novembre 1885; Dijon, 29 novembre 1889.)

444. Un litre de gaz a été mesuré sec sur le mercure à 10° et sous la pression de $0^m,758$. On transporte la cloche sur la cuve à eau, la température étant 0° et la hauteur barométrique $0^m,770$. On enfonce l'éprouvette jusqu'à ce que le volume soit réduit à $\dfrac{5}{6}$. Quelle sera la différence du niveau dans la cloche et dans la cuve?

La tension de la vapeur d'eau est, à 0°, de $4^{mm},6$ et la densité du mercure 13,6.

(Paris, 12 juillet 1880.

445. A quelle température x faudrait-il élever de l'air parfaitement sec pour que, sous la même pression h, sa densité fût égale à celle de l'air humide dont la température serait $t°$ et le degré hygrométrique e? f est la tension maxima de la vapeur à $t°$ et α le coefficient de dilatation de l'air. On prendra $\dfrac{5}{8}$ pour la densité de la vapeur d'eau par rapport à l'air.

Application : $h = 760^{mm}$, $t = 20°$, $e = \dfrac{8}{9}$, $f = 17^{mm},4$, $\alpha = \dfrac{12}{73}$.

(Lille, 17 juillet 1885.)

446. On a, dans un tube de Mariotte disposé pour l'expérience ordinaire, une longueur AB d'air de 30^{cm}. On verse du mercure de manière que le volume devienne AC, long de 15^{cm}. On demande la longueur de la colonne de mercure qu'il a fallu verser.

Si l'air était saturé d'une vapeur ayant 20^{cm} de pression, quelle colonne de mercure aurait-on dû verser pour obtenir cette réduction du volume à moitié?

Le baromètre marque 76^{cm}.

(Dijon, 7 novembre 1867.)

447. Un tube cylindrique AB, placé sur une cuvette profonde, contient une masse d'air occupant le volume AM ; il existe de plus en M une petite couche d'eau de poids négligeable. On constate que le niveau M du mercure dans le tube est à une hauteur h au-dessus du niveau du mercure dans la cuve.

On soulève le tube de manière à doubler le volume occupé par l'air ; on demande à quelle hauteur le mercure s'élèvera dans le tube. On désignera par H la pression atmosphérique au moment de l'expérience et par f la force élastique maxima de la vapeur d'eau à la température constante à laquelle on opère.

(Grenoble, 20 juillet 1886 ; Besançon, 19 juillet 1889.)

448. Un vase clos est d'abord en communication avec l'atmosphère. On le ferme, puis on dessèche l'air qu'il contient. On demande de déduire l'état hygrométrique de la diminution de pression qui s'est produite.

(Nancy, 22 juillet 1886.)

449. Un tube de verre très résistant est effilé à l'une de ses extrémités. On y introduit de l'éther que l'on fait bouillir de manière à chasser l'air complètement, puis on ferme le tube à la lampe. Le poids de l'éther contenu à ce moment dans le tube est de 10^{gr}. On porte l'appareil à la température de 300° et l'on demande quelle sera, en atmosphères, la pression développée à l'intérieur du tube.

On sait que la capacité du tube à 300° est exactement 100^{cc}, que la densité de la vapeur d'éther est 2,586. Enfin on sait que l'éther est entièrement volatilisé dans le tube à 300°.

(Paris, 28 avril 1882.)

450. Un baromètre contient 2 milligrammes d'eau. La température est de 30°. On demande à quelle hauteur le sommet du tube doit s'élever au-dessus du niveau du mercure de la cuve pour que l'eau soit entièrement transformée en vapeur saturante.

Section du tube $= 10^{cc}$;

Pression barométrique du moment 760^{mm} ;

Tension maxima de la vapeur d'eau à 30°, $31^{mm},6$;

Densité de la vapeur d'eau 0,622 ; $\alpha = 0,00367$.

(Besançon, 29 avril 1889.)

451. Quel est le poids exact, dans le vide, d'une masse de mercure pesée dans l'air à 10° sous la pression 764^{mm} et dont l'état hygrométrique est 0,8, sachant que le poids de cette masse dans l'air est 375^{gr},185 ; que la densité du mercure égale 13,596 ; que la densité du cuivre dont les poids marqués sont formés égale 8,5 ; que le coefficient de dilatation cubique du cuivre égale 0,000051 ; que le coefficient absolu du mercure égale 0,00016, et que la tension de la vapeur d'eau à 10° égale 9^{mm},17 ?

(Lyon, 19 juillet 1880.)

452. Dans un vase ayant une capacité de deux litres et rempli d'air sec à 30°, sous la pression de 1^m,76, on introduit 0^{gr},02 d'eau. On ferme immédiatement le vase et l'on demande :

1° Quel sera l'état hygrométrique ;

2° Quelle sera la pre-sion du mélange gazeux intérieur, lorsque la vaporisation de l'eau introduite sera aussi complète que possible.

La tension maxima de la vapeur d'eau à 30° est 0^m,0315. La densité de la vapeur d'eau est $\frac{5}{8}$. Le coefficient de dilatation des gaz est 0,00367. Le poids spécifique normal de l'air est $\frac{1}{770}$.

(Nancy, 1er août 1884.)

453. On remplit un vase en verre avec de l'air sec à la pression de 0^m,700, à une température telle que la force élastique de la vapeur d'eau est de 23^{mm}. On sature l'air de vapeur d'eau sans que le volume primitif augmente, et sans qu'il sorte d'air. On élève ensuite la température du tout de 40°.

Quelle sera la pression dans l'intérieur du vase ?

On ne tiendra pas compte de la dilatation du vase.

Le coefficient de dilatation de l'air est 0,00367.

(Marseille. 17 septembre 1884.)

454. On fait passer à travers des tubes desséchants un mètre cube d'air à la température de 22°. L'augmentation de poids des tubes étant de 9^{gr},50, on demande quel était l'état hygrométrique de l'air.

On donne :

Tension maxima de la vapeur d'eau à 22° 19^{mm},6 ;
Poids du litre d'air à 0° et 760^{mm} . . . . 1^{gr},293 ;
Densité de la vapeur d'eau. . . . . . . 0 ,622 ;
Coefficient de dilatation des gaz . . . . $\frac{1}{273}$.

(Marseille, 14 novembre 1889.)

455. Dans un récipient de 20^{lit}, maintenu à 0° et vide, on introduit 15^{lit} d'oxygène à 20° et à la pression de 720^{mm}, puis 10^{lit} d'azote à la température de 15° et à la pression de 760^{mm}.

Enfin, on fait entrer 4^{cc} d'eau qui se vaporisent entièrement. On demande la pression totale dans le récipient dont on suppo-e les parois inextensibles.

On sait que le coefficient de dilatation des gaz et des vapeurs est de 0,00367, et la densité de la vapeur d'eau 0,625 par rapport à l'air.

(Lyon, 19 juillet 1876.)

456. On refoule dans un vase de 5^{lit} de capacité : 2^{lit} d'acide carbonique à 0° et à la pression de 38^{cm} de mercure; 3^{lit} d'oxygène à 0° et à la pression de 45^{cm}; 1^{lit} d'azote à la pression de 62^{cm} et à 0°. Ce vase contient en outre quelques gouttes d'un liquide volatil donnant une vapeur saturante dont la tension est de 5^{cm}. Quelle sera la pression totale du mélange, et son poids, en supposant que la densité de la vapeur soit 0,786?

(Lyon, 7 novembre 1884.)

457. On mélange 7500^{mc} de gaz saturé d'humidité, à la température de 25° et sous la pression de 760^{mm}, avec 6200^{mc} de gaz saturé d'humidité à la température de 30° sous la pression de 700^{mm}. Quel sera le volume du mélange, mesuré à 50°, sur l'eau, et sous la pression de 750^{mm}?

Tension maxima de la vapeur d'eau : à 25°, 23^{mm}; à 30°, 31^{mm}; à 50°, 92^{mm}.

(Caen, 10 novembre 1884; Paris, 19 novembre 1889.)

5° Calorimétrie.

458. Pour déterminer la température d'un foyer, on y met un morceau de platine pesant 100^{gr}. Quand ce platine a bien pris la température du foyer, on le retire et on le plonge dans 980^{gr} d'eau à 0°. La température stationnaire du mélange est 5°. D'après ces données, calculer la température du foyer, sachant que la la chaleur spécifique moyenne du platine entre 0° et t° est :

$$0,0317 + 0,000006t.$$

(Lyon, 25 juillet 1882.)

459. Un certain poids de mercure, chauffé à 100°, est plongé dans de la glace fondante; il provoque la fusion de 123^{gr} de glace. Le même poids de mercure, chauffé à 225°, est ajouté à une masse de même métal pesant 6^{kg}, dont la température initiale est 14°. On demande la température finale de la masse de mercure. — Chaleur spécifique du mercure : 0,0332.

(Caen, 20 avril 1891)

460. Un vase de laiton pesant 30^{gr} renferme un certain poids inconnu d'eau à la température de 20°. On y plonge 40^{gr} de fer à 100°, et le mélange s'élève à la température de 20°,716. On demande le poids de l'eau renfermée dans le vase.

La chaleur spécifique du fer est 0,1137 et celle du laiton 0,0939.

(Besançon, 24 juillet 1885; Lyon, 31 mars 1887.)

461. On mêle 600^{gr} d'un liquide A dont la température est de 35° avec 3^{kg} d'un autre liquide B à la température de 120°. La température finale du mélange est de 85°. On sait d'ailleurs par des expériences préliminaires qu'il s'est perdu 3 calories soit par le rayonnement, soit par la conductibilité, pendant la durée de l'expérience, et que la chaleur spécifique du liquide B est 0,427. Quelle est la chaleur spécifique du liquide A ?

(Paris, 23 novembre 1885.)

462. La terre est recouverte d'une couche de neige à 0°, dont l'épaisseur est 0^{m}15. Quelle est l'épaisseur de la couche de pluie à 12° qui, en tombant sur sol, déterminerait la liquéfaction de la neige? On suppose que l'eau de pluie soit refroidie jusqu'à 0°. On donne le poids d'un décimètre cube de neige : 0^{kg},068.

(Rennes, 24 juillet 1877 et 31 mars 1887)

463. Quelle quantité de chaleur peut dégager 1^{mc} de vapeur d'eau saturée à 100° en se condensant et en se refroidissant ensuite à 0°?

Chaleur latente de vaporisation de l'eau à 100°, 537 calories densité de la vapeur d'eau 0,622.

(Saint-Pierre (Martinique), août 1886.)

464. — Quel volume de glace à 0° peut-on fondre et transformer en eau à 100°, à l'aide d'un mètre cube de vapeur d'eau, saturée aussi à 100°? Densité de la glace 0,917; densité de la vapeur d'eau par rapport à l'air, 0,622; chaleur latente de vaporisation de l'eau à 100°, 535 calories; chaleur latente de fusion de la glace, 80 calories; coefficient de dilatation des gaz, 0,00367.

(Paris, 27 avril 1891.)

465. A quelle température élèvera-t-on 20^{lit} d'eau a 4° en y condensant 1^{kg} de vapeur à 100° et à la pression de 0^m,76? La chaleur latente de la vapeur d'eau est 540 calories.

(Besançon, 28 juillet 1886.)

466. Un vase de laiton, du poids de 500^{gr}, contient 1^{kg} de glace à 0° et 2^{kg} d'eau liquide à 0°. On fait arriver dans l'eau de ce vase 300^{gr} de vapeur d'eau à 100°. On demande l'état final et la température finale du mélange.

On donne : 1° la chaleur latente de fusion de la glace 79,2 ; 2° la chaleur latente de vaporisation de l'eau 537 ; 3° la chaleur spécifique du laiton 0,0939.

(Besançon, 24 juillet 1886.)

467. Dans un vase plat, large et horizontal, on répand 500^{gr} d'eau à 100° ; il s'en dégage 30^{gr} par évaporation subite. Que devient la température de cette eau ?

La chaleur latente de la vapeur d'eau à 100° est 537 calories.

(Lyon, 1er août 1877.)

468. Dans un appareil pour la mesure de la chaleur latente de vaporisation, le serpentin est entouré de 5^{kg} de glace. Ce tube t communique avec un réservoir R d'air comprimé où la pression est de 1^{cm} 1/2. Quel poids d'eau faut-il vaporiser pour produire la fusion de la glace ? — Sous la pression donnée, l'ébullition se produit à T = 112°,2 et la chaleur totale de vaporisation Q est donnée par la formule de Regnault :

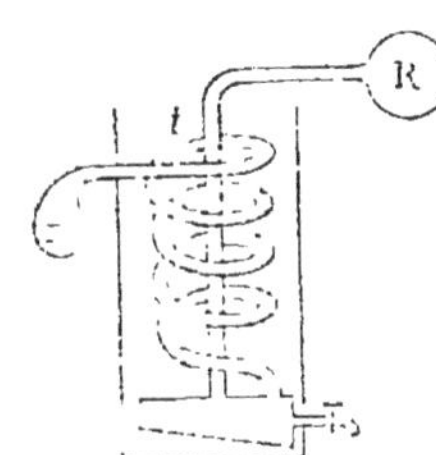

$$Q = 606,5 + 0,305 \; T.$$

(Clermont, 19 avril 1888.)

469. La chaleur dégagée par la combustion de 3^{gr} de charbon a élevé de 3°,12 la température d'un calorimètre dont le poids évalué en eau est de 7^{kg}. Quel poids du même charbon faudra-t-il brûler pour fondre 100^{kg} de glace à 0°, chauffer l'eau de fusion à 12°, et la volatiliser à cette température ?

La chaleur latente de fusion de la glace est 80 calories. La chaleur latente de vaporisation de l'eau à t° est (606,5 − 0,695 t) calories.

(Paris, 10 juillet 1886.)

6° Machines à vapeur.

470. La section du corps de pompe d'une machine à vapeur est de 0^{mq},15, la course du piston est de 0^{m},70 ; la vapeur à 100°, avec sa tension maxima, n'arrive que pendant les $\frac{2}{3}$ de la course.

Combien consomme-t-on de vapeur en poids à chaque coup de piston, et combien faut-il d'eau froide à 15° pour condenser cette vapeur jusqu'à 40°. La densité de la vapeur d'eau est 0,622; la tension maxima à 100° est 760^{mm}; la chaleur latente de vaporisation de l'eau est de 540 calories.

(Nancy, 18 juillet 1879)

7° Chaleur rayonnante.

471. Une pile thermo-électrique très mince P est placée entre deux sources calorifiques S et S' et à des distances a et b de ces sources; on constate que l'aiguille du galvanomètre reste au 0°. On interpose alors du côté de la

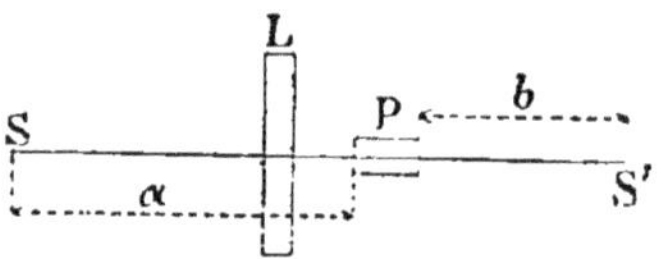

source S, une lame L de pouvoir diathermane d, et on demande à quelle distance x de cette source S il faut placer la pile P pour que l'aiguille du galvanomètre revienne au 0°.

On supposera les sources calorifiques réduites à des points.

(Grenoble, juillet 1883.)

ÉLECTRICITÉ ET MAGNÉTISME

472. Deux sphères, dont l'une a un rayon double de l'autre, sont chargées d'électricité de même nom. Placées à une certaine distance l'une de l'autre, la répulsion est mesurée par une force égale à 2. On les rapproche jusqu'à ce qu'elles se touchent, puis on les éloigne à une distance égale à la moitié de la précédente et l'on a une répulsion égale à 10. On demande le rapport des charges électriques primitives des deux sphères.

(Lyon, 3 avril 1879.)

472 bis. Un pendule OB est formé d'un fil sans poids, isolant, et d'une sphère métallique B pesant 1^{gr}, électrisée. — Une autre sphère métallique isolée C, chargée d'électricité de nom contraire, maintient celle-ci en équilibre dans une position telle que l'angle AOB = 30°. La ligne BC est horizontale et égale à 10^{cm}. On

demande quelle serait la force attractive entre B et C pour
BC = 5^{cm}.

(Lyon, 18 juillet 1888.)

473. Deux pendules électriques en contact sont chargés d'une
quantité inconnue d'électricité. Ils s'écartent de telle sorte que
chacun d'eux fait avec la verticale un angle α. On demande la
charge de chaque balle, sachant que les balles ont un poids p.

(Lille, 27 juillet 1887.)

473 bis. Le rayon de l'armature extérieure d'une bouteille de
Leyde sphérique est 15^{cm}. L'épaisseur de l'isolant 1^{mm}; celle de
l'armature extérieure $0^{mm},1$. On charge cette bouteille au moyen
d'une machine électrique dont le potentiel est 200 volts.

Calculer la charge de l'armature intérieure : 1° en supposant
que l'armature extérieure n'existe pas; 2° l'armature extérieure
étant isolée; 3° l'armature extérieure communiquant avec le sol.
On calculera également la capacité électrique dans chaque cas.

(Poitiers, 5 août 1890.)

474. Une aiguille d'inclinaison, bien construite, fait un angle
de 65° avec l'horizon quand elle est placée
dans le plan du méridien magnétique.
On attache alors à l'extrémité B un fil fin
terminé par un poids tel que le poids et
le fil pèsent 5 décigrammes; l'aiguille
prenant une nouvelle position d'équilibre,
ne fait plus avec l'horizon qu'un angle
de 60°. On demande quel est le poids

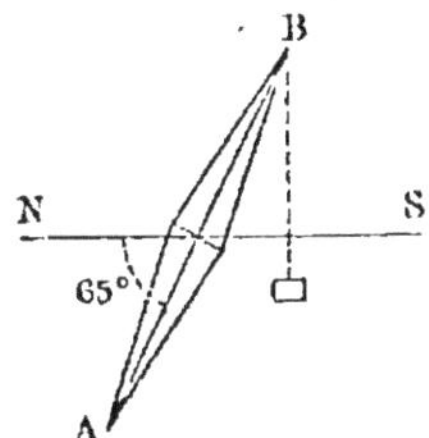

qu'il faut suspendre en B pour rendre l'aiguille d'inclinaison
horizontale.

(Dijon, 26 juillet 1887.)

474 bis. Une pile formée de 6 éléments de Daniell dégage en
une minute un volume V d'hydrogène et d'oxygène mélangés
(température t, pression H). On demande le poids d'eau décomposée, et, en ampères, l'intensité de ce courant, sachant que un
ampère met en liberté, en une seconde, $\frac{1}{96}$ de milligramme
d'hydrogène. Quel est le poids total du cuivre décomposé dans
la pile dans le même temps?

Application : V = 202^{cc}; t = 20°; H = 760^{mm}. Densité de
l'hydrogène, 0,0692; densité de l'oxygène, 1,1056; poids atomique
du cuivre, 31,7.

(Lille, 20 juillet 1886.)

475. L'intensité d'un courant électrique est 96 quand il décompose 7 milligrammes d'eau par seconde. Calculer l'intensité d'un courant qui remplit en trois minutes la cloche d'un voltamètre qui recouvre les deux électrodes et dont la capacité est de 423^{cc}.

Le gaz sec est mesuré à $25°$, sous la pression de 750^{mm}. On donne : le poids normal d'un litre d'air, $1^{gr},293$; le coefficient de dilatation des gaz 0,00366 ; la densité de l'hydrogène 0,069 ; la densité de l'oxygène 1,1056.

(Rennes, 16 juillet 1884.)

475 bis. Dans un voltamètre, on recueille l'oxygène et l'hydrogène dégagés en une minute dans un tube dont la longueur AB est l, et la section s ; le gaz occupe une hauteur h. La pression atmosphérique est H et la température t. Quel serait le volume des gaz à $0°$, sous la pression 760^{mm} ? Quel serait le volume de l'oxygène et celui de l'hydrogène dans ces conditions, et l'intensité du courant en unités électro-chimiques ?

$$l = 50^{cm}, \quad h = 30^{cm}, \quad s = 2^{cc}, \quad H = 755^{mm}, \quad t = 20°.$$

Densité de la vapeur d'eau acidulée 1,2 ; densité du mercure 13,6 ; tension maximum de la vapeur émise par l'eau acidulée à $20°$, 15^{mm}.

(Lile, 15 juillet 1880.)

476. On associe 30 éléments Daniel par groupes de 5, les cinq cuivres d'un même groupe communiquant entre eux et les cinq zincs entre eux, les cuivres de chaque groupe communiquant aux zincs du groupe suivant. Dans le circuit de la pile ainsi montée se trouve un voltamètre. On demande quel est le poids total du zinc dissous dans la pile quand un gramme d'hydrogène est dégagé dans le voltamètre. Que devient ce poids si les éléments sont groupés deux par deux, ou dix par dix, toujours quand un gramme d'hydrogène est dégagé dans le voltamètre. On prendra l'équivalent du zinc égal à 33.

(Paris, 14 avril 1890.)

476 bis. Un barreau de fer doux AB est entouré d'un fil de cuivre recouvert de soie qui présente l'enroulement d'une vis ordinaire (hélice d'extorsion). Ce barreau est implanté sur un axe horizontal CD perpendiculaire au plan du méridien magnétique de sorte que lorsqu'on imprime un mouvement de rotation à l'axe CD à l'aide de

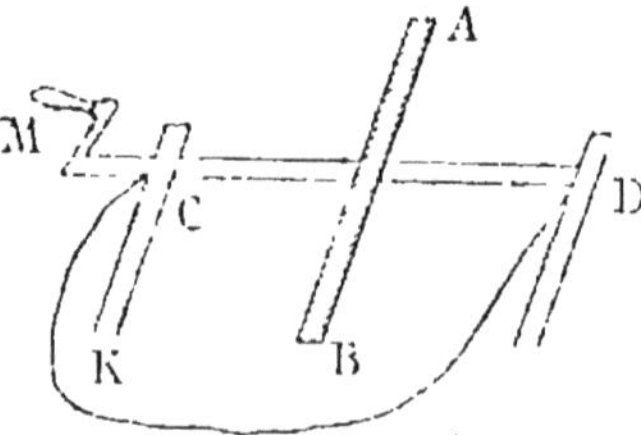

la manivelle M, le barreau AB prend successivement toutes les

directions dans le plan de ce méridien. On sait que l'extrémité du fil du côté A est repliée de manière à aboutir au coussinet C et l'extrémité du côté B est réunie au coussinet D. On
demande :

1° Dans quel sens se produisent les courants d'induction dans
le fil extérieur CKD quand on fait tourner la manivelle;

2° Dans quelle position est le barreau quand les courants d'induction changent de sens;

3° Comment varieraient les intensités des courants d'induction
formés par cet appareil en le faisant mouvoir avec une vitesse
supposée constante, mais en divers points de la surface du
globe.

(Dijon, 17 juillet 1889.)

CHIMIE

477. Calculer le poids de chlorate de potasse nécessaire pour préparer 5^{lit} d'oxygène à la température de 12° et à la pression de $0^m,760$.

Densité de l'oxygène 1,1056.

Équivalent du chlore 35,5, du potassium 40, de l'oxygène 8.

Coefficient de dilatation des gaz 0,00366.

(Rennes, 17 avril 1885; Lille, 15 juillet 1887; Caen, 7 novembre 1889.)

478. On demande le volume du gaz oxygène sec à 25° sous la pression $0^m,620$ que l'on obtiendrait en décomposant 60^{gr} de bioxyde de mercure HgO; l'équivalent de l'oxygène étant 8, celui du mercure 100, la densité de l'oxygène 1,105, et le poids du litre d'air sec à 0° et sous la pression $0^m,760$ étant $1^{gr},3$.

(Lyon, 25 juillet 1881.)

479. Calculer le volume qu'occupe, à 0° et sous la pression de 760^{mm}, l'hydrogène qu'on obtient en traitant par l'acide sulfurique étendu, $3^{gr},3$ de zinc.

On introduit dans une éprouvette placée sur le mercure ce volume d'hydrogène et l'azote contenu dans un litre d'air à 0° et sous la pression de 760^{mm}. Calculer le volume occupé par ce mélange à la même température et sous la même pression atmosphérique, en supposant :

1° Le niveau du mercure le même dans l'éprouvette et dans la cuve;

2° Le niveau du mercure de l'éprouvette supérieur de 132^{mm} à celui du mercure de la cuve.

Équivalent du zinc par rapport à l'hydrogène 33

Poids du litre d'air à 0° et 760^{mm} 1,293

Densité de l'hydrogène par rapport à l'air 0,069

(Alger, 6 juillet 1885.)

480. Combien de grammes d'eau faudrait-il décomposer par le fer au rouge pour remplir d'hydrogène saturé d'humidité, à 10°

et sous la pression 730^mm, un ballon sphérique de 2^m de diamètre ?

Densité de l'hydrogène rapportée à l'air 0,0692.

Tension maxima de la vapeur à 10° 9^mm,5.

(Lille, 6 novembre 1885; Montpellier, 3 mai 1889.)

481. Quel volume d'hydrogène pourrait-on produire avec 100^kg de zinc, si le gaz se trouvait dans une enveloppe à la température de 30°, la pression barométrique étant 753^mm ?

Quelle serait la force ascensionnelle d'un ballon gonflé avec ce gaz, la température de l'air étant également 30° et la pression atmosphérique également 753^mm ?

On donne : la densité de l'hydrogène par rapport à l'air 0,0692; le poids d'un litre d'air à 0° et 760^mm : 1^gr,293; le coefficient de dilatation des gaz : 0,00366.

Enfin les candidats prendront pour poids atomique du zinc le nombre 65, ou, s'ils préfèrent, pour équivalent du zinc le nombre 32,5.

(Alger, 16 avril 1886.)

482. On fait arriver, dans un réservoir d'une capacité de 20^lit, l'hydrogène que l'on peut produire avec 10^gr de zinc et l'acide carbonique que l'on obtient en chauffant au rouge 20^gr de carbonate de chaux.

Le réservoir porte une soupape dont la surface est de 4^cq.

De quel poids faut-il charger cette soupape pour faire équilibre à la force élastique du gaz introduit ?

Pression extérieure. . . . . 760^mm

Densité de l'hydrogène 0,069

Densité de l'acide carbonique 1,529

Poids normal d'un litre d'air . . . . 1^gr,3

Équivalents : de l'hydrogène 1, de l'oxygène 8, du carbone 6, du calcium 20.

(Rennes, 29 octobre 1884 ; Clermont, 16 juillet 1887.)

483. Dans un eudiomètre d'une capacité de 1^lit et maintenu à la température de 27°, on introduit 400^cc d'hydrogène à la pression de 500^mm et à la température de 0°, et 500^cc d'oxygène à la pression de 700^mm et à la température de 0°. On fait passer une étincelle, et il se forme de l'eau. On demande la pression finale dans l'eudiomètre, sachant qu'à 27° la tension de la vapeur est de 30^mm.

(Nancy, 18 juillet 1885.)

484. On demande le poids d'eau pure qui, étant décomposée par la pile, a fourni un mélange d'hydrogène et d'oxygène secs occupant un volume de 12^{lit} à la température de 25°, sous la pression de 560^{mm}.

Densité de l'hydrogène. . . . . 0,069.
Densité de l'oxygène. . . . . 1,105.

(Lyon, 25 juillet 1884.)

485. On mélange 25^{lit} d'oxygène à la température de 10° et à la pression de 750^{mm} avec 50^{lit} d'hydrogène à la température de 20° et à la pression de 770^{mm}; on fait passer une étincelle dans le mélange. Dire s'il y a un résidu gazeux : par quel gaz il est constitué, et quel est son volume à 0° et à 760^{mm}, en le supposant sec.

(Bordeaux, 5 novembre 1885.)

486. Un vase en verre scellé à la lampe contient 20^{cc} d'air à la pression atmosphérique et le reste du vase est rempli d'eau acidulée; on y fait passer un courant électrique à l'aide de deux fils de platine scellés dans le verre jusqu'à ce qu'on ait décomposé 0^{gr},18 d'eau.

Calculer la pression en atmosphères dans le vase. (On supposera la température égale à zéro; on ne tiendra compte ni de la tension de la vapeur d'eau, ni de la solubilité des gaz.)

Densité de l'oxygène 1,105, de l'hydrogène 0,069; poids d'un litre d'air 1^{gr},3.

(Montpellier, 11 novembre 1889.)

487. Quel est le poids d'oxyde de cuivre que l'on peut réduire avec l'hydrogène provenant de la décomposition de l'eau par 30^{gr} de fer :

1° Au rouge;

2° En présence des acides ?

Équivalents : Fer 28; cuivre 32; oxygène 8; hydrogène 1.

(Bordeaux, 3 août 1885.)

488. Quel volume d'azote à 20° et à la pression de 750^{mm} obtiendra-t-on en décomposant 1^{gr} de sulfate d'ammoniaque pur? Il n'y a pas d'eau d'hydratation dans le sel.

Densité de l'azote 0,972; $\alpha = 0,00367$. Poids du litre d'air normal 1^{gr},3. Équivalents : $S = 16$. $O = 8$, $Az = 14$, $H = 1$.

(Lille, 16 avril 1886.)

489. On remplit un ballon avec l'azote qui existe dans 183^{cc} d'air pris à la température de 17° et sous la pression de 0^{m},770.

Quel doit être le poids de l'enveloppe pour que le ballon flotte en équilibre dans une atmosphère dont la température est 0° et la force élastique 0^m,760?

Poids normal du litre d'air . . . 1^{gr},293
Coefficient de dilatation des gaz. 0,00367
Densité de l'azote 0,971

(Rennes, 4 novembre 1884.)

490. Un ballon renferme 10^{lit} d'air sec à 10°, sous la pression de 3 atmosphères. Calculer le poids d'oxygène et d'azote qu'il renferme, sachant que la densité de l'oxygène est 1,1056, celle de l'azote 0,972, le coefficient de dilatation des gaz $\frac{1}{273}$, et le poids d'un litre d'air 1^{gr},3.

(Paris, 10 novembre 1885.)

491. Dans une éprouvette placée sur une très large cuvette, on introduit 100^{cc} d'air saturé d'humidité à la température de 25°; le niveau est alors le même à l'intérieur et à l'extérieur. On absorbe l'oxygène au moyen d'un fragment de phosphore : on demande à quel niveau s'élèvera l'eau dans l'éprouvette lorsque l'absorption sera terminée, la pression étant restée à 760^{mm}. Tension de la vapeur d'eau à 25° = 24^{mm}; densité du mercure 13,6. (Les autres données du problème sont supposées connues; on admettra seulement que le rapport des densités du mercure et de l'eau à 25° est le même qu'à 0°.)

(Paris, 16 juillet 1879.)

492. Une cloche contenant de l'air repose sur une cuve à eau, et, comme la pression intérieure est égale à la pression extérieure, le niveau de l'eau est le même sous la cloche et hors de la cloche.

Par un procédé chimique on enlève l'oxygène, et le niveau de l'eau s'élève dans la cloche d'une quantité $h = 5^m$. On demande le volume primitif de l'air, c'est-à-dire celui de la cloche.

La température reste égale à 0° pendant toute l'expérience et la pression à 760^{mm}.

On sait en outre que la cloche a une forme cylindrique d'une hauteur AB égale au diamètre CD.

(Lyon, 7 novembre 1877.)

493. Dans une éprouvette retournée sur le mercure, et pleine de ce liquide, on fait arriver 300^{cc} de bioxyde d'azote, puis on d'air, et enfin une petite quantité d'eau. On demande ce qui se produira, et quel résidu gazeux restera dans l'éprouvette.

(Montpellier, novembre 1879.)

494. Calculer le volume qu'occuperait à 15° et sous la pression de 765^{mm}, le mélange gazeux provenant de la décomposition en ses éléments constitutifs, d'un équivalent d'acide chlorhydrique. On donne les équivalents $H = 1$ et $Cl = 35,5$; les densités de l'hydrogène 0,0692, du chlore 2,44.

(Montpellier, 18 avril 1890.)

495. On met 1^{kg} d'eau à 4° en contact avec une atmosphère indéfinie de gaz ammoniac sec et pur à 600^{mm} de pression. Quel sera le poids de cette eau après qu'elle sera saturée d'ammoniaque? Le coefficient de solubilité du gaz à 4° est 670 et la densité du gaz à 0° et sous la pression 760^{mm} est 0,591.

(Rennes, 8 novembre 1877.)

496. Préparations de l'acide sulfureux. — Quels sont les volumes de gaz obtenus, dans ces diverses préparations, à l'aide d'un même poids d'acide sulfurique monohydraté, 98^{gr} par exemple?

(Bordeaux, 28 juillet 1886 et 17 juillet 1887.)

497. On brûle dans l'air un cube de soufre de 2 centimètres de côté. Quel est le volume d'acide sulfureux obtenu, et le poids de l'azote restant comme résidu?

L'acide sulfureux et l'air sont pris tous les deux secs et à zéro, sous la pression de 750^{mm}.

(Caen, 14 avril 1883.)

498. Quel est le poids de bioxyde de manganèse capable de fournir la quantité d'oxygène nécessaire pour oxyder complètement 20^{lit} d'acide sulfhydrique sec pris à zéro, sous la pression de 760^{mm}?

On donne l'équivalent du manganèse $= 28$.

(Caen, 29 octobre 1883.)

499. Calculer le poids du carbonate de chaux qu'il serait nécessaire de décomposer par un acide pour obtenir 100^{lit} d'acide carbonique sec à $15°$ et sous la pression de $0^{\text{m}}750$.

Densité de l'acide carbonique par rapport à l'air $= 1,529$.

(Montpellier, 15 avril 1885.)

500. 100^{cc} du mélange gazeux fourni par l'action de l'acide sulfurique sur l'acide oxalique ont été mélangés avec 50^{cc} d'oxygène. On demande : 1° quel sera le volume du mélange total après qu'une étincelle l'aura fait détoner; 2° quel volume d'acide carbonique il y aura dans ce mélange.

(Bordeaux, 5 juillet 1886.)

501. On fait passer sur un excès de charbon porté au rouge un mètre cube d'air sec à $10°$. On demande, en admettant que la réaction soit complète, quelle est la composition du gaz au sortir de l'appareil et quel sera le volume de ce gaz à $100°$. Le gaz a la même densité que l'azote 0,972, et les équivalents du carbone et de l'oxygène sont respectivement 6 et 8.

(Poitiers, 6 novembre 1889.)

502. On a transformé 100^{kg} de charbon en oxyde de carbone. On demande quel serait le volume d'oxygène mesuré à $350°$ et sous la pression de 760^{mm} qui serait nécessaire pour opérer la combustion complète de cet oxyde de carbone.

(Rennes, 12 avril 1890.)

503. On introduit dans un eudiomètre de Bunsen un volume v d'un mélange gazeux sec, composé d'hydrogène, d'hydrogène protocarboné et d'hydrogène bicarboné; on ajoute à ce mélange un volume V d'oxygène pur et sec et l'on fait passer l'étincelle. Après l'explosion et après avoir desséché le mélange gazeux restant à l'aide de quelques fragments de chlorure de calcium, il reste un volume V_1 de de gaz, qui se réduit au volume v_1 après l'action de la potasse caustique solide, qui absorbe l'acide carbonique. Sachant que 1 volume de protocarbure d'hydrogène exige 2 volumes d'oxygène et donne un volume d'acide carbonique, que 1 volume de bicarbure d'hydrogène exige 3 volumes d'oxygène et produit 2 volumes d'acide carbonique, on demande la composition du mélange constituant le volume v. (Tous les volumes sont supposés réduits à $0°$ et à 760^{mm}.)

(Alger, 23 avril 1888.)

504. Indiquer la préparation et les propriétés principales de l'acide sulfureux; examiner en particulier l'action de la chaleur, celle de l'oxygène et celle de l'hydrogène.

On connaît les chaleurs de formation, à partir des éléments, d'un équivalent des corps suivants, savoir :

Acide sulfureux gazeux $+34^c,6$, dissous $+38^c,4$.

Acide sulfureux anhydre gazeux $+45^c,9$, dissous $+70^c,5$.

Acide sulfhydrique gazeux $+2^c,3$, dissous $+4^c,6$.

Eau gazeuse $+29^c,1$, liquide $+34^c,5$.

Acide carbonique gazeux $+47^c$.

Acide sulfurique monohydraté liquide $+96^c,5$.

Sulfate de cuivre solide $+90^c,2$.

(Caen, 16 juillet 1888.)

505. Le chlorure de sodium et le chlorure d'argent renferment chacun un équivalent de métal pour un équivalent de chlore ; or, en versant un excès d'une solution d'azotate d'argent dans une solution de sel marin renfermant $0^{gr},584$ de ce sel, on a obtenu, par double décomposition, une quantité de chlorure d'argent pesant, à l'état pur et sec, $1^{gr},431$: l'équivalent du sodium étant 23 et celui du chlore 25,4, on demande, d'après ces données, d'établir l'équivalent de l'argent.

(Alger, 7 novembre 1888.)

TABLE DES MATIÈRES

———

PREMIÈRE PARTIE

PROBLÈMES RÉSOLUS

DEUXIÈME PARTIE

PROBLÈMES NON RÉSOLUS

Documents manquants (pages, cahiers...)

NF Z 43-120-13